中国轻工业“十三五”规划教材

数字媒体技术

司占军　贾兆阳　主编
贺瑞玲　邓　珮　王　静　参编

中国轻工业出版社

图书在版编目（CIP）数据

数字媒体技术/司占军，贾兆阳主编. —北京：中国轻工业出版社，2024.6

ISBN 978-7-5184-2775-8

Ⅰ.①数…　Ⅱ.①司…②贾…　Ⅲ.①数字技术-多媒体技术　Ⅳ.①TP37

中国版本图书馆 CIP 数据核字（2019）第 281337 号

责任编辑：杜宇芳
策划编辑：杜宇芳　　责任终审：劳国强　　封面设计：锋尚设计
版式设计：霸　州　　责任校对：晋　洁　　责任监印：张　可

出版发行：中国轻工业出版社（北京鲁谷东街 5 号，邮编：100040）
印　　刷：河北鑫兆源印刷有限公司
经　　销：各地新华书店
版　　次：2024 年 6 月第 1 版第 4 次印刷
开　　本：787×1092　1/16　印张：13.5
字　　数：300 千字
书　　号：ISBN 978-7-5184-2775-8　定价：49.80 元
邮购电话：010-85119873
发行电话：010-85119832　010-85119912
网　　址：http://www.chlip.com.cn
Email：club@chlip.com.cn

240993J1C104ZBW

前　言

数字媒体兴于1995年，是计算机技术、网络技术与媒体技术融合的产物。进入21世纪以来，成为以数字技术、网络技术与文化产业相融合产生的数字媒体产业。数字媒体产业在“十二五”“十三五”期间取得了长足的发展，围绕文化产业发展重大需求，运用数字、互联网、移动互联网、新材料、人工智能、虚拟现实、增强现实等技术，提升文化科技自主创新能力和技术研发水平。数字媒体产业在增强文化产业创新力的背景下取得了蓬勃的发展。

数字媒体技术融合了数字信息处理技术、计算机技术、数字通信和网络技术等交叉学科和技术领域，是通过现代计算和通信手段综合处理数字化的文字、声音、图形、图像、视频影像和动画等感觉媒体，使抽象的信息变成可感知、可管理和可交互的技术。数字媒体技术作为新兴综合技术，涉及和综合了许多学科和研究领域，广泛应用于信息通信、影视创作与制作、计算机动画、游戏娱乐、教育、医疗、建筑等各个方面，有着巨大的经济增值潜力。

本书是数字媒体技术教学与自修的基础教材，目的是让读者能够全面而系统地了解数字媒体技术所涉及的研究内容、研究领域和数字媒体技术的发展趋势，理解数字媒体的相关概念、产品形式以及关键技术和应用领域等知识。书中就数字媒体技术中关键技术、数字媒体产品形态及特点、数字新媒体关键技术及解决方案、全媒体营销等进行了较全面的论述。重点在于概念的解释、原理的讲解和技术的应用等方面，力图使读者全面了解和正确理解数字媒体技术的基本知识。

本书在编写过程中，参考、引用了国内外数字媒体研究的诸多成果，全书共分为七章。内容涉及数字媒体技术的基本形态、特点、市场分析、运营模式和基本技术原理等，本书旨在为开设数字媒体、数字媒体技术、数字出版、网络与新媒体、数字媒体艺术等专业提供教学用书，同时供从事数字媒体技术专业方向的技术人员参考。

数字媒体技术发展日新月异，本书虽然尽可能地考虑到数字媒体技术与应用的基本知识，发展和特点，较为全面系统地讲述了数字媒体的关键技术、产品形式、应用领域及发展分析，但数字媒体领域涉及的技术与问题颇多，涉及范围广泛，加之作者研究力度与学识水平有限，本教材在编写过程中难免会有疏漏之处，敬请各位同行及读者批评指正！

司占军

目　　录

第一章 认识数字新媒体

第一节 数字媒体概念

一、数字媒体定义

（一）媒体

媒体又称媒介或媒质，媒体的英文是media，源于拉丁文medius，是中介、中间的意思。媒体是信息表示和传输的载体，包含信息和信息载体两个基本要素。媒体包含两层含义：一种是指传递信息的载体，称为媒介，是由人类发明创造的记录和表述信息的抽象载体，也称为逻辑载体，如文字、符号、图形、编码等。另一种是指存储信息的实体，称为媒质，如纸、磁盘、光盘、磁带、半导体存储器等。载体包括实物载体、或由人类发明创造的承载信息的实体，也称为物理媒体。

按照国际电信联盟CCITT的定义，媒体分为以下五大类。

1. 感觉媒体（Perception Medium）

感觉媒体是指能够直接作用于人的感觉器官，使人产生直接感觉（视、听、嗅、味、触觉）的媒体，如语言、音乐、各种图像、图形、动画、文本等。

2. 表示媒体（Presentation Medium）

表示媒体是指为了传递感觉媒体而人为研究出来的媒体，借助这一媒体可以更加有效地存储感觉媒体，如语言编码、电报码、条形码，静止和活动图像编码以及文字编码等。

3. 显示媒体（Display Medium）

显示媒体是显示感觉媒体的设备。显示媒体又分为两类，一类是输入显示媒体，如话筒、摄像机、光笔以及键盘等，另一种为输出显示媒体，指用于通信中，使电信号和感觉媒体间产生转换的媒体，如扬声器、显示器以及打印机等，如图1-1所示。

图1-1 显示媒体

4. 存储媒体（Storage Medium）

用于存储表示媒体，即存放感觉媒体数字化后的代码的媒体。例如磁盘、光盘、磁带、纸张等。简而言之，是指用于存放某种媒体的载体。

5. 传播媒体（Transmission Medium）

传播媒体是指传输信号的物理载体，例如同轴电缆、光纤、双绞线以及电磁波等。

（二）数字媒体

数字媒体是指以数字化的形式记录、处理、传播、获取信息的载体，这些载体包括数字化的文字、图形、图像、声音、视频影像和动画等感觉媒体，和表示这些媒体的表示媒体（编码），以及存储、传播、显示逻辑媒体的实物媒体，但常常指逻辑媒体。

由科技部牵头制定的《2005 中国数字媒体技术发展白皮书》（简称“白皮书”，2005 年 12 月 26 日发布）中这样定义了数字媒体：数字媒体是数字化的内容作品，以现代网络为主要传播载体，通过完善的服务体系，分发到终端和用户进行消费的全过程。这个定义强调数字媒体的传播方式是通过网络，而将移动存储设备（光盘，U 盘等）媒介内容排除在数字媒体的范畴之外。

数字媒体按照不同的方式有不同的分类。

1. 时变属性

按照时变的特征可以分为离散媒体（静止媒体 Still media）和连续媒体（Continues media）。离散媒体是指以空间为基础而与时间无关的媒体，如文本、图片、图像等。连续媒体是指以时间为基础的、与时间有关的媒体，如声音、动画、视频影像等。

2. 来源属性

按照媒体的获取方式可以分为捕获媒体（自然媒体 Natural media）和合成媒体（Synthetic media），捕获媒体是指通过扫描、采集和量化等手段，从现实世界中捕获的媒体信息，如图像、视频和声音。合成媒体是指以计算机为工具，采用特定符号、语言或算法表示的，由计算机生成（合成）的文本、图形、动画和音乐等，比如用 3D 制作软件制作出来的动画角色，如图 1-2 所示。

图 1-2　3D 制作软件制作的动画角色

3. 感知属性

按照人类的感觉特征可以分为视觉媒体、听觉媒体以及视听媒体。支持视觉的媒体有文本、图像、图形、动画等。支持听觉的媒体有语音、音乐等。同时支持听觉和视觉的媒体有带有声音的视频影像等。

4. 组成属性

按照组成属性可以分为单一媒体（Single media）和多媒体（Multimedia）。单一媒体是指单一信息载体组成的媒体。多媒体是指多种信息载体的表现形式和传递形式。“数字媒体”一般就是指“多媒体”。

二、数字媒体构成要素

当下的新媒体是与数字媒体密切相关，新媒体是数字媒体当前发展的主流。因此，当今的新媒体应该称为数字化新媒体，即数字新媒体。一般而言，新媒体即数字新媒体的构成包含以下要素。

1. 依托数字技术和网络技术及计算机技术

新媒体是建立在数字技术和网络技术之上而产生的媒介形态。计算机信息处理技术是新媒体的基础平台，互联网、卫星网络、移动通信等则作为新媒体的运作平台，通过有线或无线的方式进行信息的传播。

2. 依靠新技术支持以多媒体呈现

新媒体在信息传播的方式往往融合了声音、文字、图形、影像等多媒体的呈现形式，通过高科技含量的传播平台，实现跨媒体、跨时空的信息传播，如图 1-3 所示。

3. 互动性

图 1-3　新媒体融合的多媒体形式

在新媒体时代，人们不再只是被动接收信息的受众，而是成为能自由传播、选择及接收信息的媒体用户，充分地显示了其人性化的一面。

4. 商业模式创新

新媒体兼具技术平台和媒体机构的双重身份，新媒体在技术、运营、产品、服务等领域可以充分利用高新科技平台，不断丰富和创新商业模式，从而有助于新媒体的运营。

5. 媒介融合趋势增强

新媒体的种类有很多，包括网络媒体、有线数字媒体、无线数字媒体、卫星数字媒体、无线移动媒体等；其典型特征是在数字化基础上各种媒介形态的融合和创新，如手机电视、网络电视等。同时，媒介融合也使得传统媒体可以借助数字技术转变为具有互动性的新媒体，比如电视可以升级为数字互动电视。

6. 全天候全覆盖

新媒体具有全天候和全覆盖的特征，受众可以随时通过新媒体在电子信息覆盖的地方接收地球上任何一个角落的信息。

三、数字媒体特征

数字媒体具有数字化、交互化、趣味性、实时性、集成性和融合性等特征。其中，交互性和集成性是数字媒体技术的最关键的两个特性。

1. 数字化

过去我们熟悉的媒体集合都是以模拟的方式进行存储和传播的，而数字媒体都是以二进制的形式通过计算机进行存储、处理和传播，量化更为准确。

2. 交互化

具有计算机的“人机交互”作用是数字媒体的一个显著特点，包括基于视线追踪、语音识别、手势输入和感觉反馈等新的交互技术。

在传统的大众传播中，信息发出端发出大量的信息，受众只能从信息发出端给予的大量信息中被动地选择自己需要的信息。在数字世界里，信息按二进制位存放在计算机硬盘或光盘中，受众可以自主去拉出需要的信息。信息可以存放于信源和信宿两端，受众变被动接收为主动参与。

在数字媒体传播中，传播者和受众之间能进行实时的通信和交换。这种实时的互动性首先使反馈变得轻而易举，同时信源和信宿的角色可以随时改变。

3. 趣味性

互联网、数字游戏数字电视、移动流媒体等为人们提供了宽广的娱乐空间，媒体的趣味性更加彻底地体现出来了。如观众观看体育赛事的时候可以选择多个视角，从浩瀚的数字内容库里搜索并观看电影和电视节目等。

4. 实时性

数字媒体出现伴随着人们对时效追求的不断提升，声音、视频图像、动画等媒体是强实时的，多媒体系统提供了对这些时基媒体实时处理的能力。

5. 集成性

数字媒体系统能够综合处理文、图、声、像等多种信息。集成性不是意味着简单地把多媒体混合叠加起来，而是把它们有机地结合、加工、处理并根据传播要求相互转换，从而达到“整体大于各孤立部分之和”的效果。集成性一方面是媒体信息的集成，另一方面是显示或表现媒体设备的集成。

6. 融合性

现在数字媒体传播需要信息技术与人文艺术的融合，例如：在开发多媒体产品时，技术专家需要负责技术规划，艺术家、设计师需要负责所有可视内容，清楚受众的欣赏需求。

数字媒体的传播具有以下特征。

1. 传播内容个性化

内容供应商将一部分生产内容的功能分出来，进行节目的社会化生产，节目数量、内容均得到增加的同时，增加了一些个性化很强的增值业务，使传播的内容更丰富多彩。

2. 传播推出者个性化服务

数字媒体的传播者，有着高效性、易满足受众个性化需求等符合精确传播特点的信息传播特征。一般以用户的需求为导向，优先推出用户最喜欢的节目频道，在取得一定的经济收入和经营专业频道经验的基础上，进一步按照专业频道细分市场大小顺序，逐步推出更多专业节目，满足受众的个性化需求。

3. 受众传播个性化

数字媒体时代，受众即数字媒体的信息接收者或消费者，个性消费的特点表现在受众对数字媒体业务的消费上。用户与前端运营商的关系演变成一种密切的信息服务供求关系，数字媒体的服务演变成建立在宽带互动基础上的互联网、电信网、广电网的综合服务。用户可以根据自己的个性化需求定制节目，也可以利用数字媒体享受其他的个性化服务。

4. 传播形式个性化

数字媒体不再是“点对面”的广播式传播，而是“点对点”的交互式传播。数字媒体的出现，数字技术在电影、电视、音乐、网游等行业的广泛应用，双向电视、交互式多媒体系统、数字电影的普及，使数字媒体传播形式发生根本性变化。三网合一状态下，用户可感受IPTV交互式网络点播、进行网上冲浪，享受提供包括语音、数据、图像等综合多媒体的通信服务。

四、数字媒体产品形式

数字媒体产品形式多样，在我们日常生活中也接触颇多，诸如微电影、游戏、动漫、VR、电子图书、3D均属于数字媒体产品。

1. 微电影（Micro film）

微电影即微型电影，又称微影。微电影是指专门用在各种新媒体平台上播放的、适合在移动状态和短时休闲状态下观看的、具有完整策划和系统制作体系支持的、具有完整故事情节的、“微（超短）时”（30～300秒）放映、“微（超短）周期制作（1～7天或数周）”和“微（超小）规模投资”的视频短片，如图1-4所示。

图1-4　微电影《父亲》

2. 动漫

动漫即动画、漫画的合称，指动画与漫画的集合。动画（animation）和漫画（cartoon）均通过制作，使一些有或无生命的东西拟人化、夸张化，赋予其人类的一切感情、动作。动漫产业则主要指以动画和漫画为表现形式，包含动漫内容产品的开发、生产、出版、播出、演出和销售。艾瑞数据显示，2018年中国的泛二次元用户规模将近3.5亿，在线动漫用户规模也达到2亿多，如图1-5、图1-6所示。

3. 游戏

游戏是所有哺乳类动物，特别是灵长类动物学习生存的第一步。它是在一种特定时间、空间范围内遵循某种特定规则的，追求精神需求满足的社会行为方式。游戏市场自异军突起，就发展迅猛，占据很高的市场份额。如图1-7、图1-8所示，2017年中国移动游戏市场保持上升趋势，市场规模1489.2亿元，同比增长45.6%，虽然增长率继续下滑，但市场整体仍保持这一个良好的平稳上升态势。用户规模6.03亿人，同比增长15.7%。

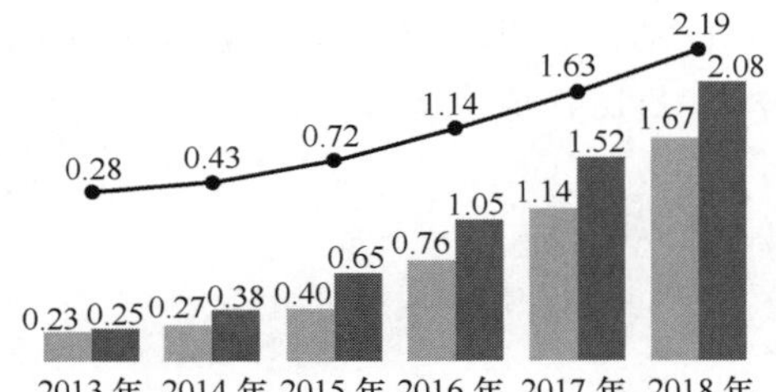

图1-5　2013—2018年中国在线动漫用户规模

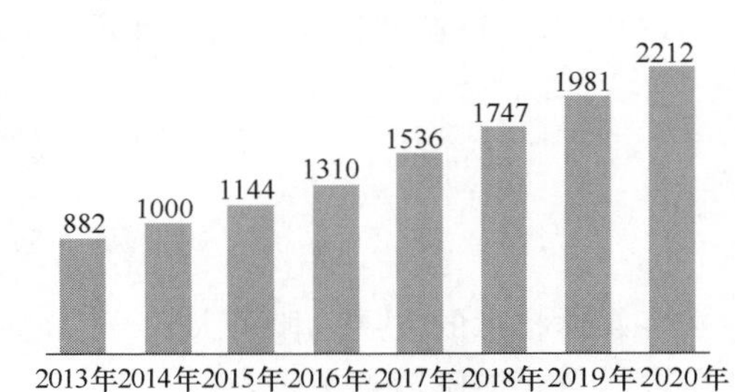

图1-6　2013—2020年中国动漫行业总产值

图1-7　王者荣耀

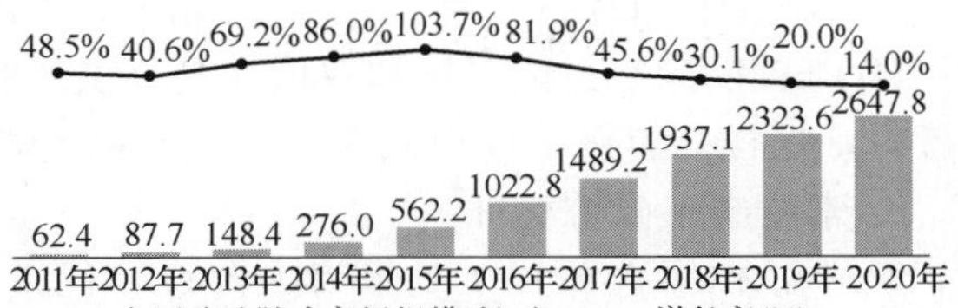

图1-8　2011—2020年中国移动游戏市场规模

4. VR（Virtual Reality）

VR又称虚拟现实，就是用一个系统模仿另一个真实系统的技术。此种虚拟世界由计算机生成，可以是现实世界的再现，亦可以是构想中的世界，用户可借助视觉、听觉及触觉等多种传感通道与虚拟世界进行自然的交互。它是以仿真的方式给用户创造一个实时反映实体对象变化与相互作用的三维虚拟世界，并通过头盔显示器（HMD）、数据手套等辅助传感设备，提供用户一个观测与该虚拟世界交互的三维界面，使用户可直接参与并探索仿真对象在所处环境中的作用与变化，产生沉浸感。

5. 电子图书

电子图书是指将文字、图片、声音、影像等讯息内容数字化的出版物以及植入或下载数字化文字、图片、声音、影像等信息内容的集存储介质和显示终端于一体的手持阅读器。电子图书代表人们所阅读的数字化出版物，通过数码方式记录在以光、电、磁为介质的设备中，借助于特定的设备来读取、复制、传输。它有两种含义，一指专门阅读电子图书的掌上阅读器，一指可支持其阅读格式的各种媒体终端。电子图书在国外发展较好，目前拥有平板电脑或电子图书阅读器的美国互联网用户比例为31%，如图1-9所示。

图1-9　电子图书

6. 3D（3Dimension）

3D指的是三维空间，国际上用3D来表示立体影像。3D影像与普通影像的区别在于它利用人的双眼立体视觉原理造成的“视觉移位”，使观众能从视频媒介上获得三维空间影像，从而使观众有身临其境的感觉。观众看到的影像和真实物体感觉接近，真实感强。3D影像技术的应用领域相当广阔，主要包括：3D电影后期制作，3D动漫制作，数字城市建设，虚拟仿真，幻影成像，3D游戏制作，展览展示，3D教学，3D医疗成像等领域。

第二节　数字媒体发展

一、数字媒体发展进程

数字媒体技术的发展阶段可大致分为企业级标准阶段、标准化阶段、多媒体阶段、融媒体阶段、全媒体阶段五个阶段。

（一）企业级标准阶段

1. 东芝的光盘标准

2007年12月东芝向标准认证机构提交了其采用三层记录技术的51GB HD DVD-ROM光盘。HD DVD超越蓝光阵营Blu-ray Disc格式具有50GB的存储容量。

HD DVD标准当前单层和双层光盘提供的容量分别为15GB和30GB。据该格式的支持者称，这样的容量足以用来存放1080P高清视频。

2. 索尼数字磁带标准

索尼在1950年推出了日本第一台G型磁带录音机。但首款产品的成功并没有延续太长时间，1955年，索尼成功制造日本第一款晶体管收音机TR-55，也为索尼的半导体业务奠定了基础。

2014年，日本索尼公司正式对外展示了一种大数据备份数码磁带技术，其磁存储密度高达148GB/平方英寸，是标准磁带密度的74倍，最高存储量可达到185TB。对比当时数码磁带最新的存储规范LTO-6（Linear Tape-Open），可以达到2GB/平方英寸，平均一卷磁带可存储2.5TB。

索尼公司独立研发出一项磁带存储技术——真空薄膜制造技术，这一技术令索尼成功研发出全球最高存储密度的磁带，达到148GB/平方英寸。这一存储能力相当于传统主流涂层磁带的74倍，每盘磁带的存储数据量达到185TB。

索尼致力于推动下一代磁带存储媒体的商业化，并继续研发通过溅射沉积方式制作薄膜的技术，以实现更高的记录密度。

（二）标准化阶段

1990年10月，在微软公司提出MPC10标准（基于268-386）；1993年由IBM，Intel等数十家软硬件公司组成的多媒体个人计算机市场协会（MPMC）发布了多媒体个人机的性能标准MPC20（486）；1995年6月，MPMC又宣布了新的多媒体个人机技术规范MPC30（586-75）；1996年以后，新的个人机均支持基本多媒体功能。

数字媒体的关键技术是多媒体数据的压缩、编码和解码技术。各种感觉媒体的数字化编解码、量化、传输和存储的标准化工作。以下是各种数字媒体国际标准：

JPEG标准：它是ITU和ISO两家联合成立专家JPEG（Joint Photographic Experts Group）简历的适用色彩和单色、多灰度连续色调、静态图像压缩国际标准。该标准在1991年通过为ISO/IEC10918标准，全称为“多灰度静态图像的数字压缩编码”标准。

MPEG标准：为了制定有关运动图像压缩标准，ISO建立一个专家组MPEG（Moving Picture Experts Group），从1990年开始工作。MPEG提交的MPEG-1标准用于15Mbps速率运动图像，作为ISO/IEC 11172号标准，于1992年通过，平均压缩比为50∶1。MPEG-2（大于15Mbps）；MPEG-4（甚低速率）；MPEG-7（多媒体检索）；MPEG-21（多媒体应用框架）。

ITU H26X标准：H261方案标题是“64Kbps视声服务用视象编码方式”（$P\times$64Kbps）。该方案确定于1988年，是面向可视电话和电视会议的视频压缩算法的国际标准，其中P是可变参数。$P=1$或2时，只支持QCIF分解率（176×144）格式每秒帧数较低的可视电话；当$P\geqslant 6$时，则支持CIF分辨率（352×288）格式每秒帧数较高的活动图像的电视会议；H262/263标准。

音频压缩标准：MPEG音频标准、ITU音频标准。

光存储标准的规格与数据格式：CD-ROM、CD-DA、CD-Ⅰ、VCD、DVD，如表1-1、表1-2所示。

表1-1　　连续媒体数据传输速率举例

媒体类型	（频带）Hz	（采样速率）kHz	（精度）Bits	数据速率Mbps
电话质量音频	200-3200	80（单声道）	8	0064
CD质量音频	20-20000	441（双声道）	16	141
	（分辨率）	（刷新速率）	（色彩数）	
NTSC质量视频	（640×480）/帧	30帧/秒	24/像素	216
HDTV质量视频	（1280×720）/帧	30帧/秒	24/像素	648

表 1-2　　媒体技术标准

国际标准	数据速率	应用程序
G721	32kbps	电话
G728	16kbps	电话
G722	48～64kbps	电视会议
MPEG-1(Audio)	128-384kbps	双声道音频
MPEG-2(Audio)	320kbps	51 声道音频
JBIG	005～010kbps	二进制图像
JPEG	025～80kbps	静态图像
Px64(H261)	64～1920kbps	视频会议
MPEG-1(Video)	15Mbps	视频、VCD
MPEG-2(Video)	2～30Mbps	HDTV、DVD
MPEG-4	64kbps	交互多媒体

（三）多媒体阶段

多媒体是声音、图像、视频、动画于一体的硬件软件系统及相应的数字产品。

20 世纪 80 年代声卡的出现，不仅标志着电脑具备了音频处理能力，也标志着电脑的发展终于开始进入了一个崭新的阶段：多媒体技术发展阶段。1988 年 MPEG（Moving Picture Expert Group，运动图像专家小组）的建立又对多媒体技术的发展起到了推波助澜的作用。进入 90 年代，随着硬件技术的提高，自 80486（Intel 公司 1989 年推出的 32 位微处理器）以后，多媒体时代终于到来。多媒体技术的发展有两条主线可循，一条是视频技术的发展，一条是音频技术的发展。网络和计算机技术相交融的交互式多媒体是 21 世纪多媒体发展方向。

（四）融媒体阶段

“融媒体”是充分利用媒介载体，把广播、电视、报纸等既有共同点，又存在互补性的不同媒体，在人力、内容、宣传等方面进行全面整合，实现“资源通融、内容兼融、宣传互融、利益共融”的新型媒体。

从 2014 年媒体融合元年开始，我国媒体全行业进入了勇敢应对新媒体时代挑战、以先进技术为支撑、以内容建设为根本、内容平台渠道经营管理多点全方位创新的大转型、大融合、大发展的新阶段。2017—2018 年，我国媒体融合进入了“多点突破期”，跨入了融合 3.0 时代。

（五）全媒体阶段

全媒体是指依托文字、声音、视频画面、网页等多种表现手段，利用广播、电视、报纸、网站等不同媒介，通过广播网络、电视网络以及互联网络进行传播，最终实现用户从多终端（电视、电脑、手机等）接收信息，实现任何人在任何时间及任何地点可通过任意终端获得任何需求信息。

国外以 2006 年英国老牌报纸《每日电讯报》为全媒体改革之路的起点，随后，由《今日美国》2008 年开始尝试的产业链重构推进了全媒体的实践。2008 年北京奥运会期间，中国广播网实现了中央电台所有奥运报道广播信号同步网上直播。2010 年深圳广电集团开始打造全媒体集群，整合全媒体力量，试图建成我国第一家提供一站式全媒体运营平台。同年元旦和7月，新华通讯社分别开播了中国新华新闻电视网（CNC）华语、英语电视频道，走上全媒体通讯社之路。2010年8月，中国国际广播电台开办的中国广播电视网络台(CIBN)，如图1-10所示，标志着广播媒体的全媒体探索。9月，中央人民广播电台，获准建立央广广播电视网络台。2019年1月25日就全媒体时代和媒体融合发展举行第十二次集体学习中提到了全媒体时代，具体而言，表现在四个方面，分别为全程媒体、全息媒体、全员媒体、全效媒体。

图1-10　互联网电视

二、数字媒体发展规模

数字媒体产业的发展在某种程度上体现了一个国家在信息服务、传统产业升级换代及前沿信息技术研究和集成创新方面的实力和产业水平，因此数字媒体在世界各地得到了政府的高度重视，各主要国家和地区纷纷制定了支持数字媒体发展的相关政策和发展规划。

（一）国外数字媒体产业的发展状况

1. 英国拓展融资渠道促进产业发展

英国高度重视数字媒体产业的原创性，数字媒体产业已成为英国的重要产业，每年产值超过600亿英镑，占英国GDP的8%，涵盖光比电视、电脑软件、设计、电影、出版、音乐、广告到软件游戏和表演艺术等诸多领域。英国BBC媒体城耗资7亿英镑，是英国第一个综合媒体城项目，并将成为欧洲最大的媒体城，入驻50多家大中小型企业。

2. 新加坡实施政策激励数字媒体产业

新加坡政府将数字媒体为主的文化创意产业作为推动经济快速增长的重要引擎之一。新加坡政府将创意产业作为创新经济的有机组成部分，在政府机构设置方面给予了政策倾斜。新加坡设立了“研究、创新及创业理事会”。仅2012年，新加坡的媒体产业创造出了高达314亿新加坡元的营收。迄今为止，已有超过7000家传媒公司以设立分部或卫星办公室的方式进驻新加坡。

3. 美国借助自身优势壮大产业发展

数字媒体产业在美国已发展成重要的支柱产业。美国内容产业（包括数字媒体内容）每年营收超过4000亿美元，占GDP的4%。在时代华纳、迪士尼等传媒产业巨头的引导下西方50家媒体娱乐公司占据了当今世界上95%的数字媒体产业市场。美国在全球绝对互联网用户增长排名中排名第三。尽管去年这个时候互联网普及率已经达到88%，但美国的互联网用户同比增长了近9%，2019年1月的用户总数超过了3.1亿（渗透率为95%）。

4. 日本制定发展战略促进产业链发展

日本是世界上数字媒体产业最发达的国家之一，数字媒体产业中的媒体艺术、电子游戏、动漫卡通等产值已是钢铁产业的两倍，成为日本目前三大经济支柱产业之一，占日本每年经济比重达15%～17%。2018年日本智能手机的普及率为75.1%，第一次超过了电脑72.5%的普及率。

（二）国内数字媒体产业的发展状况

2018 年中国数字经济规模达 31.3 万亿元，占 GDP 的比重达到 34.8%。

《数字中国建设发展报告（2018 年）》（本节以下简称《报告》）称，截至 2018 年年底，中国网民规模达 8.29 亿，互联网普及率达 59.6%，电子信息制造业、软件和信息技术服务业、通信业、大数据产业等保持较快增长。中国社交网站（SNS）用户已经超过 1.5 亿，约 1/3 的网民都在使用 SNS；各大主流互联网媒体纷纷向社交化转型，众多 SNS 新平台和产品竞相登场。视频网站和社交媒体成为数字媒体发展的新方向。值得一提的是，2018 年我国新一代信息基础设施加快建设，信息技术创新能力逐步增强。截至 2018 年年底，全国科技型企业贷款余额为 3.53 万亿元，各类创新主体创新活力持续释放，我国创新指数在全球排名上升至第 17 位。

《报告》显示，2018 年以来，各省份积极落实数字中国战略，制定实施数字化规划和行动计划，整体推进信息化创新发展，信息化发展水平得到整体提升。其中，北京、广东、江苏、上海、浙江、福建、天津、重庆、湖北、山东等地信息化发展评价指数排名前十位。

《报告》还显示，浙江、江苏、北京、福建等地区进一步提升公共服务信息化水平，扎实推进“互联网＋政务服务”。北京、广东、江苏、上海等地区加快建构现代信息技术产业体系，大力发展 5G、云计算、大数据、物联网、人工智能等现代信息技术产业，新动能得到培育壮大。

三、融媒体发展

（一）媒体融合概念

“融媒体”是充分利用媒介载体，把广播、电视、报纸等既有共同点，又存在互补性的不同媒体，在人力、内容、宣传等方面进行全面整合，实现“资源通融、内容兼融、宣传互融、利益共融”的新型媒体。

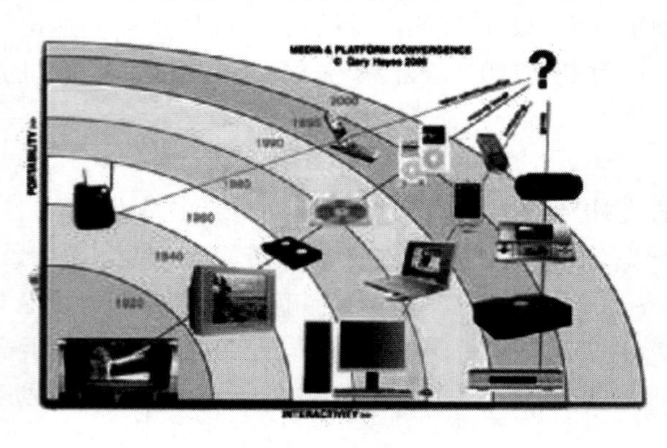

图 1-11　融媒体

“融媒体”不是一个独立的实体媒体，而是一个把广播、电视、互联网的优势互为整合，互为利用，使其功能、手段、价值得以全面提升的一种运作模式，是一种实实在在的科学方法，是在办台实践中看得见摸得着的具体行为，如图1-11所示。

（二）融媒体特点与优势

1. 资源的共享性

能够有效地促进各种不同媒体之间的新闻业务的共享，对所有的媒介实施有效的整合与统一规划，在资源共享的基础上，建立起新的新闻采编流程。

2. 受众具有很高的参与性

随着融媒体时代的到来，受众在互联网等新媒体所提供的新闻信息中具有良好的互动性，受众不仅可以通过手机、计算机等网络终端观看新闻直播，还可以实时地与媒体人或其他受众进行互动，针对其所获取的新闻信息来发表自己的观点。

3. 受者转换成为新闻信息的主动传播者

融媒体收视具有良好的自主性。受众可以随时随地地在新媒体上观看新闻，受众可以依据自身的爱好来选择自己喜欢的新闻节目，并且对于收视时间也具有自主的选择权。

4. 融媒体具有广泛传播的特点

相比于传统模式，融媒体模式中新闻的传播打破了传统的时空限制，其传播更具有广泛性。

（三）融媒体发展趋势

1. 从深度融合到大开大合

媒体融合已走入第五个年头，媒体融合正步入下半场。媒体融合正由渠道、平台、经营、管理等方面的深度融合转向系统、服务生态融合的大开大合。互媒体融合的“下半场”应该重点打造全媒体生态系统，延展价值链。

2. 机构改革推动媒体融合

在媒体融合深入推进的关键时期，体制机制改革关系着整个媒体融合的成效。2018年，广电总局成立媒体融合发展司。2018年以来，包括中央、辽宁、湖南、天津等媒体改革也拉开了大幕，深化机构改革、优化调整机构职能一定程度上加速了媒体融合进程。

3. 以中央广播电视总台为代表的融媒体建设加速升级

融媒体中心是推进媒体深度融合的标配和龙头工程。中央和省级媒体的融媒体中心逐渐完善并实现常态化运营。2018年以来，中央广播电视总台成立后下设25个中心，其中新媒体中心就有3个（融合发展中心、新闻新媒体中心、视听新媒体中心）。北京广播电视台融媒体中心成立，开启从“相加”到“相融”的加速跑，在内容、渠道、平台、经营、管理等方面加快推进深度融合。

4. “移动优先”成为共识

坚持移动优先，跟踪前沿技术，布局未来移动终端。现在已进入移动互联时代，移动互联网和智能终端的技术进步，成为媒体融合发展的助推器。

5. 区域化发展模式成主流

各级广电媒体已经完成或者正在打造区域范围内的联合发展。2018年以来，河南、湖南、陕西、重庆、内蒙古等全国多个省份先后打响县级融媒体中心建设的枪，拉开了县级融媒体中心的建设大幕。

关于“县级融媒体中心”，比较普遍的做法是：将县广播电视台、县党委政府开办的网站、内部报刊、客户端、微信微博等所有县域公共媒体资源整合起来、融合发展。

6. 以人为本，搭建融媒人才体系建设

破解广电融媒困境，须从顶层设计的高度，对广电融合转型进行整体谋划。全面深化改革需要加强顶层设计和整体谋划，加强各项改革的关联性、系统性、可行性研究。顶层设计，包含广电的治理体系改革和现代传播体系建设。

四、自媒体发展

（一）“自媒体”概念

自媒体（外文名：We Media）又称“公民媒体”或“个人媒体”，是指私人化、平民化、普泛化、自主化的传播者，以现代化、电子化的手段，向不特定的大多数或者特定的单个人传递规范性及非规范性信息的新媒体的总称。自媒体平台包括：博客、微博、微信、百度官方贴吧、论坛/BBS等网络社区。

自媒体的雏形来自于1995年微软公司推出的一款即时消息软件MSN；随后，1996年Mirabilis公司，推出了一款即时通讯软件ICQ（I Seek You）；1998年腾讯公司推出了QQ；2000年博客开始进入国内，2009年8月新浪推出了中国第一家提供微博服务的网站——“新浪微博”；2011年腾讯公司推出了“微信”。

（二）自媒体的特点

1. 传播视角广泛

在自媒体的时代，信息的来源是多方位的，它为民众提供了民意表达的平台，使任何人都可以通过媒介发表意见，表达思想，使得信息传播的视角更加广泛，甚至在某种程度上起到了引导社会舆论走向的作用。

2. 传播途径多样

自媒体多对多的网状传播模式是自媒体与传统媒体的最大区别。自媒体时代，只要有客户端和网络的存在，每个个体都是信息的发布者，都是意见讨论的参与者，“人人皆媒体”。

从传播渠道的角度上看，不同载体之间可以完成交叉式的信息传播，使信息传播的途径多样且没有障碍。

3. 传播时效增强

自媒体时代的信息传播，不受到时间和空间的限制，信息的传播和接收基本是零距离的，自媒体可以将信息迅速地发布给受众，同时受众也能及时地进行传播效果的反馈。

4. 传播价值提升

自媒体时代，每个人都是一个小型的媒体，既是信息传播的主体，也是信息传播的客体。自媒体正式缩短了传播主体和传播客体之间的距离，让主体、客体之间的意见反馈变得更直接、更生动。

（三）自媒体的发展趋势

1. 内容专业化——更垂直、更长尾、更可信

首先，内容生产更垂直。目前，几乎每一个细分领域例如互联网金融、旅游等都已形成一批少数头部自媒体。未来，这些头部自媒体仍将保持内容的高度垂直，并在专业度上继续提升。相比以整合既有资讯、以搞笑逗乐为主、带有浓厚草根气息的自媒体，聚焦高质量原创性内容生产的自媒体将更容易吸引资本注意，并赢得更高估值。

其次，内容开发更长尾。自媒体的内容生产还将进一步打通上下游产业链，基于内容的周边产品开发也将更加活跃。

最后，从业者更具可信度。随着国内传媒行业继续洗牌，预计会有更多传统媒体人投身于自媒体，他们将把更多新闻专业主义的规范带到自媒体的内容生产中。

2. 组织机构化——从个体户走向公司化

未来自媒体需要搭建完整的团队，以机构化的方式运作，以便为后期的商业化提供各种组织接口，在组织形态上将朝公司化的方向转变，并且一些头部自媒体将加大从传统媒体引进人才的力度，以壮大其内容生产实力。

与此同时，一些传统媒体也开始推出一些类似自媒体的账号，比如《人民日报（海外版）》的"侠客岛"，《北京青年报》的"团结湖参考"，都是传统媒体试图建立人格化、试水粉丝经济、与自媒体争夺用户的尝试。

3. 投资常规化——更多优质自媒体将被投资

自媒体要想实现跨越式发展，离不开资本的介入。腾讯科技企鹅智酷调查表明，2014年约53%的运营者对公众号进行投入，2015年这一比例上升到64%，且各个投资区间的投入都有所上升。

分析已获投资的自媒体发现，具有以下两个特征的自媒体融资成功率更高。第一个特征是专业垂直，相比较而言，垂直自媒体更容易获得融资，第二个特征是创始人有媒体高管经历，"一条"创始人徐沪生曾担任《外滩画报》执行主编、"新榜"的徐达内曾担任《东方早报》副总编、"罗辑思维"创始人罗振宇曾是央视《对话》制片人等。

4. 运营规范化——强化内容授权与平台自律

随着司法、行政以及微信公众号等主流平台治理力度的强化，正版化与合规运营已经成为自媒体商业化的主旋律。

新浪微博、今日头条等国内自媒体平台均不断建立完善其平台的侵权通知删除制度，强化了版权授权与利益分享机制，持续加强自媒体知识产权保护。另外，微信公众号平台于2015年1月公测上线"原创声明功能"，构建原创保护生态，推动自媒体内容保护由被动时代跨入主动时代。并且，微信还帮助其他内容平台上的用户更便捷地向微信进行版权侵权投诉。同时，更多的自媒体自发进行内容授权与付费转载，法律自媒体高杉LEGAL、法律读库、知产库等均建立了完善的内容授权付费机制，在平台自律方面起到良好的标杆作用。

五、全媒体发展

（一）全媒体的概念

全媒体指媒介信息传播采用文字、声音、影像、动画、网页等多种媒体表现手段（多媒体），利用广播、电视、音像、电影、出版、报纸、杂志、网站等不同媒介形态（业务融合），通过融合的广电网络、电信网络以及互联网络进行传播。最终实现用户以电视、电脑、手机等多种终端均可完成信息的融合接收（三屏合一），实现任何人、任何时间、任何地点、以任何终端获得任何想要的信息（5W）。全媒体是人类掌握的信息流手段的最大化的集成者。

（二）全媒体的特征

全媒体拥有三个基本的特征：

融合性。全媒体是各媒体的结合，是传播的内容、技术、获取渠道以及营销过程的共存互补和有机结合起来的集成体。

系统性。全媒体不反对传统媒体较为单一的表现形式，并且全媒体的集合体是有序的，强调了信息资源要进行统一的发布，实现一次性地、无缝形式地采集所有的相关信息资源。

开放性。全媒体最终的形态就是所有人之间的传播。这就需要全媒体相关的内容拥有数字化和渠道网络化的特性，能够适应实际的生活潮流，另外，还需要全媒体表现形式的多样化以及使用的人性化，并能适应当下关注者的要求趋势，且能提供超细分的相关服务。总而言之，全媒体能够使用更加经济实惠的眼光来对待多种媒体间的综合运用，进而达到小投入、高回报的效果。

全媒体拥有较为独特的优越性，一方面，可扩大关注者的覆盖面，提升有关信息的传播效率。另一方面，可促进媒介资源的综合利用，进而能较好地降低媒体传播的成本，做到利用最少的资源、成本做到最大限度地传播信息资源的效果。还有，可提高媒体抵抗风险的能力，缩减信息的传播过程中带来的风险。

（三）全媒体的发展

在我国媒体行业的发展过程中，全媒体的发展显然存在不少阻力，有一些问题也亟待得到解决：

（1）产业壁垒的易守难攻，一定程度上制约着全媒体的快速发展。传统媒体在各行各业的职能划分不同，导致报纸、广播、广告、出版等行业各据江山；由于各部门的管理制度规范条例不尽相同，导致责任分工不明确，一定程度上冲击了全媒体的发展。

（2）传媒内容产业的发展缺乏生机活力，存在缺乏创新理念、资金浪费等问题。由于对媒体产业缺乏统一管理，继而难以形成统一的合作平台，各部门间缺乏信息的沟通和资源的共享。由于用户对信息的不同需求，促使媒体需要不断地改进发展。

（3）媒体行业现行的法规制度不够完善，缺乏系统的管理。目前我国媒体行业主要是新媒体占据半壁江山，而对新媒体基本法中关于责任界定等问题的混淆不清，造成了管理上的漏洞。

（4）媒体产业价值链还没有完全形成，全媒体发展的基础环境还处于酝酿之中。目前我国媒介行业“细分发展”这一步走得不够稳，各方面都还不够成熟，导致整个媒体行业的产业价值链迟迟没有构建完成，行业细分也还没有完全建立起来，大部分都是前店后厂式、集生产流通于一体的组织结构，没有细分的组织结构。

（5）媒介内容产业发展缺乏活力，没有生机，存在一系列问题与全媒体发展不能很好地适应，如信息闲置、浪费、创新不够等。一是缺乏对内容有效整合。二是信息内容的规范化管理和版权保护问题。

针对我国全媒体发展的建议：

（1）要为媒介机构制定关于“全媒体”的长远发展规划，将全媒体的推进工作提上日程。在保证各媒体行业全面稳定发展的同时，完成传统媒体与新媒体的有效接轨。从政策到制度，再到实施，要在务实工作的原则基础上，给予媒体行业更大的发展空间。

（2）解决部门间的整合问题，提高工作管理效率。应从政府机构部门上进行大力整改，力求建立统一的协作平台解决部门间各自为政的局面。在媒体行业发展演进的过程中，建立专门负责的媒体信息传播管理的部门机构。

（3）从法律层面上，建立新媒体全新监管体系。对于新媒体发展中存在的矛盾应加以改善和解决，保证其良性发展。同时，从法律上对新媒体行业加以保障和约束，在提供强有力后盾的同时，剔除其中的渣滓，使其达到更快更好的发展成效。

（4）加强媒介机构自身业务流程再造，按全媒体发展规律与趋势，打造出一流的组织结构和运行机制。全媒体背景下，将传统的媒介形态照业务流程来划分，如将组织架构分为三个中心，分别是内容中心、营销中心和渠道中心，实行全代理、全业务模式。

（5）积极探索新媒体监督管理模式，使其具有中国特色、能够适应中国媒体的发展需要。内容管理方面，从网络监管的收放尺度来看，应当采取相对中立的状态。法律及政策规制层面，从整个媒体产业发展的利益出发，制定并实施有效的管理制度与相关产业政策。

（6）加快数字版权制度建设的步伐。一是相关政府制定并出台高级别法律法规，要求可操作性强；二是建立相关执法体制来对进行约束；三是提供公正公平的交易市场给正版渠道。四是对行业自律、网民自律的加强，还要加强社会公众的素质教育。

第三节 数字媒体教育

一、数字媒体市场前景分析

得益于数字媒体技术不断突破产生的引领和支持，以数字媒体、网络技术与文化产业相融合而产生的数字媒体产业，正在世界各地高速成长。

目前数字媒体行业正处于快速发展阶段，行业技术水平总体较高，在应用层面上与国外保持同步。在项目实施与服务水平方面，国内厂商能够更好地理解客户的需求，深入结合行业特点和业务流程提出切实可行的解决方案，随着其技术的成熟，他们在定制开发、方案实施及后续的技术服务具有明显的优势。

数字媒体行业的技术不断发展，尤其是先进的数字化媒体平台与技术的开发，通过可用的沉浸式与交互式媒体技术为用户提供更成熟的媒体与更丰富的经验，允许用户根据自身的使用和情景需求检索相关的媒体信息。就发展趋势来看，增强现实技术已经发展到媒体融合阶段，基于动态视频合成与交互的增强现实研究（沉浸式媒体技术）已经成为计算机视觉和计算机图形学等相关领域迫切需要进行的研究课题，也是数字媒体技术未来发展的趋势所在。

我国高速增长的经济为数字新媒体行业提供了广阔的市场空间，随着人民生活水平的不断提高，行业需求量激增，行业利润水平不断提高。但同时，随着行业内企业数量的增加，业内竞争逐渐加剧，行业内优秀的企业越来越重视市场的研究，特别是企业发展环境和需求趋势变化的研究。

数字媒体作为最经济的交流方式，发展不再是互联网和IT行业的事情，而将成为全产业未来发展的驱动力和不可或缺的能量。数字媒体的发展通过影响消费者行为深刻地影响着各个领域的发展，消费业、制造业等都受到来自数字媒体的强烈冲击。被广泛应用于广电、电信、邮政、电力、消防、交通、金融系统（银行）、科研院校、旅游、广告展示等与民生息息相关的政府职能部门及企事业单位。这些行业对数字媒体的需求巨大，主要应用于交流信息文化，推广品牌形象，提供公共信息，反映民生需求，应对突发事件等。数字媒体技术可以帮助企业建立可视化的信息平台，提供即时声像信息，利于快速响应，为人们提供更广泛、更便捷、更具针对性的信息及服务。数字媒体技术打破了现实生活的实物界限，缩短了信息传输的距离，使数字媒体信息得以有效利用。

二、数字媒体专业教育

（一）概念

数字媒体技术专业（Digital Media Technology）（属于计算机类）旨在培养兼具技术

素质和艺术素质的现代艺术设计人才，与数字媒体艺术专业相比，本专业略注重技术素质的培养，可适应新媒体艺术创作、网络多媒体制作、广告、影视动画、大众传媒、房地产业的演示动画片制作工作。该专业的教学与出版、新闻、影视等文化媒体及其他数字媒体软件开发和产品设计制作行业的要求相结合，培养面向数字网络时代兼具信息传播理论、数字媒体技术和设计管理能力的复合型人才。

（二）数字媒体主要技术范畴

数字媒体涉及的技术范围很广，技术很新、研究内容很深，是多种学科和多种技术交叉的领域。主要技术范畴包括：

（1）数字媒体表示与操作，包括数字声音及处理、数字图像及处理、数字视频及处理、数字动画技术等。

（2）数字媒体压缩，包括通用压缩编码、专门压缩编码（声音、图像、视频）技术等。

（3）数字媒体存储与管理，包括光盘存储（CD技术、DVD技术等）、媒体数据管理、数字媒体版权保护等。

（4）数字媒体传输，包括流媒体技术、P2P技术等。

（三）数字媒体专业特征分析

数字媒体专业是一个计算机技术和媒体艺术相互结合的新兴专业。数字媒体专业人才属于典型的复合型、技能型、创新型人才，这类人才的培养直接挑战传统人才培养模式、师资队伍建设和办学条件平台建设；数字媒体专业人才目前就业市场也尚不成熟。其中，数字媒体技术专业以计算机技术为主、艺术为辅，而数字媒体艺术专业则相反。

数字媒体技术专业可以培养掌握数字媒体设计与制作的基本理论及专业知识，掌握数字媒体核心技术，具有一定的艺术创意能力，从事数字媒体的技术开发与艺术设计、制作的高级复合型人才。主要课程包括：数据结构、C＋＋程序设计、数据库原理、计算机网络、计算机图形学、数字图像处理、游戏程序设计、动画设计、摄影与摄像、数字音频与视频处理、设计分析、设计创新思维、设计的二维、三维和实体表现、设计的艺术和工程实践等。毕业生可从事产品创新设计与开发、创新设计研究和管理、产品造型设计等领域的工作。

（四）就业分析

毕业生从事的主要是与数字媒体技术相关的影视、娱乐游戏、出版、图书、新闻等文化媒体行业，以及国家机关、高等院校、电视台及其他数字媒体软件开发和产品设计制作企业。在广播电视、广告制作等信息传媒领域从事多媒体信息的采集、编辑等方面的技术工作以及多媒体产品的开发与制作工作。在企事业单位、学校从事计算机网络、教学多媒体信息系统的运行、管理与维护工作；音视频设备的操作与维护工作。

数字媒体行业有望成为国民经济的重要支柱行业，发展前景非常广阔。国家863计划自2003年以来支持数字媒体技术的研发，已取得重要阶段进展。在上海市对外公布的“2003年度人才开发”目录中，动画和游戏产业所需的数字媒体人才被列为上海急需的十大软件人才之首。更有权威资料显示：中国目前的数字艺术人才缺口约为15万。如图1-12为数字媒体专业就业数据，从这些数据我们可以更加直观地看出，数字媒体产业是教育技术学专业学生就业的一个重要领域。

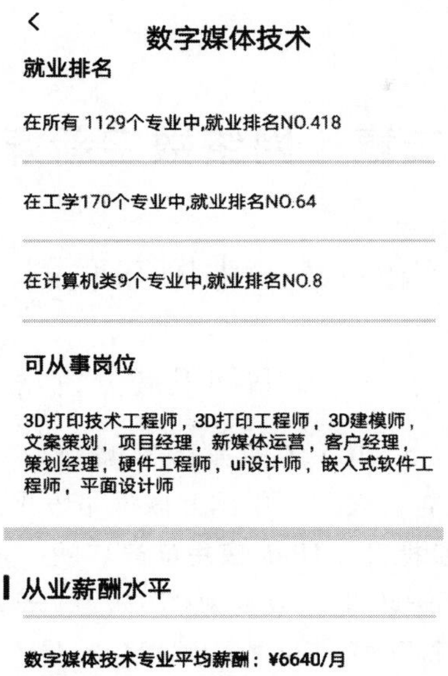

<

数字媒体技术

就业排名

在所有 1129个专业中,就业排名NO.418

在工学170个专业中,就业排名NO.64

在计算机类9个专业中,就业排名NO.8

可从事岗位

3D打印技术工程师，3D打印工程师，3D建模师，文案策划，项目经理，新媒体运营，客户经理，策划经理，硬件工程师，ui设计师，嵌入式软件工程师，平面设计师

从业薪酬水平

数字媒体技术专业平均薪酬：¥6640/月

图 1-12　数字媒体专业就业数据

参 考 文 献

[1]　朱叶，田源．浅谈数字媒体技术的优势应用以及发展前景 [J]．信息与电脑（理论版），2014（11）：161-162.

[2]　自媒体：https：//baike. so. com/doc/5013890-5239245. html.

[3]　2019—2025 年中国数字媒体行业现状研究分析及市场前景预测报告.

[4]　明豪侠．数字媒体技术市场分析 [J]．电信技术，2011（09）：104-105.

[5]　朱毅．数字媒体技术在当下社会的新发展与运用 [J]．通讯世界，2019，26（05）：20-21.

[6]　朱婷婷，尹贵．浅析数字媒体产业的发展现状及前景 [J]．科教导刊（中旬刊），2012（10）：226-227.

[7]　2018 年中国数字新媒体行业分析报告——市场深度调研与发展趋势预测.

[8]　中国媒体融合发展报告（2019）.

[9]　李嘉卓．《中国媒体融合发展报告（2015）》蓝皮书在京出版 [J]．新闻与写作，2015（09）：54.

[10]　对“四全媒体”论的思考 http：//media. people. com. cn/.

[11]　《中国新媒体发展报告（2018）》发布 [J]．新闻世界，2018（07）：84.

[12]　解读：新媒体蓝皮书：中国新媒体发展报告（2018）.

[13]　美国互联网用户数据．http：//www. 360doc. com/content/19/0204/10/61492514_813083443. shtml.

[14]　《数字中国建设发展报告（2018 年）》.

第二章　网络数字新媒体

第一节　中国互联网

一、互联网发展分析

中国互联网络信息中心（CNNIC）在京发布第43次《中国互联网络发展状况统计报告》（以下简称《报告》）。《报告》表示，中国互联网络发展迅速，呈现出七个特点。

（一）基础资源保有量稳步提升，IPv6应用前景广阔

截至2018年12月，我国IPv6地址数量为41079块/32，年增长率为75.3%；域名总数为3792.8万个，其中“.CN”域名总数为2124.3万个，占域名总数的56.0%。在IPv6方面，我国正在持续推动IPv6大规模部署，进一步规范IPv6地址分配与追溯机制，有效提升IPv6安全保障能力；在域名方面，我国域名高性能解析技术不断发展，自主知识产权软件研发取得新突破，域名服务安全策略本地化定制能力进一步增强。

（二）互联网普及率接近六成，入网门槛逐步降低

截至2018年12月，我国网民规模达8.29亿，普及率达59.6%，较2017年底提升3.8个百分点，全年新增网民5653万。我国手机网民规模达8.17亿，网民通过手机接入互联网的比例高达98.6%，全年新增手机网民6433万。2018年，互联网覆盖范围进一步扩大，贫困地区网络基础设施“最后一公里”逐步打通，“数字鸿沟”加快弥合；移动流量资费大幅下降，跨省“漫游”成为历史，居民入网门槛进一步降低，信息交流效率得到提升。如图2-1所示。

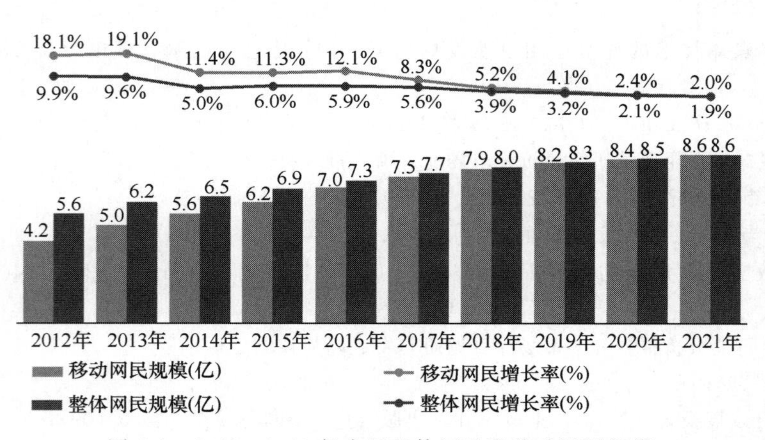

图2-1　2012—2021年中国整体网民及移动网民规模

（三）电子商务领域首部法律出台，行业加速动能转换

截至2018年12月，我国网络购物用户规模达6.10亿，年增长率为14.4%，网民使用率为73.6%。电子商务领域首部法律《电子商务法》正式出台，网络消费市场逐步进入提质升级的发展阶段，供需两端“双升级”正成为行业增长新一轮驱动力。在供给侧，线上线下资源加速整合，社交电商、品质电商等新模式不断丰富消费场景，大数据、区块链等技术深入应用。在需求侧，消费升级趋势保持不变，消费分层特征日渐凸显。

（四）线下支付习惯持续巩固，国际支付市场加速开拓

截至2018年12月，我国手机网络支付用户规模达5.83亿，年增长率为10.7%，手机网民使用率达71.4%。线下网络支付使用习惯持续巩固，网民在线下消费时使用手机网络支付的比例由2017年底的65.5%提升至67.2%。在跨境支付方面，支付宝和微信支付已分别在40个以上国家和地区合规接入；在境外本土化支付方面，我国企业已在亚洲9个国家和地区运营本土化数字钱包产品。

（五）互联网娱乐进入规范发展轨道，短视频用户使用率近八成

截至2018年12月，网络视频、网络音乐和网络游戏的用户规模分别为6.12亿、5.76亿和4.84亿，使用率分别为73.9%、69.5%和58.4%。各大网络视频平台注重节目内容质量提升，自制内容走向精品化。数字音乐版权的正版化进程显著加快，越来越多的游戏公司开始侧重海外业务。短视频用户规模达6.48亿，用户使用率为78.2%，内容生产的专业度与垂直度不断加深，优质内容成为各平台的核心竞争力。

（六）在线政务服务效能得到提升，践行以民为本发展理念

截至2018年12月，我国在线政务服务用户规模达3.94亿，占整体网民的47.5%。2018年，我国“互联网+政务服务”深化发展，各级政府依托网上政务服务平台，推动线上线下集成融合，实时汇入网上申报、排队预约、审批审查结果等信息；同时，各地相继开展县级融媒体中心建设，实现资源集中、统一管理、信息优质、服务规范。

（七）新兴技术领域保持良好发展势头，开拓网络强国建设新局面

2018年，我国在基础资源、5G、量子信息、人工智能、云计算、大数据、区块链、虚拟现实、物联网标识、超级计算等领域发展势头向好。在5G领域，核心技术研发取得突破性进展，政企合力推动产业稳步发展；在人工智能领域，科技创新能力得到加强，各地规划及政策相继颁布；在云计算领域，我国政府高度重视以其为代表的新一代信息产业发展，企业积极推动战略布局。

二、互联网发展规模

（一）总体网民规模

截至2018年12月，我国网民规模达8.29亿，全年共计新增网民5653万人。互联网普及率为59.6%，预计2019年我国网民规模将达8.72亿，互联网普及率将超60%，如图2-2所示。

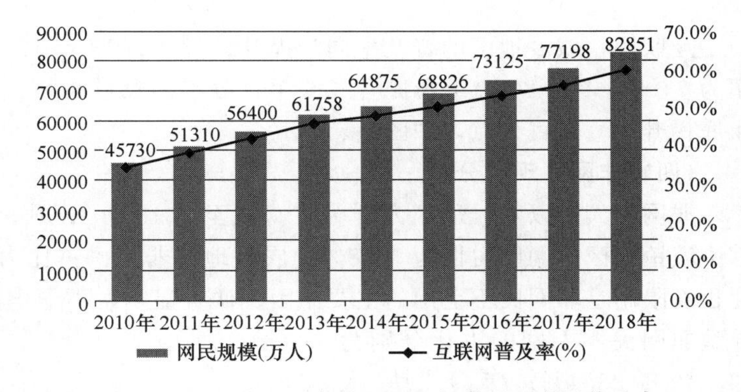

图2-2　2010—2018年中国网民规模及互联网普及率

“网络覆盖工程”加速实施，更多居民用得上互联网。截至2018年第三季度末，全国行政村通光纤比例达到96%，贫困村通宽带比例超过94%，已提前实现“宽带网络覆盖率90%以上贫困村”的发展目标，更多居民用网需求得到保障。

（二）手机网民规模

截至2018年12月，我国手机网民规模达8.17亿，较2017年底增加了6433万人。网民中使用手机上网人群的占比由2017年的97.5%提升至98.6%，提升了1.1个百分点，

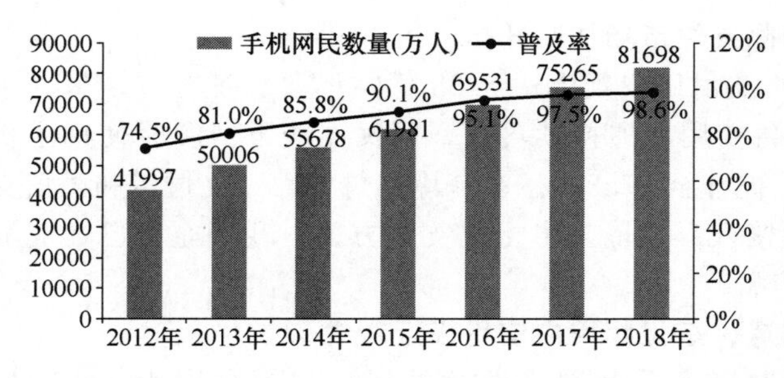

图 2-3　2012—2018 年我国网民数量及普及情况

网民手机上网比例在高基数基础上进一步攀升。预计 2019 年我国手机网民规模达 8.71 亿，网民中使用手机上网人群的占比由 2018 年的 98.6%提升至 99.1%。如图 2-3 所示。

移动流量资费大幅下降，跨省"漫游"成为历史，互联网"提速降费"工作取得实质性进展，居民入网门槛进一步降低。

（三）农村网民规模

截至 2018 年 12 月，我国农村网民规模达 2.22 亿，占整体网民的 26.7%，较 2017 年底增加 1291 万人，增长率为 6.2%；农村地区互联网普及率为 38.4%，较 2017 年底提升 3.0 个百分点。城镇网民规模为 6.07 亿，占比达 73.3%，较 2017 年底增加 4362 万，年增长率为 7.7%，如图 2-4 所示。

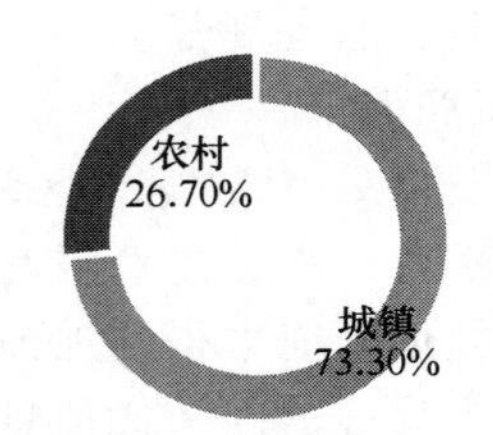

图 2-4　2017—2018 年城乡网民结构情况

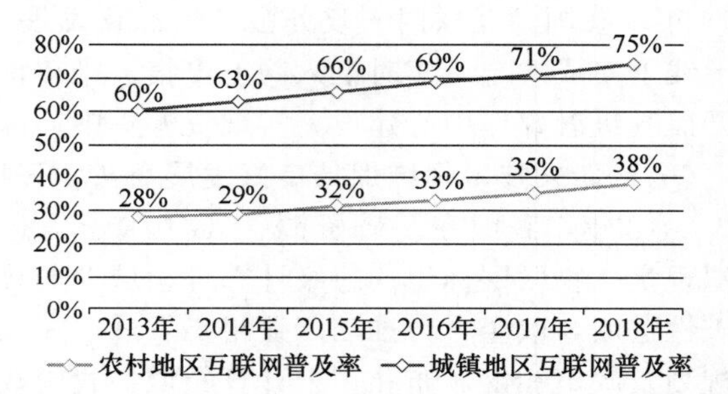

图 2-5　2013—2018 年中国城乡地区互联网普及率

互联网在城乡地区的普及率同步提升。截至 2018 年 12 月，我国城镇地区互联网普及率为 74.6%，较 2017 年底提升 3.6 个百分点；农村地区互联网普及率为 38.4，较 2017 年底提升 3.0 个百分点，如图 2-5 所示。

（四）非网民现状分析

非网民人口以农村地区人群为主。截至 2018 年 12 月，我国非网民规模为 5.62 亿，其中城镇地区非网民占比为 36.8%，农村地区非网民占比为 63.2%。使用技能缺乏和文化程度限制是非网民不上网的主要原因。调查显示，不懂电脑/网络技能和文化程度限制导致非网民不上网的占比分别为 54.0%和 33.4%；年龄太大/太小而不上网的非网民占比为 11.2%；因没有电脑等上网设备而不上网的非网民占比为 10.0%；因无需求/不感兴趣、缺乏上网时间及无法连接互联网等原因造成非网民不上网的占比均低于 10%，如图 2-6 所示。

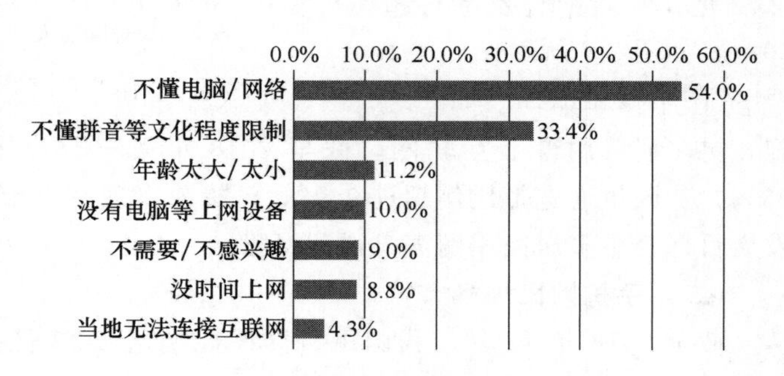

图 2-6　非网民不上网原因占比情况

调查显示，因不懂电脑/网络，不懂拼音等知识水平限制而不上网的非网民占比分别为54.5%和24.2%；由于不需要/不感兴趣而不上网的非网民占比为13.5%；受没有电脑，当地无法连接互联网等上网设施限制而无法上网的非网民占比为12.8%。

三、互联网应用分析

（一）纯互联网技术在传统商业中的应用

互联网技术在传统商业中的应用，最具代表性的就是网络购物等电子商务的出现，要了解电子商务，首先需要了解网络社会的含义。

1. 网络社会的定义

网络社会，是指信息时代的社会。在新的历史条件下，只有融入全球的网络互动中，社会、经济和文化的持续发展与竞争才能得以实现。信息时代，经济的发展主要取决于知识的传递，主要依赖对象是知识和信息，网络化与信息化是社会的基本特征，塑造出一种崭新的社会经济形态“网络社会”。

2. 电子商务

简单来说，电子商务是一种基于虚拟电子网络的商业行为，也就是说所有通过电子手段的商品流通行为都属于电子商务的范畴。电子商务是一个非常广泛的术语，包括所有的电子产品和相关行业，包括广告、网络、硬件等，和所有的传统产业供应链和服务，如仓储和物流、原材料等。

3. 纯互联网技术的传统商业应用系统

我们也可以称它为系统。这样一个系统的使用可提高工作效率，减少错误，降低成本，如办公OA系统、电子邮件、银联、支付宝付款、网上银行、ERP存储管理系统。也被称为冷却系统，是网络技术的一种固定的模式，所有的流程是固定的，没有隐藏的因素，没有固定的逻辑系统，操作方便。

（二）互联网技术的虚拟社会应用

我们无法与虚拟用户真实接触，但可以通过用户使用互联网留下的数据，对用户进行分析。数据在分析虚拟用户的需求方面展现出突出的价值。简单而言，通过用户在互联网上搜索浏览的数据，可以更好地分析用户的各项信息，例如性别、年龄、居住地、喜好等，从而对用户进行个性化推送，增加用户点击或者购买的几率，从而获得更高的利率。也就是说，互联网技术在虚拟社会的所有应用程序都是关于如何让客户在你的网站得到更好的享受，就是我们常说的用户体验，好的用户体验是基于实验和数据。

（三）互联网技术的智慧应用

伴随云计算日益普及，以及人工智能技术日益成熟，推动信息科技向物联网时代转变，特别在IoT＋AI融合下，使得万物具有感知能力，物理设备不再冷冰冰，而是具有生命力，物理世界和数字世界深度融合，继此行业边界越来越模糊，人类进入全新的智能社会。互联网技术的智慧应用带给人们诸多便利，例如，人们可在外出时通过手机助手，远程操控家中电器，如调高空调温度等。

第二节　即时通信类

一、微　　信

微信（英文名：WeChat）是腾讯公司于2011年1月21日推出的一个为智能终端提

供即时通信服务的免费应用程序，微信支持跨通信运营商、跨操作系统平台通过网络快速发送免费（需消耗少量网络流量）语音短信、视频、图片和文字，同时，也可以使用通过共享流媒体内容的资料和基于位置的社交插件“摇一摇”“漂流瓶”“朋友圈”“公众平台”“语音记事本”等服务插件。

（一）微信的产生及发展

1. 微信的产生

2011 年 1 月 21 日，腾讯公司推出一款新型的即时通信软件，即智能手机应用程序——微信，如图 2-7 所示。这是一款以免费即时通信服务为特色的软件，用户可以通过该平台向好友送文字、图片甚至视频信息。一经推出，微信用户数量增长极快，仅上线 10 个月，用户数量便超过了 3000 万人。

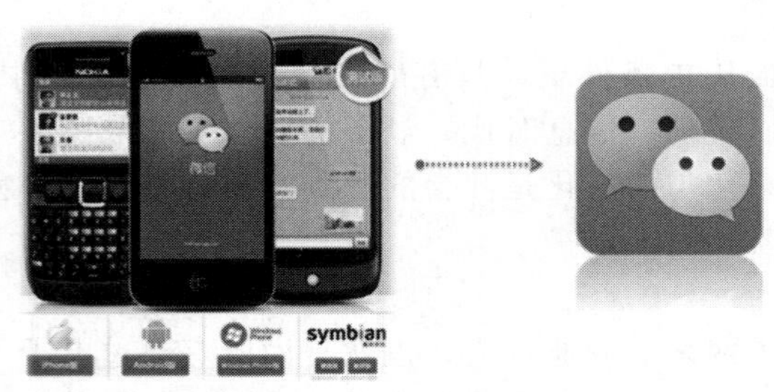

图 2-7 不同系统下的微信时代

2013 年 1 月 15 日，微信用户达 3 亿，仅两年的时间，微信成为了最热门的话题，无论是行业、企业还是个人都在关注着微信的一举一动。数据显示，2013 年 9 月，微信的有效使用时间占据即时通信类应用总有效使用时间的 54.4%，成为最重要的即时通信应用之一。

2. 微信的发展

微信推出后，借助 QQ 的强大号召力和影响力，以 QQ 广大用户群为依托，开展了一场“病毒式营销狙击战”，并逐步占据了即时通信领域的移动终端市场。2011 年 4 月，面向海外版的微信更名为 WeChat，正式进军海外市场。

为扩大微信海外影响力，仅 2013 年一年，微信在海外共投放了 2 亿美金的广告。2014 年 1 月，微信携手谷歌，斥巨资打出了“邀请好友可获 25 美元”的活动招牌。由于文化差异且 QQ 在海外缺乏用户基础，微信仅依靠“硬广告”投放的营销手段能否在海外打开市场，还有待考量。

2014 年 12 月，微信 iOS 新版增加了声音登录功能——声音锁。2015 年 6 月，微信正式推出指纹支付功能。2015 年春节期间，微信联合各类商家推出春节“摇红包”活动，送出金额超过 5 亿的现金红包。2015 年 6 月 24 日，微信团队表示认证企业号可以申请开通微信支付功能。2015 年 9 月 14 日，iOS 版微信新增微粒贷应用。2015 年 10 月 19 日，微信发布最新 6.3.5 版本，微信群添加视频通话功能。2015 年 10 月 21 日，微信转账大于 2 万/每月的费用开收手续费，红包依旧免收手续费。2015 年 10 月 23 日，微信产品团队对外发布《2015 微信生活白皮书》。微信的部分功能如图 2-8 所示。

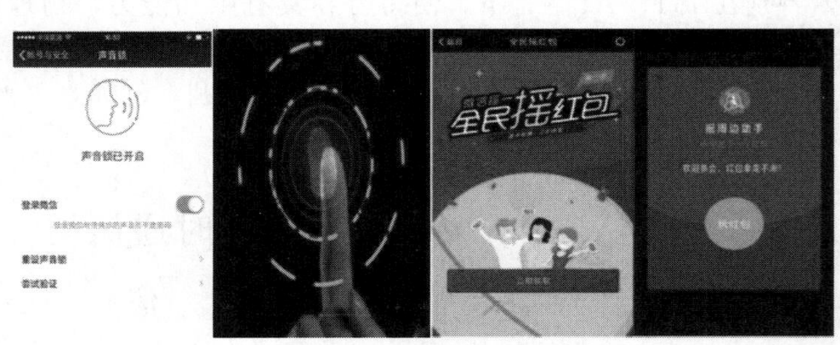

图 2-8 微信部分功能

（二）微信的传播特点

1. 即时性

微信作为一款社交软件，在信息传播的即时性方面整合了微博、QQ 的功能，做到了信息的即时发布、即时传递、即时接收。

值得注意的一点是，即时性不仅仅停留在信息的传播过程，还包括信息量的即时传递。微信主打的语音消息功能可以完整还原信息发布者传播信息时的语气、心情等状态，大大拓展了传递内容的信息含量，此外，微信的实时对讲、网络视频等功能，也实现了真正意义上的即时性。

2. 交互性

在微信中，无论是使用者与使用者之间，还是使用者与相当于“大众传媒”的微信公众平台之间，交互性都很强。实际上，微信为使用者创立了一个平等的交互环境，使用者微信好友之间的交流不需要任何门槛，同样，使用者与公众号的交流也是彼此平等的，用户想要与公众平台交流的内容可以随时随地进行发送，公众平台管理者也可以在后台及时查看。随后微信又推出信息发布两分钟之内可撤回的功能，这让信息发布者可以选择信息交流的开始、暂停和中止，在某种意义上，这里的信息发布者进一步掌握了主动权，于是，交互性随之增加。

3. 发散性

与互联网的信息传播形式相同，微信也经历了从“点对点”到“点对多”的发散性转变。目前，微信的信息传播是这两种形式相融合的复杂结构。

微信使用者与其微信好友之间大多在现实生活中也具有社交关系，相比于陌生人，他们之间的信任度要高得多，再加上彼此之间的强烈交互性，所以好友之间点对点的信息传递，以及群聊中点对多的信息分享都能够达到比较好的传播效果，容易产生评论、分享等行为。

此外，即便微信使用者与他的某些好友并不具有现实中的社交关系，但两人能够成为好友也一定是出于共同的兴趣、共同的爱好、共同的利益等原因，所以，他们之间传播的信息往往能够引起彼此共鸣，进而引发转发、分享。

一旦以上这些“点对点”的传播行为开始产生，信息也随之广为扩散。而除了“点对点”以外，微信公众平台、朋友圈和群聊则更集中地体现了“点对多”的传播方式。在微信中，信息传播的趋势是具有明显发散性特点的“树枝形”。

4. 分众化

所谓“分众”，可以简单理解为“细分受众群体”。

“分众传播”正成为新媒体抓住受众群体的关键。随着互联网话语权的下放，新媒体相较于传统媒体的一个最重要特点就是简单化、碎片化、分众化。这也是对传播学中“使用与满足”理论的进一步延伸，媒体越来越重视受众在传播过程中的作用。

微信中的信息分众传播主要表现在微信公众平台方面。微信公众平台采用使用者主动订阅的形式，订阅后也可随意取消关注，给予了使用者主动选择权。订阅号倾向于资讯传达，服务号定位于服务交互，企业号专注于内部通讯。在平台创建之初，开发者就已经将公众平台进行了精细划分。

以微信公众平台为代表的“分众传播”形式，可以精准定位到具体受众，进而筛选信息，对信息进行进一步优化处理，从而达到传播效果最大化。

5. 工具化

微信信息传播的工具化其实与微信的商业化相辅相成。微信已经从仅仅具有单纯社交功能的软件变成连接使用者与入驻商家的一款重要工具，也成为使用者和商家进行信息传播的重要渠道。

微信的工具化主要体现在了它的支付功能。2013 年 8 月，微信正式与财付通进行合作，开通微信支付，这是微信实现工具化的重要一步。自此之后，微信用户只要绑定银行卡，就能够实现转账、交易等基本功能。2014 年 1 月，微信团队又开发出“微信红包”功能，依托于广大的用户群体，在新年期间，“微信红包”几乎已代替“实体红包”成为联系使用者社交关系的工具，而今，微信红包也正超越其开发之初的原有意义。

目前，打开微信钱包，就可以清晰地看到转账、手机充值、生活缴费、信用卡还款等功能，用户可以足不出户地进行生活中大大小小的支付。随着微信支付功能愈加健全，越来越多的商户入驻微信，“滴滴出行”“同程旅游”“京东商城”“微票儿”“大众点评”等都与微信保持着长期合作。微信的工具化几乎已经囊括使用者吃、穿、住、行的各个方面。腾讯在发布《2015 年度微信白皮书》时，已经将微信定义为一种“生活方式”。如图 2-9 至图 2-11 所示。

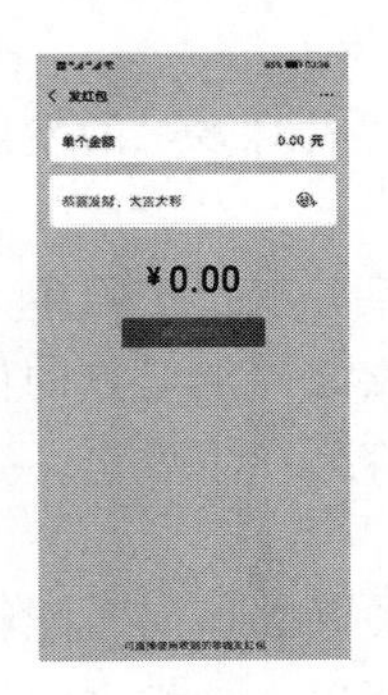

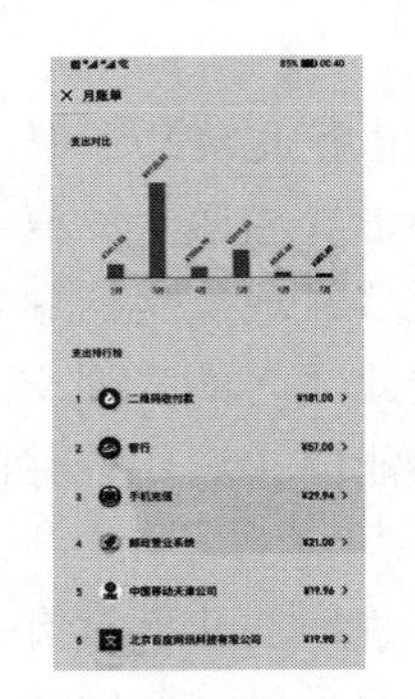

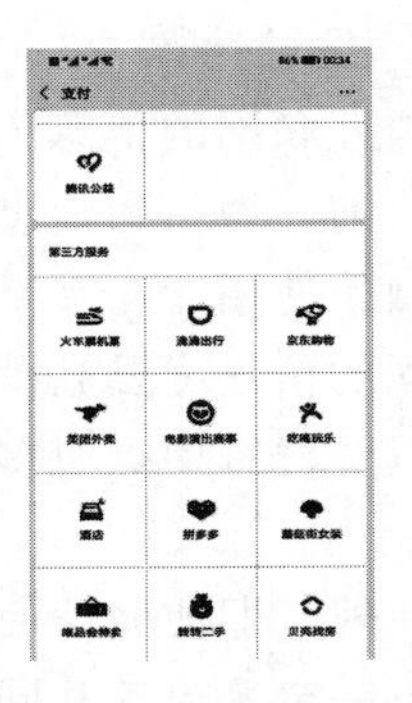

图 2-9　微信钱包月账单　　图 2-10　微信支付第三方服务　　图 2-11　微信红包

（三）微信的商业化闭环

微信是一款产品导向型的社交应用，在获得足够的用户数量之后，微信在产品形态上不断做加法，添加了非常多的功能，发展成一个平台型应用。5.0 版本推出之后其商业化正式起步，而形成商业化闭环的最关键环节——支付功能也在 5.0 版本中上线。微信商业化的各个领域可以通过微信支付实现盈利，整个微信已经形成了一个有效的良好的生态圈，其各环节与要素的关系如图 2-12 所示。

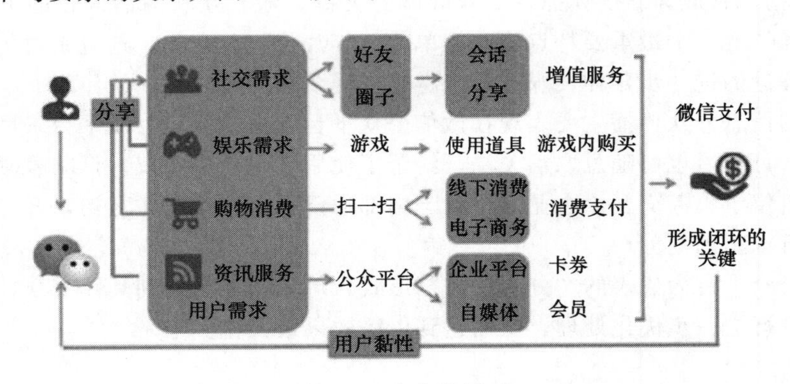

图 2-12　商业化闭环

微信的迅速发展，带动了新型营销模式，越来越多的人利用微信这个平台来进行交易，从而降低了成本。微信的新型营销模式带来以下几点优势：

1. 营销成本低

微信软件本身的使用是免费的，使用各种功能都不会收取费用，每一个人都可以打造自己的一个微信公众号，并在微信平台上实现和特定群体的文字、图片、语音的全方位沟通、互动。

2. 营销方式多样化

相对单一的传统营销方式而言，微信则更加多元化，摇一摇、漂流瓶、附近的人、二维码、朋友圈等多种功能成为我们营销的方式。

3. 能够获取更加真实的客户群

博客的粉丝中存在着太多的无关粉丝，并不能够真真实实地为你带来几个客户，但是微信的用户却一定是真实的、私密的、有价值的。

4. 信息交流的互动性更加突出

在微信上，每一条信息都是以推送通知的形式发送，信息在10～20分钟就可以送达客户手机，到达率可以达到100%。而且微信具有很强的互动及时性，给用户带来了很大的方便。

二、钉　　钉

（一）概念

钉钉（DingTalk）是阿里巴巴集团专为中国企业打造的免费沟通和协同的多端平台，提供PC版、Web版和手机版，支持手机和电脑间文件互传。

2019年3月3日，钉钉发布“钉钉未来校园”解决方案，并启动“千校计划”，在全国范围内协助1000所学校打造“未来校园”示范园区，助力中小学校园教育数字化转型。

（二）核心功能

（1）企业通讯录，如图2-13所示。

找人更方便：一键创建，企业内全员共享，手机不用再存同事通讯录，随时随地找人。灵活分级管理，人员结构更清晰。

（2）免费电话会议，如图2-14所示。

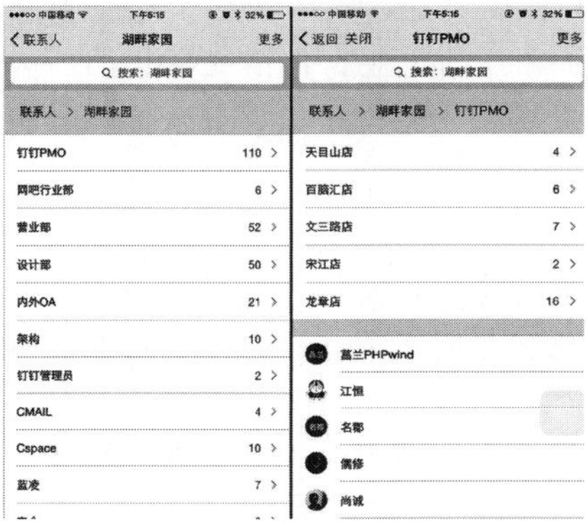

图2-13　企业通讯录

图2-14　免费电话会议

首创免费电话会议：通话超高清超稳定，一键发起 16 人电话会议，一键静音，灵活增减人员。还可以每人每月最高享 1000 分钟免费通话。

（3）企业群，如图 2-15 所示。

消息“已读未读”，状态一目了然；新员工自动入群，员工离职自动退群，企业群水印，确保群聊信息更安全。

（4）DING，如图 2-16 所示。

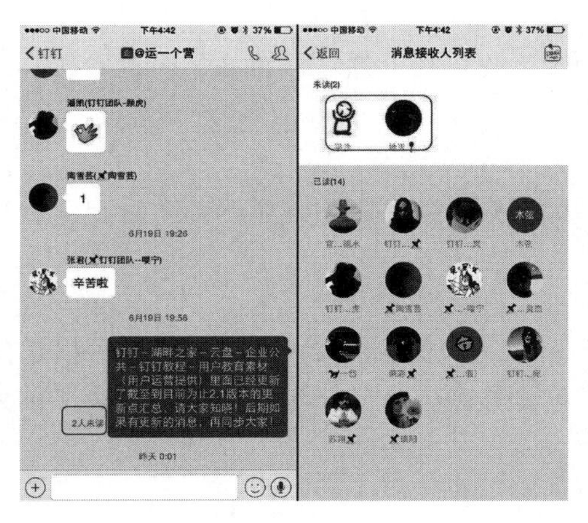

图 2-15　企业群

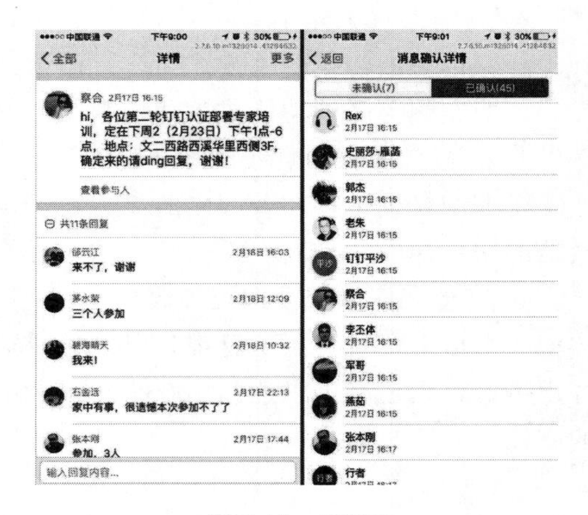

图 2-16　DING

100%消息必达：重要的事 DING 一下，将以电话或短信方式 100%送达，老年机也能收到。

（5）办公协同功能，如图 2-17 所示。

掌上工作平台：审批、签到、日志、公告、钉邮、钉盘、管理日历、CRM、任务等各种工作应用，告别纸质更环保。

图 2-17　办公协同

（三）应用

阿里钉钉于 2014 年 12 月正式上线，截至 2018 年 3 月 31 日，钉钉上已经有超过 700 万家企业和组织以及超过一亿的个人用户，是全球最大的企业服务平台。公开数据显示，中国包括中小企业在内的企业总数为 4300 万家，也就是说，钉钉已经覆盖约 16%的企业。包括复星集团、大润发、中国联通、中铁四局、我爱我家、远大科技、西贝餐饮、三只松鼠、分众传媒、中国石化管道储运公司等在内的各行业众多知名企业，都在使用钉钉。

1. 物：软硬件一体化的智能数字化办公室

在物这一方面，钉钉发布了理想办公室，通过智能硬件和钉钉软件的融合，将企业的物升级成为软硬一体化的智能数字办公室，包括数字化智能网络中心、数字化智能前台和数字化智能会议室。

数字化智能网络中心：通过智能软硬件结合，提供三大能力，分别是上网流量智能控制、员工一键联网、群内文件闪传。

数字化智能前台：通过智能硬件和软件的融合，提供智能访客门禁、精准人脸识别和宣传大屏同步能力。

数字化智能会议室：提供会议在线、会议室智能门禁、网络会议以及无线投屏四大功能。

2. 事：数字化智能文档中心和数字化智能客服中心

智能文档包含两大功能，分别是在线编辑和智能协同。

在线编辑：钉钉和金山办公一起，针对 office 文档和 WPS 文档提供在线编辑功能。钉钉文档的在线编辑支持文字文档和表格文档，电脑和手机多端编辑，多人编辑实时同步；同时也支持自动存档，历史版本追溯，并提供 MS office 文档和 WPS 文档的最佳兼容性。

智能协同：提供智能语义分析，任务协同，表格关注。

数字化智能客服中心包括此前发布的智能云客服、智能办公电话和首次发布的智能热线电话。

智能云客服：为企业解答来自 PC 或手机网页端、公众号、小程序等各种线上渠道来的各种咨询。可辅助回答 90%以上的客户咨询问题，为企业节省成本。

智能办公电话：为企业提供专业的工作商务电话，实现统一的企业对外号码，提升企业形象，保护隐私；在线零成本快速开通，呼入免费，随时随地手机管理。

智能热线电话：提供全国统一的 400 电话号码，在此基础上提供了智能机器人、智能分析、服务商沉淀等功能，从商机跟进到分析实现在线化数据化。

3. 财：数字化企业支付

钉钉和支付宝联合推出数字化企业支付解决方案。

面向企业提供账号管理、账单管理、报销管理、收款和付款等功能。通过钉钉数字化企业支付，从审批到打款，再到票据归档，全部在手机端快速完成，6 步 3 小时，效率提升 10 倍以上。

面向员工提供智能收款功能，用来归集通过报销红包群收款等收到的钱。

4. 人：数字化商务人脉

钉钉此前围绕人的数字化推出了企业通讯录，实现组织架构的在线化数字化；外部联系人，实现客户和渠道关系的在线化数字化；企业广场，实现需求和供给的数字化连接。

钉钉推出数字化商务人脉产品：数字化名片。能够实现 3 秒和千人互换名片，交换完的名片，都会被批量添加标签和说明，见面的时间和地点自动记录，也可以添加自定义标签。

独有的名片认证标识，代表名片信息真实可信。同时，一旦对方换公司、换手机号、换职位了，钉钉名片上的信息就会自动更新。

三、腾讯通（应用）

（一）概念

腾讯通 RTX（Real Time eXchange）是腾讯公司推出的企业级即时通信平台。企业员工可以轻松地通过服务器所配置的组织架构查找需要进行通信的人员，并采用丰富的沟通方式进行实时沟通。文本消息、文件传输、直接语音会话或者视频的形式满足不同办公环境下的沟通需求（如图 2-18 所示）。

（二）核心功能

1. 企业组织表现

① 登录后即可清晰地看到由树型目录表达的多层次企业组织架构，如图 2-19 所示；

图 2-18　腾讯通 RTX

图 2-19　企业组织架构

② 实时更新电子通讯录，在 RTX 上查看对方电话、邮件地址、手机号码等信息。

2. 实时信息交互

① 查看联系人在线状态信息；

② 即时消息发送与接收，可多人会话，群发广播通知；

③ 文件收发功能，可通过直接拖放文件到会话窗口进行发送；

④ 截图直接贴图功能，可自定义截图热键；

⑤ 支持语音、视频交流；

⑥ 主题讨论，可灵活地定义群组及发起讨论；

⑦ 可根据不同的查询条件查找并添加联系人，如图 2-20 所示。

3. 超大群功能

能支持最多 500 个群，每个群最多能支持 1000 人。如图 2-21 所示。

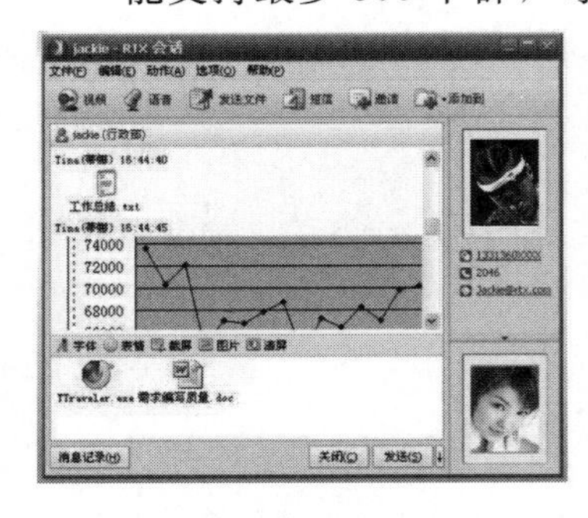

图 2-20　信息交互界面

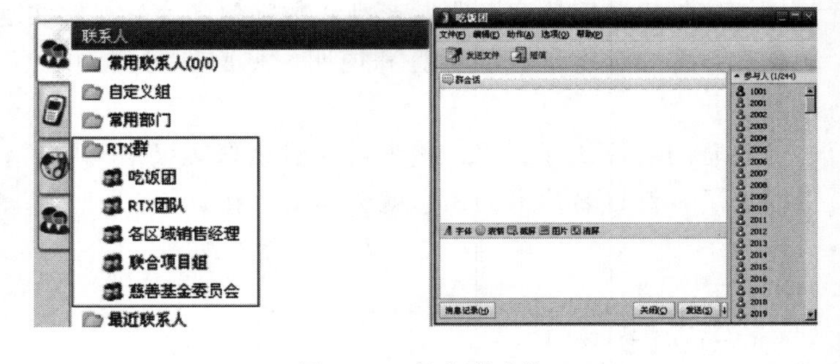

图 2-21　超大群功能

4. 企业短信中心

① 支持第三方提供移动、联通短信网关；

② 短信双向收发；

③ 短信群发售；

④ 个人手机通讯录的备份与恢复；

⑤ 实现企业办公与手机的紧密结合；

⑥ 可对短信数目控制。

5. 视频/语音

① 支持最多 6 方的语音通话，如图 2-22 所示；

② 具有主持语音会议功能；

③ 支持二人超清晰视频对话；

④ 提供两种视频显示模式，320×240 和 640×480。

6. 与邮件系统紧密集成

① 与 Office 的集成，Office 内的随时状态感知和即时消息传递；

② RTX Client 邮件直接发送操作；

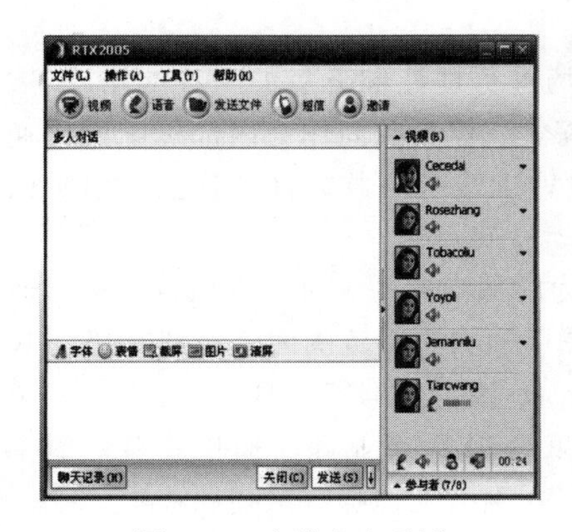

图 2-22　支持多人通话

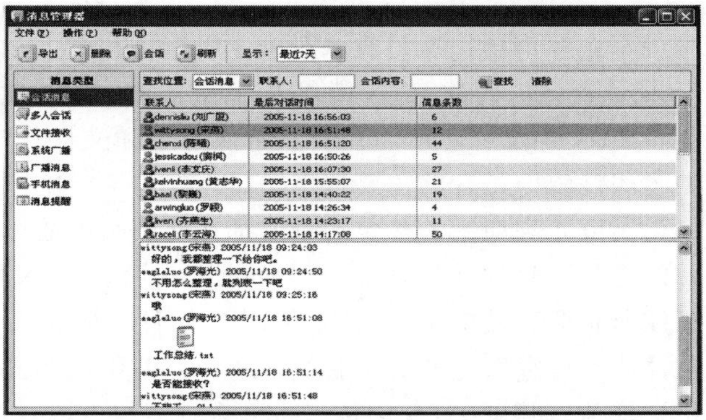

图 2-23　信息资料存档

③ 信息资料存档，便于日后查询以及企业信息监督管理。如图 2-23 所示。

7. 集中式的 IM 管理方案

① 用户管理、组织结构管理；

② 支持 LDAP 标准协议，可实现用户目录的同步管理；

③ 对不同用户的操作权限进行控制；

④ 交流信息存档，可进行监控管理。

8. 扩展沟通方式和途径

9. 支持灵活排序

① 支持客户端账号显示排序功能，可通过服务器设置固定排序及在线优先排序方式。交流对象管理，对终端用户的交流范围进行控制；

② 客户端默认以名字显示的配置选项，如图 2-24 所示。

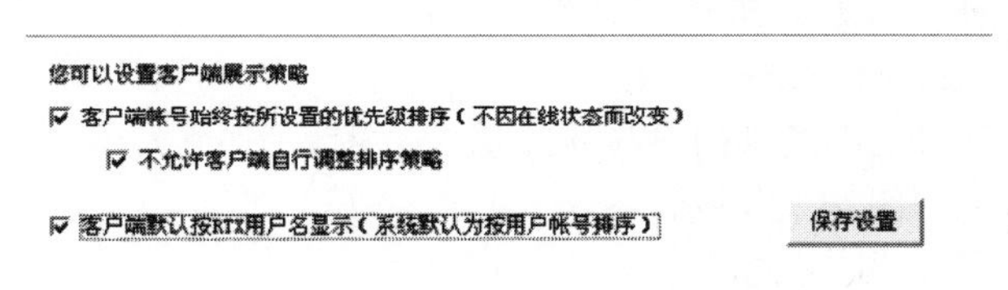

图 2-24　配置选项

10. 强大的企业集群功能（如图 2-25 所示）。

（三）应用

2003 年 9 月腾讯启动 RTX 新

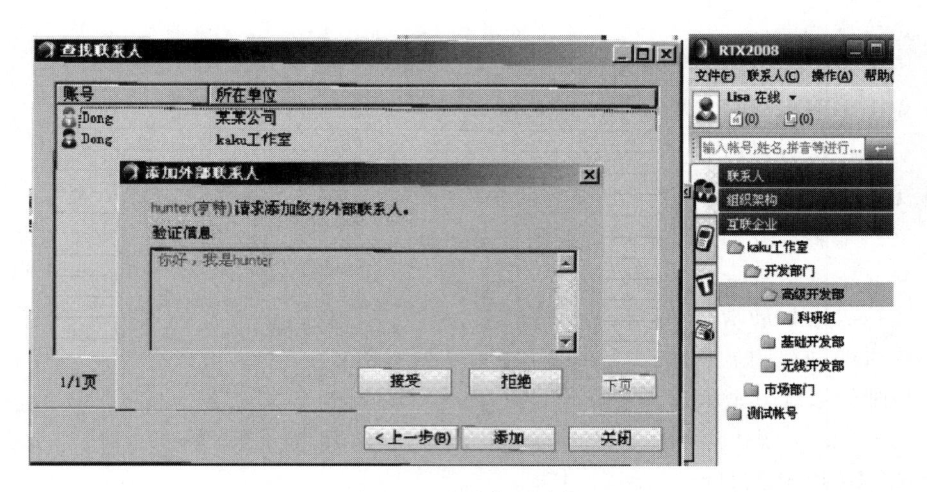

图 2-25 企业集群功能

品牌进军企业市场，这是腾讯对企业级市场和个人市场进行理性细分后的一种战略决策。2005 年，腾讯以一款 RTX 腾讯通开启了企业协作的探索。但长时间作为内部标配的沟通工具，RTX 并没有向市场开放。简便易用和文件传输速度快是这款软件的优点，但腾讯通的封闭性依旧是它的主要特点。

据了解，现在绝大多数的企业都在使用腾讯通作为内部沟通的工具。腾讯推出腾讯通这样的产品，目的就是办公。到 2004 年 4 月，RTX 腾讯通在全国范围内已经拥有超过 10 万家注册企业，其中不乏 TCL 集团、奇瑞汽车等知名企业。2014 年 4 月 21 日上午，腾讯与清华万博宣布达成战略联盟，清华万博将成为腾讯 RTX（企业即时通信平台）的全国培训基地，腾讯 RTX 的技术将融合到清华万博“1＋6 网络工程师”系列课程中。

四、Skype

（一）简介

Skype 是一款即时通信软件，其具备 IM 所需的功能，比如视频聊天、多人语音会议、多人聊天、传送文件、文字聊天等功能。它可以高清晰地与其他用户语音对话，也可以拨打国内国际电话，无论固定电话、手机、小灵通均可直接拨打，并且可以实现呼叫转移、短信发送等功能。

（二）Skype 的主要功能

1. 即时通信

2. 全球电话

Skype 提供了免费的高质量多方语音通话，采用混音的方式，操作简便、音质良好，且对通话进行加密，如图 2-26 所示。

3. SkypeIn

Skype 提供的 SkypeIn 服务包括一个个人本地电话号码。可随时随地与亲友进行通话，如图 2-27 所示。

4. SkypeOut

SkypeOut 即是可使用 Skype 拨打至一般市话、手机以及国际电话，就算想联络的对

图 2-26　添加联系人

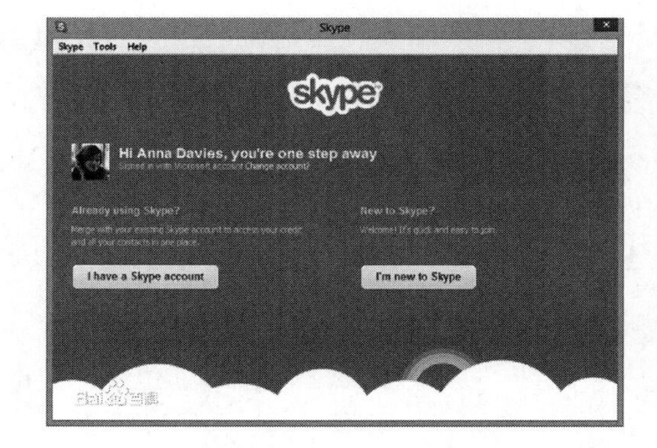

图 2-27　通话界面

象不在电脑前，借由 SkypeOut 也能以优惠通话费率直接拨打电话。

5. 留言信箱

Skype VM 服务让您不在线的时候，亲友仍能留口讯。

6. 语音留言功能（如图 2-28 所示）。

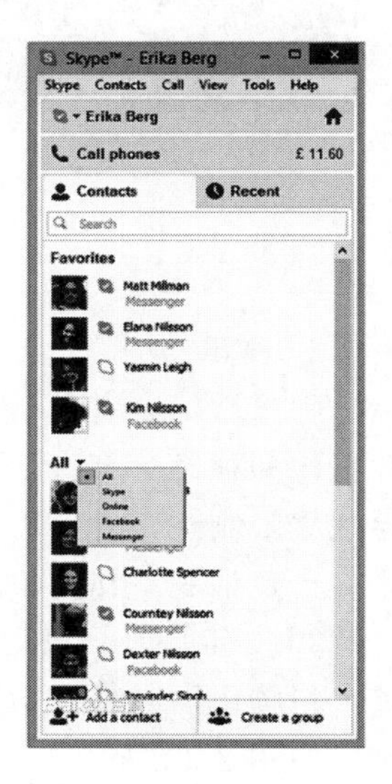

图 2-28　语音留言

（三）Skype 的应用

Skype 是全球免费的语音沟通软件，拥有超过 6.63 亿的注册用户，同时在线超过 3000 万。

根据 TeleGeography 研究数据显示，2010 年 Skype 通话时长已占全球国际通话总时长的 25%。Skype 用户免费通话时长和计费时长累计已经超过了 2500 亿分钟。37%的 Skype 用户用其作为商业用途，超过 15%的 iPhone 和 iPod touch 用户安装了 Skype。

2013 年 3 月，微软就在全球范围内关闭了即时通讯软件 MSN，Skype 取而代之。只需下载 Skype，就能使用已有的 Messenger 用户名登录，现有的 MSN 联系人也不会丢失。2018 年 12 月 18 日，讯佳普入选 2018 年度（第十五届）《世界品牌 500 强》排行榜，排名第 295。

第三节　微　　博

一、概　　述

微博（Weibo），微型博客（MicroBlog）的简称，即一句话博客，是一种通过关注机制分享简短实时信息的广播式的社交网络平台。微博是一个基于用户关系信息分享、传播以及获取的平台。用户可以通过 WEB、WAP 等各种客户端组建个人社区，以 140 字（包括标点符号）的文字更新信息，并实现即时分享。微博的关注机制分为可单向、可双向两种，更注重时效性和随意性。

2014 年 3 月 27 日晚，新浪微博宣布改名为“微博”，并推出了新的 LOGO 标识。微博包括新浪微博、腾讯微博、网易微博、搜狐微博等，若无特别说明，微博即指新浪微博。

二、微博的分类与特点

(一) 分类

由于微博背靠新浪网、腾讯网等老牌且强劲的国内知名网媒，媒体优势得天独厚，微博的出现，让国内网民拥有了一个可以独立自主且相对自由的发声渠道，许多一手新闻甚至猛料均来自草根。微博虽然火热，但是风格与Twitter完全不同。

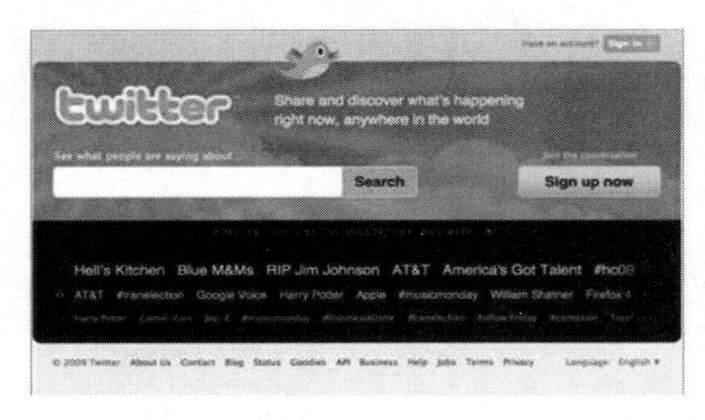

图2-29　Twitter界面

1. Twitter

微博类的鼻祖，Twitter英文原意为小鸟的叽叽喳喳声。Twitter的出现把世人的眼光引入了一个叫微博的小小世界里。Twitter是一个社交网络及微博客服务。用户可以经由SMS、即时通信、电邮、Twitter网站或Twitter客户端软件（如Twitterrific）输入最多140字的文字更新，Twitter被Alexa网页流量统计评定为最受欢迎的50个网络应用之一。如图2-29所示。

2. 腾讯

腾讯微博，有私信功能，支持网页、客户端、手机平台，支持对话和转播，并具备图片上传和视频分享等功能。支持简体中文，繁体中文和英语。在“转播”设计上，转发内容独立限制在140字以内，采取类似于twitter一样的回复类型@，此外，腾讯微博鼓励用户自建话题，在用户搜索上可直接对账号进行查询。

2010年5月，腾讯微博正式上线。至2014年7月底腾讯网络媒体事业群进行战略调整，将腾讯网与腾讯微博团队进行整合，正式宣告了腾讯微博业务在腾讯内部地位已经没落。如图2-30所示。

3. 新浪

新浪微博是一个类似于Twitter和Facebook的混合体，用户可以通过网页、WAP页面、外部程序和手机短信、彩信等发布140个汉字（280字符）以内的信息，并可上传图片和链接视频，实现即时分享。新浪微博最先添加可直接在一条微博下面附加评论，也可直接在一条微博里面发送图片这两点功能。2014年3月27日晚，新浪微博改为“微博”两字，微博从新浪分离，为独立上市淡化“新浪”品牌，如图2-31所示。

图2-30　腾讯微博

图2-31　新浪微博改名为“微博”

新浪自诞生日起，曾先后申请“微博”“围脖”“weibo”“新浪微博”等商标字样，2011 年其 t. sina. com 的二级域名更为 weibo. com，微博的 Logo 换装，域名与 Logo 最终达成一致，如图 2-32 所示。

据《华尔街日报》报道，当地时间 2014 年 4 月 17 日上午，新浪微博（Nasdaq：WB）正式登陆美国纳斯达克股票交易所，微博上市首日涨 19％收 20. 24 美元，市值 40 亿美元。

4. 网易

网易微博继承了 Twitter 的简约风格，无论是从色彩布局，还是整体设计上，都可以找到点 Twitter 的感觉。交互上，网易微博采用了@的形式进行用户之间的友好交流。信息提醒方面，采用 Twitter 式的 Ajax 免刷新设计的横条，大大扩大了可点击范围。话题搜索快捷插入功能，如图 2-33 所示。

图 2-32　新浪微博

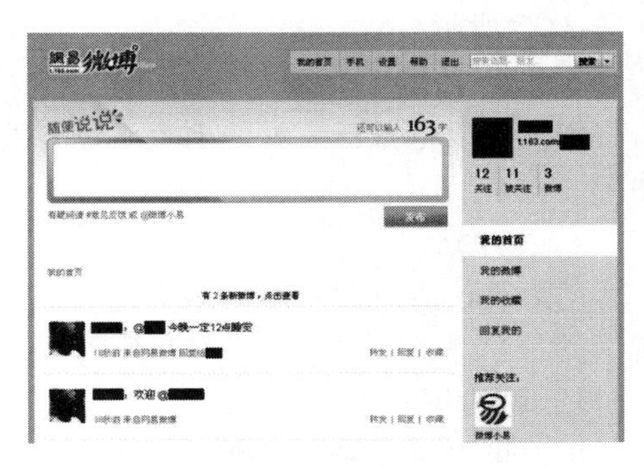

图 2-33　网易微博

网易微博于 2010 年 1 月 20 日开始内测，截至 2012 年 10 月，网易微博的用户数达到 2. 6 亿，但此后网易就很少对外披露微博的公开数据。截至目前，网易微博主要的活跃用户为公众账号，而网易娱乐等账号发布的微博，其转发、评论和点赞等功能点击量几乎为零。2014 年 11 月 5 日网易微博不复存在。

5. 搜狐

搜狐微博是搜狐网旗下的一个功能，如果你已有搜狐通行证，可以登录搜狐微博直接输入账号登录，注册页面如图 2-34 所示。可以将日常通过一句话或者图片发布到互联网中与朋友们分享。目前，四大门户微博战场就剩下搜狐微博还在与新浪微博“竞争”。

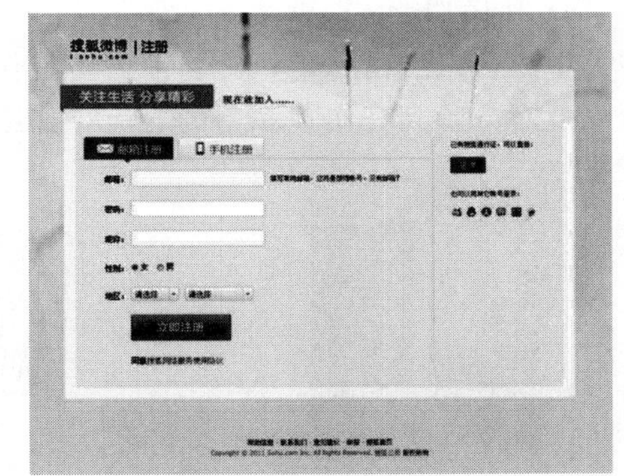

图 2-34　搜狐微博注册页面

（二）特点

（1）信息获取具有很强的自主性、选择性，用户可以根据自己的兴趣偏好，依据对方发布内容的类别与质量，来选择是否“关注”某用户，并可以对所有“关注”的用户群进行分类；

（2）微博宣传的影响力具有很大弹性，与内容质量高度相关。其影响力基于用户现有的被“关注”的数量。用户发布信息的吸引力、新闻性越强，对该用户感兴趣、关注该用户的人数也越多，影响力越大。此外，微博平台本身的认证及推荐亦有助于增加被“关注”的数量；

（3）内容短小精悍。微博的内容限定为140字左右，内容简短，不需长篇大论，门槛较低；

（4）信息共享便捷迅速。可以通过各种连接网络的平台，在任何时间、任何地点即时发布信息，其信息发布速度超过传统纸媒及网络媒体。

三、微博的功能与实现

微博的主要功能如下。

1. 发布功能

用户可以像博客、聊天工具一样发布内容，除文字图片外，还能发布短视频、直播，如图2-35所示。

2. 转发功能

用户可以把自己喜欢的内容一键转发到自己的微博，转发时还可以加上自己的评论，如图2-36所示。

3. 关注功能

用户可以对自己喜欢的用户进行关注，成为这个用户的关注者（即粉丝），如图2-37所示。

4. 评论功能

用户可以对任何一条微博进行评论，可以设置微博的评论对象，所有人、我的粉丝、我关注的人、仅自己，如图2-38所示。

5. 搜索功能

用户可以在微博热搜选择自己感兴趣的一栏，点进去看各种信息，也可以通过搜索栏搜索自己想看的内容，如图2-39所示。

6. 私信功能

用户可以点击私信，给新浪微博上任意一个开放了私信端的用户发送私信，这条私信将只被对方看到，实现私密的交流，如图2-40所示。

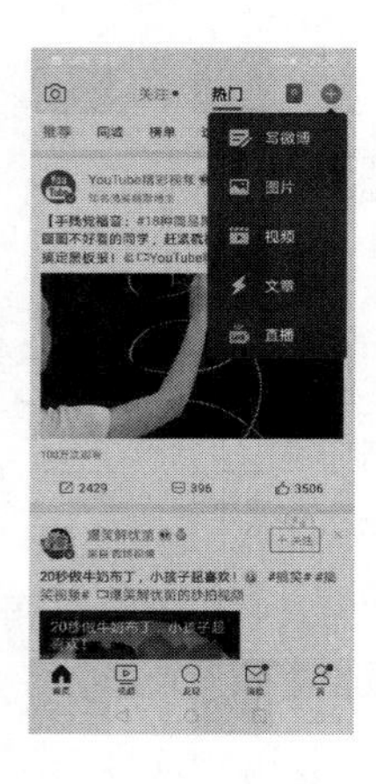

图2-35 微博发布功能

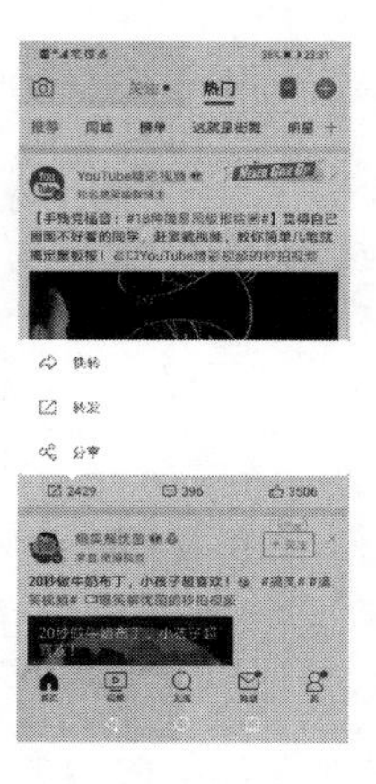

图2-36 微博转发功能

图2-37 微博关注功能

图 2-38　微博评论功能

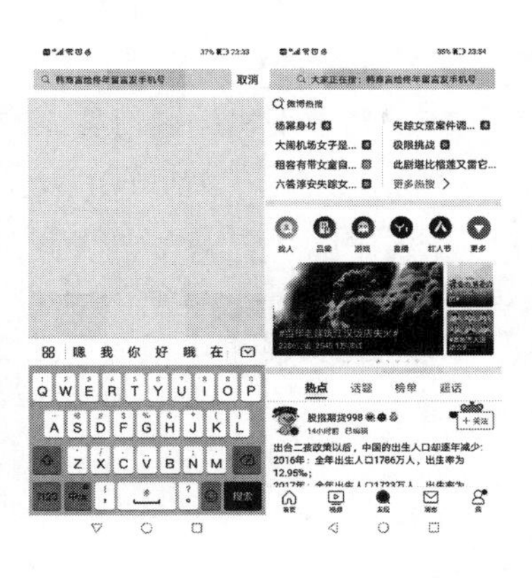

图 2-39　微博搜索功能

图 2-40　微博私信功能

四、微博发展

2006 年 3 月，blogger 创始人埃文·威廉姆斯（Evan Williams）创建的新兴公司 Obvious 推出了微博服务。在最初阶段，这项服务只是用于向好友的手机发送文本信息。

图 2-41　Twitter

在 2007 年 5 月，国际间总共有 111 个类似 Twitter 的网站。然而，最值得注意的仍是 Twitter（如图 2-41 所示），Twitter 在国外的“大红大紫”，令国内有些人终于坐不住了。

2009 年 8 月中国门户网站新浪推出“新浪微博”内测版，其测试版框架如图 2-42 所示，成为门户网站中第一家提供微博服务的门户网站。随着微博在网民中的日益火热，微博效应逐渐形成，如图 2-43 所示。

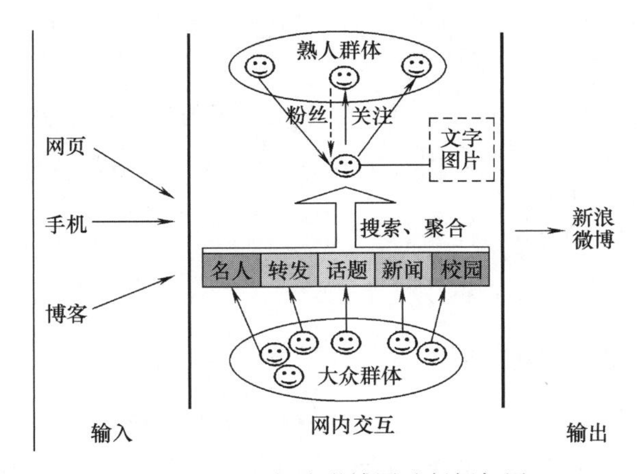

图 2-42　新浪微博测试版框架图

到 2009 年，微博这个全新的名词，成为全世界最流行的词汇。伴随而来的，是一场微博世界人气的争夺战，大批量的名人被各大网站招揽，各路名人也以微博为平台，在网络世界里聚集人气。

2010 年国内微博迎来春天，四大门户网站均开设微博。截至 2013 年 3 月，得益于抢占了先机，且在整体的战略执行上也较彻底到位，新浪微博注册用户数达到 5.03 亿，获得了领先地位。仅仅几年时间，为新浪生下了一个价值几十亿美金的“金蛋”。

截至 2013 年 6 月，中国微博用户规模达到 3.31 亿，97%以上的中央政府部门、100%的省级政府和 98%以上的地市级政府部门开通了政府门户网站，政务微博认证账号超过24万个。仅微博每天发布和转发的信息就超过2亿条。中国互联网信息中心（CNNIC）发布了第36次中国互联网发展统计报告显示，截至2015年6月，我国微博客用户规模为2.04亿，网民使用率为30.6%，手机端微博客用户数为1.62亿，使用率为27.3%。手机端微博客用户占总体的79.4%，比2014年底上升了10.7%，除了整体互联网向移动端迁移的趋势影响外，微博在移动端为用户提供的新体验也是重要的推动力，尤其是对垂直领域的布局，拓宽了移动端的使用场景，增强了用户黏性。

伴随着微信、易信等即时通讯工具诞生，微博和社交网站成为用户使用率下降的两款产品。微博在全盛时期的用户量是3.3亿，网民使用率达到了56%，之后就一直处于下跌状态，如图2-43所示。

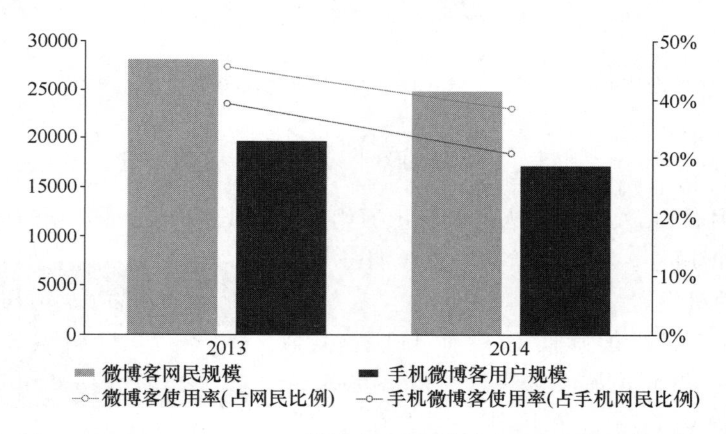

图2-43　2014.12—2015.6微博客/手机微博客用户规模及使用率

自2013年开始，搜狐、网易、腾讯等公司对微博客投入力度陆续减少，微博客整体市场进入洗牌期。2015年上半年，微博客用户中，使用新浪微博的用户占69.4%，一至五级城市的使用率都在65%以上，全面超越其他微博客运营商，新浪微博一家独大的格局已经确立和稳固。

从整个社交类产品范畴来看，以微博客为代表的社交媒体已经建立了与社交网络完全不同的类型区隔，其社交媒体属性逐步得到客户市场和用户市场的认可，并且逐渐成长为社交媒体领域最具备营销传播效果的社会化媒体平台。

第四节　网络视频

一、网络视频发展

网络视频的概念众说纷纭。中国互联网络信息中心将网络视频定义为“指通过互联网，借助浏览器、客户端播放软件等工具，在线观看视频节目的互联网应用”。百度百科的解释更侧重于视频属性，认为网络视频是指“由网络视频服务商提供的、以流媒体为播放格式的、可以在线直播或点播的声像文件”。网络视频的概念结合网络与视频的双重属性，网络决定载体，视频则决定内容表现形式。对网络视频的发展研究采用媒介考古学的研究范式，从传播平台的转移看网络视频的分期。

参考中国网络视听发展研究报告，选择优酷网、56网、爱奇艺、优酷土豆、二更、花椒、映客等具有重要影响力的视频应用，按照社交性程度作出发展分期界定。将优酷网、56视频对应UGC（User Generated Content，用户生成内容）时期，将爱奇艺、优酷土豆对应PGC（Professional Generated Content，专业生产内容）时期，将二更、花椒、映客对应MCN（Multi-Channel Network，是一种多频道网络的产品形态）时期。需要明确的是，为了直观地显示网络视频的发展与研究方法，罗列出的视频传播工具、内容、入口等属性不可片面地一一对应，网络视频内容创作方式也并不是简单的线性演变。

（一）UGC（User Generated Content，用户生成内容）：用户争夺

2005年11月，全世界最早的视频分享网站YouTube正式运营，网络视频热潮席卷全球，在这股浪潮的波及之下，国内的56网、优酷网先后亮相，如图2-44和图2-45所示。这些视频分享网站依赖流媒体技术，主打用户生产和分享的视频。这一阶段，网络视频体现出了较弱的社交性，用户之间的联系仅限于收藏和分享。UGC阶段用户主动访问是视频网站最主要的流量入口，此阶段，视频网站之间竞争的重点在于争夺用户数量。

图2-44　56网

图2-45　优酷网

2006年伊始，网络视频在国内开始进入突飞猛进的发展阶段，以网络视频用户、数量激增为代表。网络视频数量激增以《一个馒头引发的血案》（如图2-46所示）为序曲，用户规模增长则要归功于2008年奥运会的召开。这一时期，各大视频网站开始混战，优酷、土豆主打用户原创和分享，门户网站如新浪、网易主要依靠体育赛事直播获取点击率。

视频网站一般在视频下方设置分享按钮，用户可以将自己喜欢的视频分享到常用的社交网站。同时，用户在观看视频时可以在评论区发布自己的意见，用户之间自主地进行你来我往的交流互动。

图2-46《一个馒头引发的血案》

视频网站采取与社交媒体合作的方式是一种明智的选择，视频网站将落脚点放在视频内容上，以优质内容做大声势，然后借助社交媒体吸纳更多用户，实现强强联合的效果。视频网站内容领域由蓝海变成红海之后，视频网站纷纷把发展目光转向PGC、社交媒体。

（二）PGC（Professional Generated Content，专业生产内容）：社交媒体＋弹幕

进入2008年后，整个网络视频行业进入低迷调整期。各大视频网站经过大浪淘沙之后，优酷、搜狐、爱奇艺、腾讯、乐视几大龙头得以存活，成为用户渗透度、黏性较高的视频网站，如图2-47到图2-50所示。2010年前后，乐视、土豆、优酷几大视频网站开始根据自己的发展战略和地位形成自己的特色，比如主打UGC的土豆和优酷合并，主要以影视资源点播的PPS和爱奇艺合并，乐视、腾讯视频、搜狐视频主要依靠热门影视的独播、首播来稳固市场。可以说，各大视频网站商业模式更加清晰，用户群体相对固定，同时视频网站对短片的内容、版权有了更加规范的要求。

图 2-47　搜狐

图 2-48　爱奇艺

图 2-49　腾讯视频

图 2-50　乐视

为了抢占 PGC 内容市场，几大视频网站相继推出了相关的战略计划。爱奇艺早在 2012 年推出了“分甘同味”计划，在 2015 年真正获得影响力。2015 年 3 月，腾讯视频启动惊蛰计划。2016 年乐视视频正式入驻 PGC 行业，不同的是，乐视视频表示完全让利 PGC 团队。

而 56 网、酷 6 网、六间房等除了完成 UGC 向 PGC 过渡之外，率先在网络视频行业真正意义上注入“社交化”的血液。2012 年 5 月，56 网和人人网携手推出“分享＋”计划，实现跨平台的账号互通。其后，土豆网 9.05％的股份由新浪网获得，搜狐视频则与 MSN 中国达成了视频业务伙伴关系，酷 6 网为网易微博提供视频服务。社交网站逐渐成为视频网站的重要流量入口。

在国内视频网站大肆联合社交网站时，日本主打视频分享的网站 niconico 率先推出了弹幕系统，经由国内的 AcFun 和 Bilbili 发扬光大，优酷、爱奇艺、腾讯视频等主流视频网站纷纷开设弹幕功能，如图 2-51 至图 2-54 所示。然而弹幕文化自身具有的随意性，甚至对于主打 PGC、自制、独播的视频网站来说，弹幕随意性带来的观看不适会降低其社交性，更甚至影响观看效果。而 PGC 阶段，视频网站主要依靠质量上乘的网络剧、网络综艺的独播来吸引用户成为付费会员，从这层考虑的话弹幕可以说是起到了副作用。

（三）MCN（Multi-Channel Network，是一种多频道网络的产品形态）：短视频＋直播

2012 年，Facebook 收购 Instagram 后推出短视频分享功能。微信于 2013 年 9 月推出微视，其核心内容是最短 2 秒、最长 8 秒（后期版本支持时长 5 分钟的视频拍摄）的视频分享。微视伴随着微信自身推出短视频功能后，逐渐销声匿迹。快手、秒拍等 APP 相继成立，注册用户数呈倍数增长，如图 2-54 和图 2-55 所示。腾讯将投资 10 亿元为短视频内容创作者提供现金补贴；阿里巴巴文化娱乐集团宣布土豆网将全面转型为短视频平台，并将给出 20 亿元的补贴。互联网巨头纷纷入局，加速了短视频市场扩张的步伐，相应地，大量 MCN 机构开始涌现。

图 2-51　AcFun

图 2-52　Bilbili

图 2-53　弹幕

图 2-54　快手

MCN 概念最早诞生于 YouTube 平台。MCN 可以将 YouTube 平台上优质的 PGC 或 UGC 内容联合起来，这样以平台为主的运作模式将转化为以内容为主的运作模式。虽然

MCN机构可以帮助内容提供者实现内容变现，但是MCN主要依托YouTube的平台，在渠道分发方面并不具有优势。MCN机构主要网罗或者孵化有一定影响力的网络红人，典型的代表是网络主播。2016年被称为移动直播元年，据统计，2016年直播平台的数量在200家左右，平台资金规模估计在90亿左右，用户规模约为3.25亿，直播类APP日活跃用户数量（DAU）为2400万。

图2-55　秒拍

随着短视频、在线直播的概念不断被固化，以单一类型为主的PGC创作团队不仅会遇到内容瓶颈，同时也容易遭遇广告“滑铁卢”。相较于PGC阶段，MCN的矩阵式操作能够更好地帮助短视频创作者、网络主播解决广告和变现的问题。

从UGC、PGC再到现在的MCN，从最初的评论、留言到弹幕，再到在线直播，可以清楚地看到社交性、互动性在逐渐增强。甚至到MCN阶段，可以说是社交性左右了网络视频的表现形态。按照社交性发展程度，UGC、PGC、MCN三种内容产生方式依次出现并相互交织，而且三者之间并不是相互取代的关系，在PGC、MCN阶段，优质的UGC创作者极有可能转化为PGC团队或MCN签约的网红，更有甚者UGC创作者会主动转化为MCN机构。

根据以上梳理预测，在短视频、移动在线直播之后会出现新的表现形态成为网络视频发展的主流样态。参照上述发展分期，新的传播形态不可能脱离前三种内容生产方式，而是在此基础上继续演变，新的传播样态必将继续提升或者完全实现社交性。

二、网络视频市场表现和分析

截至2018年12月，中国网络视频（含短视频）用户规模达7.25亿，占网民整体的87.5%。网络视频市场表现如下。

（一）视频行业监管持续加强

2017年以来，政府主管部门通过监管消除网络视频市场竞争带来的负外部性。随着互联网传播渠道的主流化，广电总局将从视频内容价值导向、行业从业人员、项目制作管理等方面全方位实行最严管控。

2018年3月，按照国务院机构改革方案组建了新的国家广播电视总局，负责广播电视机网络视听业务的监管审核。作为国务院直属机构，新组建的总局增加国家管理机构属性，加强对视听产业的监管权。如图2-56所示。

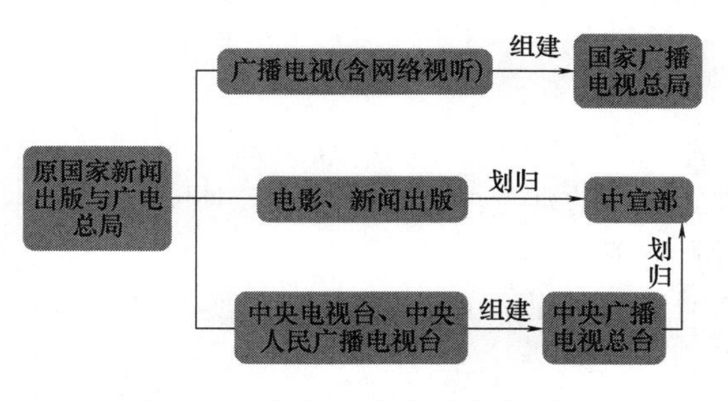

图2-56　新组建的主要监管部门

（二）市场资源逐步集中

从整体情况来看，2017年在网络视频领域的投融资金额达到近年来最高水平，获投案例数量相比2016年和2015年都有所减少。2017年开始，网络视频各细分领域开始走向成熟，市场资源从分散变得集中，投资机构从对各类厂商的争抢变得更加理性。

根据Analysys易观数据统计，在2017年发生的网络视频领域投融资实践中，B轮及

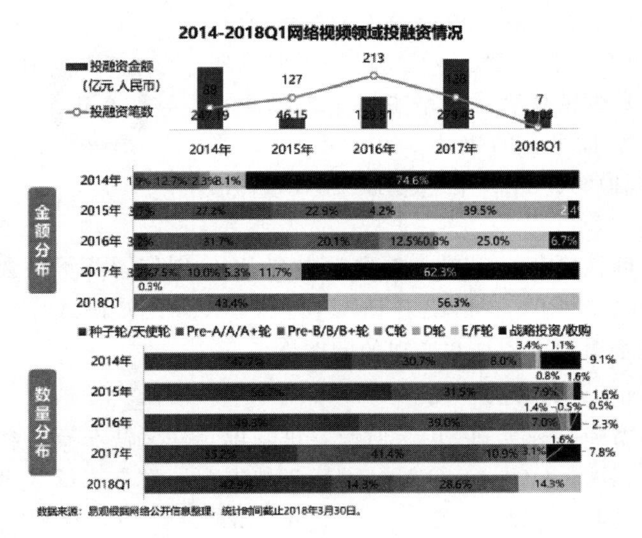

图 2-57　网络视频领域投资融资情况

B轮以后的中后期投融资案例占比都有所提升，投资机构开始对已经触及商业本质、发展较为成熟的案例有更强的投资意愿，而这部分厂商本身也对确立市场地位有了更强需求，寻求更高的投资金额，如图2-57所示。

在不同类型厂商的获投金额分布上，平台环节的厂商具有最强的吸金能力。2017年平台厂商在商业变现环节方面能力大幅提升，同时也需要更多资金支撑起内容、技术、服务的提升。

（三）网络视频企业集中上市

2018年初哔哩哔哩、爱奇艺先后登陆美股，映客也在香港递交IPO申请，除此以外2018年有一批视频平台公布上市信息。

目前已经上市的网络视频平台已经有六家，另外腾讯视频、优酷、土豆、搜狐视频、百度视频等视频平台也纳入了腾讯、阿里、搜狐、百度等上市企业体系之下作为重要的流量入口。除了视频平台之外，新片场等新媒体内容平台也已经登录新三板挂牌上市。

政策监管的到位，去除了市场当中的劣币，使得健康成长的公司拥有更大的发展空间。在全球资本市场逐渐回暖的趋势中为视频企业的上市提供了良好的契机。两相交织，使得2018年成为这类企业难得的上市窗口。

（四）视频娱乐方式变革

新技术的发展提高了移动视频领域的上限，技术在移动视频领域的应用不是孤立的而是多元结合，大数据、算法分发、虚拟现实以及人工智能的大规模技术创新和商业化变革为用户的娱乐体验创造更多可能，打破娱乐边界。随着视频与用户的互动智能化，将不断深化用户的娱乐生活方式。

1. 5G网络

5G网络商业化落地即将完成，超大宽带、连接性稳定、互联性更强的5G网络为视频的生产、观看体验、互动等提供基础条件，更低的延时性实现视频的实时性能和感知控制，拓展新的商业化空间甚至催生深刻的行业变革。

应用案例：2018年平昌冬奥会上线5G网络平台，推出360＊虚拟现实，以及第一视角和切片等全新概念的观赛服务。如图2-58所示。

2. 虚拟现实

虚拟现实具备多维感知性、仿真性高、交互性等特点，在移动视频的应用上也更加广泛，VR不断解锁移动视频使用新场景，也在此基础之上进行广告营销等商业化的应用，这将是移动视频的商业价值提升的增长点之一。

应用案例：腾讯视频出品的网络综艺《明日之子》利用该技术打造虚拟人物赫兹，创造全新偶像模式。如图2-59所示。

图 2-58 2018 年平昌冬奥会

图 2-59 《明日之子》虚拟人物赫兹

3. 区块链

区块链具有的安全性为视频内容在版权保护、确权追溯等环节的高效运转提供可能。

应用案例：微电影微视频区块链版权（交易）服务平台纳入中国版权保护中心 DCI 体系。如图 2-60 所示。

图 2-60 微电影（微视频）版权中心界面

4. 算法分发

大数据和算法的结合能够产生更广泛的商业价值，在提升用户体验方面所具备的优势毋庸置疑。然而算法分发技术仍存在持续相关内容推荐导致用户审美疲劳，人工智能与算法分发的深度结合将可能解决这一问题，人工智能理解用户的偏好和需求，算法分发技术则为用户提供个性化的内容定制服务。

图 2-61 《爸爸去哪儿 5》诺优能广告

5. 人工智能

人工智能包括机器学习、自然语言处理等技术，在移动视频领域的应用，人工智能不仅降低内容生产、大数据预测、广告植入等环节的运作成本从而提升产业运作效率。随着智能化时代的到来和未来人工智能应用生态的建立，对于视频行业各方面将起到变革式的影响，带来全新的娱乐方式。

应用案例：芒果 TV 自制网络综艺《爸爸去哪儿 5》，诺优能广告投放是依托人工智能技术，为广告品牌精准匹配广告内容，降低盲投风险。如图 2-61 所示。

三、网络视频发展趋势分析

（一）中国网络视频市场的演进

纵观中国网络视频业的发展历程，基本上可以划分为三个阶段。

第一阶段为 2006 年以前的市场导入期，由于带宽等因素的限制，视频网站数量很少，受众基础有限。优酷、土豆、酷 6 等网站大致都是在这一阶段的末期建立。

第二阶段为2006至今，中国网络视频业进入了成长期。2006年，宽带普及，流媒体技术成熟，YouTube收购案掀起国际风险投资登陆中国的热潮。业界把2006年称为中国网络视频元年。

经历风投大规模撤资，监管层大张旗鼓地开始打击盗版，网络视频市场大洗牌后，迎接来了国有资本的全面进入，2009年底“国家网络电视台CNTV”正式上线，标志着广电系在网络视频业的布局基本完成。

中国互联网视听行业在发展前期通过低版权保护、高用户流量和近乎无序的竞争，完成了市场培育，紧接而来的规则完善、市场整顿和盈利模式转变，标志着行业开始由成长期向成熟期痛苦转型，逐渐向第三阶段过渡。

（二）网络视频的存在问题

（1）知识产权问题。自从网络视频诞生之时，知识产权的问题随即出现。

（2）网络视频的不确定性。网络视频的不确定性包括网络视频发展前景的不确定、受众习惯的不确定和商业模式缺陷带来的不确定。

（3）受众需要与视频内容的差距。受众的需要发生着日新月异的变化，尤其是对新闻的求知欲更是急剧上升。由于全面网络视频片断信息总是很少，其形式限制了视频内容的丰富性和深刻性。又由于内容个性化所以很难在点击率上有所突破。

（4）不健全的网络视频价值测量体系。关于媒体价值的评估与测量，不同的媒体有着不同的标准。对于网络视频，没有一个完善的评估与测量的体系。这就要求网络视频共享网站在加强自身建设的基础上，努力建立行业测评标准，以测定其自身的价值含量。

（5）创新不足是最主要的问题。随着热度的不断提升，越来越多的网络视频企业涌现，市场规模不断扩大。但若想持续地快速增长，则面临较多的挑战，必须解决创新不足问题。

第五节　搜索引擎

一、搜索引擎概念

搜索引擎（Search Engine）指根据一定的策略、运用特定的计算机程序从互联网上搜集信息，在对信息进行组织和处理后，为用户提供检索服务，将用户检索相关的信息展示给用户的系统，如图2-62所示。

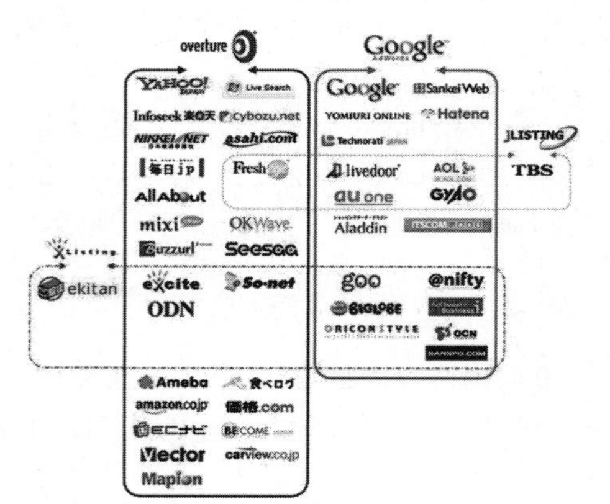

图2-62　搜索引擎

二、搜索引擎分类

搜索引擎包括全文索引、目录索引、元搜索引擎、垂直搜索引擎、集合式搜索引擎、门户搜索引擎与免费链接列表等。

1. 全文索引

全文搜索引擎是从网站提取信息建立网页数据库。搜索引擎的自动信息搜集功能分两种：一种是定期搜索，即每隔一段时间（比如Google一般是28天），搜索引擎主动派出“蜘蛛”程序，对一定IP地址范围内的互联网网站进行检索，一旦发现新的网站，自动提取网站的信息和网址加入自己的数据库。另一种是提交网站搜索，即网站拥有者主动向搜索引擎提交网址，它在一定时间内（2 天到数月不等）定向向网站派出“蜘蛛”程序，扫描网站并将有关信息存入数据库，以备用户查询。

为了抓取网上尽量多的页面，搜索引擎蜘蛛会跟踪页面上的链接，从一个页面爬到下一个页面。最简单的蜘蛛爬行策略分为两种：深度优先和广度优先。

深度优先指当蜘蛛发现一个链接时，它就会顺着这个链接指出的路一直向前爬行，直到前面再也没其他链接，这时就会返回第一个页面，然后会继续链接再一直往前爬行，如图 2-63 所示。

广度优先是指蜘蛛在一个页面发现多个链接的时候，不是跟着一个链接一直向前，而是把页面上所有第一层链接都爬一遍，然后再沿着第二层页面上发现的链接爬向第三层页面，如图 2-64 所示。

当用户以关键词查找信息时，搜索引擎会在数据库中进行搜寻，如果找到与用户要求内容相符的网站，便采用特殊的算法——通常根据网页中关键词的匹配程度、出现的位置、频次、链接质量——计算出各网页的相关度及排名等级，然后根据关联度高低，按顺序将这些网页链接返回给用户。这种引擎的特点是搜全率比较高，如图 2-65 所示。

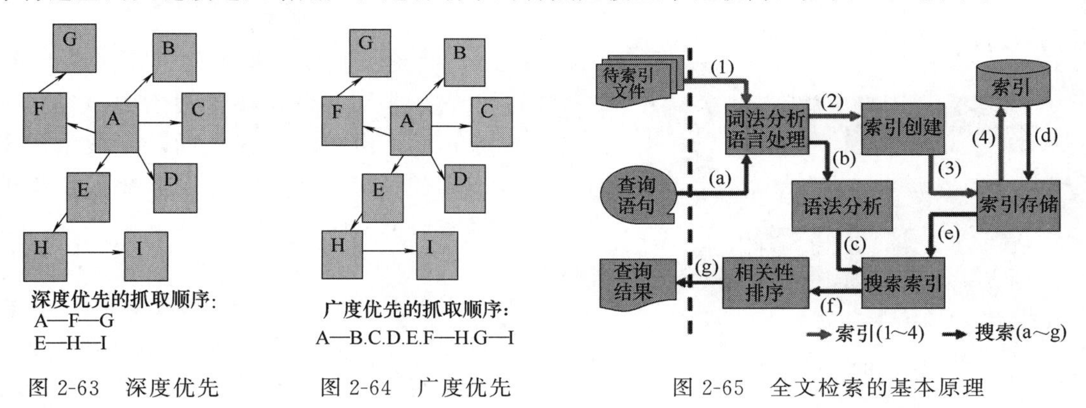

图 2-63　深度优先　　图 2-64　广度优先　　图 2-65　全文检索的基本原理

2. 目录索引

目录索引也称为：分类检索，是因特网上最早提供 WWW 资源查询的服务，主要通过搜集和整理因特网的资源，根据搜索到网页的内容，将其网址分配到相关分类主题目录的不同层次的类目之下，形成像图书馆目录一样的分类树形结构索引。目录索引无需输入任何文字，只要根据网站提供的主题分类目录，层层点击进入，便可查到所需的网络信息资源。

虽然有搜索功能，但严格意义上不能称为真正的搜索引擎，只是按目录分类的网站链接列表而已。用户完全可以按照分类目录找到所需要的信息，不依靠关键词（Keywords）进行查询，如图 2-66 所示。

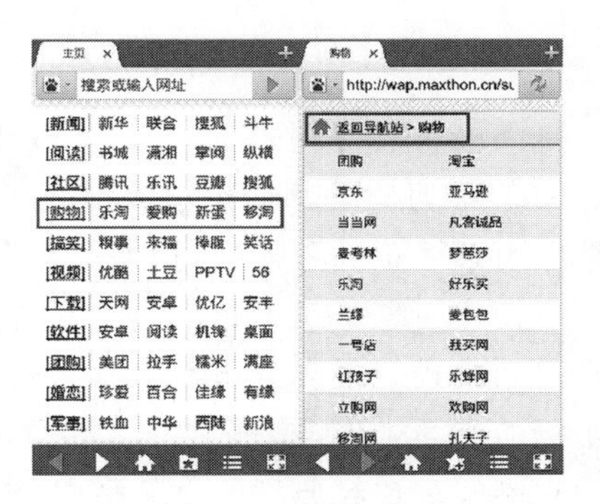

图 2-66　目录索引

3. 元搜索

元搜索引擎（METASearch Engine）接受用户查询请求后，同时在多个搜索引擎上搜索，并将结果返回给用户。著名的元搜索引擎有 InfoSpace、Dogpile、

Vivisimo 等，中文元搜索引擎中具代表性的是搜星搜索引擎。在搜索结果排列方面，有的直接按来源排列搜索结果，如 Dogpile；有的则按自定义的规则将结果重新排列组合，如 Vivisimo，如图 2-67 所示。

4. 垂直搜索

垂直搜索专注于特定的搜索领域和搜索需求（例如：机票搜索、旅游搜索、生活搜索、小说搜索、视频搜索、购物搜索等），在其特定的搜索领域有更好的用户体验。垂直搜索需要的硬件成本低、用户需求特定、查询的方式多样。如图 2-68 所示。

图 2-67　元搜索引擎

图 2-68　垂直搜索引擎

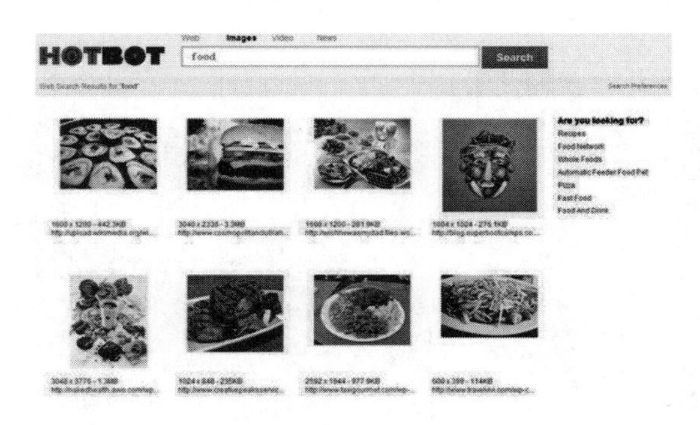

图 2-69　HotBot 搜索引擎

5. 集合式搜索

集合式搜索引擎类似于元搜索引擎，但它并非同时调用多个搜索引擎进行搜索，而是由用户从提供的若干搜索引擎中选择，如 HotBot 在 2002 年底推出的搜索引擎。如图 2-69 所示。

6. 门户搜索

AOLSearch、MSNSearch 等虽然提供搜索服务，但自身既没有分类目录也没有网页数据库，其搜索结果完全来自其他搜索引擎。

7. 免费链接

免费链接列表（Free For All Links 简称 FFA）：一般只简单地滚动链接条目，少部分有简单的分类目录，不过规模要比 Yahoo！等目录索引小很多。

三、搜索引擎的发展

一般将蒙特利尔大学学生 A. Emtage 1990 年发明的 Archie 视为搜索引擎的开始。1994 年 4 月，美国斯坦福大学的美籍华人杨致远和 D. Filo 共同创办了雅虎公司，1997 年搜索引擎才正式进入中国。

搜索引擎从诞生起，走的就是技术驱动的路线。刚开始的时候搜索引擎公司未发现什么盈利模式，很多公司一手抓搜索引擎，一手抓门户网站。但很快兼顾的缺点显现，迫于市场的压力，许多公司终于放弃了搜索引擎或大大减少搜索引擎方面的投入，专门做起了门户网站。比较典型的就是雅虎公司、搜狐公司等。门户网站的大量建立基本上成了第一代搜索引擎的终点。如图 2-70 所示。

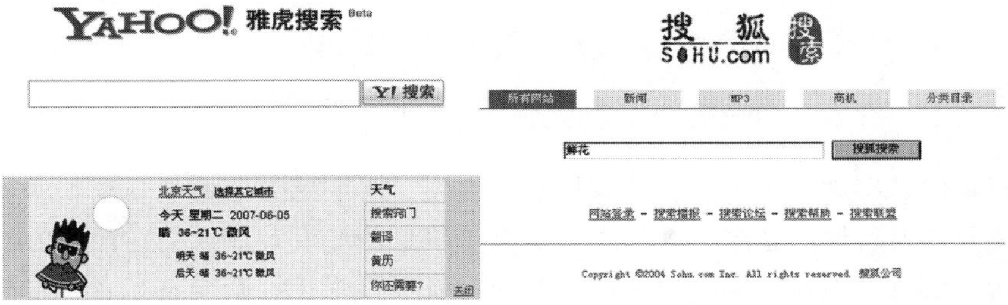

图 2-70 第一代搜索引擎

雅虎公司作为第一代搜索引擎的代表，在技术推广上起了很大的作用。当时雅虎用的技术主要是人工目录网络导航系统。

诞生于 1998 年的 Google 公司是一家专门的搜索引擎公司，它很快推出了一种新的搜索算法，即链接分析算法（Page Rank），这种算法使用了类似科技论文中的引用机制，论文被引用的次数越多，引用的刊物越是权威，该论文的价值就越高。Google 很快被视为第二代搜索引擎的杰出代表，Google 公司不仅在搜索引擎技术上取得了新的突破，更重要的是在盈利模式上的成功给整个搜索引擎市场带来了生机。如图 2-71 所示。

图 2-71 Google 搜索引擎

百度搜索引擎于 1999 年底在美国硅谷由李彦宏和徐勇创建，2005 年上市，是目前国内最大的商业化全文搜索引擎。拥有目前世界上最大的中文信息库，总量达到 6000 万页以上，并且还在以每天几十万页的速度快速增长。如图 2-72 所示。

图 2-72 百度搜索引擎

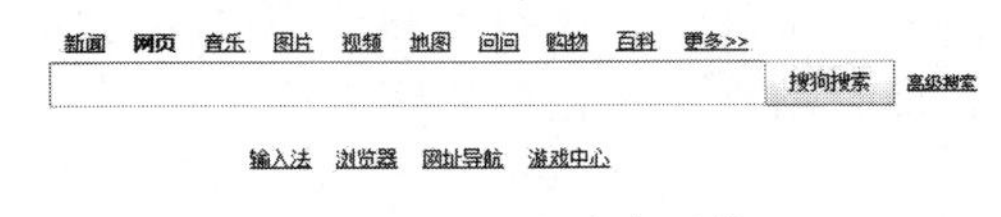

图 2-73 搜狗搜索引擎

搜狗网页搜索 2007 年 1 月 1 日上线，能够成功支持 100 亿网页的查询，成为全球首个网页收录量达到 100 亿的中文搜索引擎。向中文互联网用户提供最全面的互联网信息服务。每日网页更新达 5 亿，用户可直接通过网页搜索而非新闻搜索，获得最新新闻资讯。如图 2-73所示。

第六节　互联网新闻

一、概　　述

互联网新闻是突破传统的新闻传播概念，在视、听、感方面给受众全新的体验。它将无序化的新闻进行有序的整合，并且大大压缩了信息的厚度，让人们在最短的时间内获得最有效的新闻信息。不仅如此，未来的网络新闻将不再受传统新闻发布者的限制，受众可以发布自己的新闻，并在短时间内获得更快的传播，而且新闻将成为人们互动交流的平台。网络新闻将随着人们认识的提高向着更深的层次发展，这将完全颠覆网络新闻的传统概念。

二、互联网新闻特点

1. 时效性

记者能够对发生的新闻事件进行同步报道，部分消息媒体每隔几分钟就对信息进行一次更新。

2. 无界性

互联网时代打破了地域上的限制，信息传递不受时间和空间限制。

3. 无限性

互联网新闻表现了数量多、内容杂、来源广、载体多样化的特点，通过超链接就能够对世界各个角落的信息进行阅读，新闻内容囊括了各方面的信息，表现手段也更加多样化。

4. 可储存性

受众能够将自己阅读或是感兴趣的互联网新闻保存在电脑里，即使时间久远也不会消失。而且部分跟踪报道或是专题专栏受众可以通过搜索来对以前的新闻进行浏览。

5. 低廉性

互联网自身的开放性，使话语权由传统媒体转向了大众本体。网络用户能够在任何网站论坛及聊天室内畅所欲言。即使建立并维护网站，所需的成本也较低。

互联网新闻传播的优势如下：

1. 多媒体传播

采用文字声音、图像等信息符号进行新闻传播，打破了与传统媒体之间所有的界限，使新闻信息的表现形式趋于多样化。

2. 互动性强

互联网新媒体具有交流互动性的特点，在日常生活中，各种网站数不胜数，极大丰富了我们的信息生活。而且，随着互联网技术的不断成熟和完善，网民还可以使用一些具有高度互动性的信息渠道，为网民带来更大的新鲜感和主动性。网民有足够的自由参与评论某件社会事件的权利，不仅实现了传播的双向性，而且增强了传播的实际效果。

3. 信息容量巨大

互联网新闻可以实现通过制作相关新闻、再制作新闻专题、再制作新闻资料，一步步地把由新闻引发的社会效果做得完整而且深入。此外，新媒体还有很多其他特点，比如：

可以准确快捷地查询以前的新闻信息、查询相关的新闻和背景材料等都非常方便。

4. 内容个性化

互联网新闻传播内容更具个性化特点，而且开始向个人化方向发展，实现了向特定一个人发布特定的新闻信息，且可对用户进行个性化推荐。

5. 方式多向性

自从出现了互联网新媒体后，在任何一个时间或者地点，每个人都可以随意发表自己的观点和看法。对于一部分受众来说，这种多侧面的传播具有很强的吸引力。他们通过兼听或者比较等方式，来具体评判信息的真伪。在这种情况下，受众受到了传播媒介的充分尊重，传播者和受传者之间形成了一种平等的传播关系。

三、互联网新闻发展

2019 年互联网新闻的发展趋势如下。

1. 互联网新闻的重心将从视频转向音频

2018 年，语音助手的使用人数在前一年的基础上获得持续的增长。且越来越多的技术公司进入这一领域，已经在这一领域竞跑的公司则不断发布更多的智能设备：谷歌助手、苹果的 HomePod、亚马逊的 12 款新的智能终端（包括智能车载音箱“回声”）以及脸书的智能显示屏“门户”等。如图 2-74 所示。

图 2-74　苹果的 HomePod

谷歌在 2018 年 12 月宣布，将为其语音助手量身打造语音新闻的标准，并与美国全国广播公司财经频道、《纽约时报》和《华盛顿邮报》等开展合作。通过使用与谷歌新闻同样的人工智能技术，语音助手能够自动生成基于收听者兴趣的内容列表。家用智能语音设备的兴起，助推了人们对语音新闻的兴趣。

2. 报道影响力的跟踪问效更加便捷

2018 年 4 月，巴西新闻人佩德罗・布尔戈斯在巴西圣保罗发布了一款名为“冲击力”的免费软件，重在帮助新闻编辑部和记者们追踪、理解和证明他们的报道对于社会群体和社会的影响。记者们可以通过“冲击力”软件系统查询影响力数据和相关分析，就能够了解他们报道的效果。

对于“冲击力”来说，追踪问效报道的影响力会帮助媒体赢得社会公信力，这在 2018 年是一个重大课题。同时，向社区提供地方新闻也是 2018 年全年的一个持续受到关注的主题，因此新闻机构可能会开始通过关注新闻的影响力来衡量自己对所在社区的影响力。

随着人工智能的发展，2019 年可能会出现更多像“冲击力”这样的跟踪问效工具，这种工具也会得到更加广泛的使用。

3. 虚假新闻转向更小或更新的平台

脸书的工程师们发现了境外 IP 地址在该平台的可疑行为后，对新闻传播的算法进行了重大改变，从而使来自朋友和家人的信息得到优先传播。

专门为“波恩特新闻”进行新闻事实复核和在线虚假新闻研究的丹尼尔．芬克介绍，全世界的虚假新闻都在向私人群组、聊天网站等转移，以规避新闻机构和技术公司的监测。照此，我们能够预测很多新闻查实工具将会得到应用。

4. 网络播客数量继续增长

2018 年全美网络播客的听众数量比上一年度增长了 9%，播客的数量也随之增长。资金对于播客平台的聚焦和追捧在 2018 年变得更加明显。同时，播客的受众也变得更加多元化。众多新闻机构也注意到了播客日益受欢迎，有些新闻机构推出了自己的播客。《卫报》也推出了一档每次 20 分钟时长的名为“今日聚焦”的新闻播客。

根据 VoxNest 的报告，目前仅通过苹果播客平台 Apple Podcasts 进行直播的播客就达到了 61.9 万——受众对于播客的需求稳步增长，播客的数量当然会紧紧跟随。

5. 区块链新闻业继续发展

名为“民事”的网站是一个较为知名的区块链项目，该网络使用区块链技术来“确保给每一家编辑部、每一位记者提供公开的、不可修改的和永久的证明，来确保媒体和作者对其作品拥有完全的所有权和处置权”。

6. 《通用数据保护条例》发挥作用

2018 年《通用数据保护条例》实施，制定该条例的目的是保护互联网用户的个人资料，在互联网公司处理用户个人身份信息等方面做出了严格的规定。这一新规将对众多互联网公司产生影响。

7. 新闻消费者的争夺趋势发生变化

皮尤研究中心 2018 年的报告显示，1/5 的美国成年人通过社交媒体获取新闻，而 1/16 的美国成年人通过印刷版报纸获取新闻。报告称 42%的脸书成年人用户在连续使用脸书平台几周后，会选择停用一段时间；67%的脸书成年人用户则干脆从他们的手机上删除脸书应用。

同时，《纽约时报》纯数字版付费订阅户数已达三百余万，加上印刷版订户，订阅数超过四百万。越来越多的新闻消费者更加注重寻求真相。

参考文献

[1] http：//www.3mbang.com/2018 中国社交应用用户行为研究报告.

[2] 第 43 次中国互联网络发展状况统计报告：http：//www.199it.com/.

[3] 微信：https：//baike.sogou.com/v18046480.htm? fromTitle=微信.

[4] 钉钉：
https：//baike.sogou.com/v100168746.htm? fromTitle=%E9%92%89%E9%92%89.

[5] 腾讯通：
https：//baike.sogou.com/v754789.htm? fromTitle=%E8%85%BE%E8%AE%AF%E9%80%9A.

[6] 飞信：
https：//baike.sogou.com/v4242585.htm? fromTitle=%E9%A3%9E%E4%BF%A1.

[7] Skype：https：//baike.sogou.com/v17382.htm? fromTitle=skype.

[8]　微博：
https：//baike. sogou. com/v6062588. htm? fromTitle=%E5%BE%AE%E5%8D%9A.
[9]　网络视频：
https：//baike. sogou. com/v29570. htm? fromTitle=%E7%BD%91%E7%BB%9C%E8%A7%86%E9%A2%91.
[10]　搜索引擎：
https：//baike. sogou. com/v15733. htm? fromTitle=%E6%90%9C%E7%B4%A2%E5%BC%95%E6%93%8E.
[11]　互联网新闻：http：//www. donews. com/.
[12]　社交网站：
https：//baike. sogou. com/v65011139. htm? fromTitle=%E7%A4%BE%E4%BA%A4%E7%BD%91%E7%AB%99.
[13]　李宇哲．媒体微博的话语建构及其影响研究［D］．云南师范大学，2016.
[14]　王婧．微博传播赋权及其影响研究［D］．成都理工大学，2014.
[15]　张亚东．基于微经济环境下的微信发展现况与趋势研究［D］．山东师范大学，2015.
[16]　刘靓．微信、微博等新媒体对广播的影响［J］．科技展望，2015，24：3-4.
[17]　蒋艳．微信与微博比较研究：基于5W模式视角［D］．暨南大学，2014.
[18]　马费成，望俊成，吴克文，邱璇．国外搜索引擎检索效能研究述评［J］．中国图书馆学报，2009，04：72-79.
[19]　钉钉 https：//www. zhihu. com/question/285602778.
[20]　《青年记者》3月上.

第三章　手机数字新媒体

第一节　手机媒体概述

一、概　　述

对于手机媒体，不同的学者有不同的定义，一些人认为，手机媒体是以手机终端为媒介，以通信网络为通路，承载个性化、互动化的文字、图片、音频、视频等多种内容形式的信息传播载体，它以碎片化的大众——分众为传播目标，以互动为传播应用。国内著名学者匡文波说："所谓手机媒体，是借助手机进行信息传播的工具；随着通信技术（例如3G）、计算机技术的发展与普及，手机就是具有通信功能的迷你型电脑；而且手机媒体是网络媒体的延伸。"被誉为无线营销理论的开创者，手机媒体专家朱海松提出了一个概念："手机媒体是基于音频和视频终端、移动互联网为平台的个性化信息传播载体，它是以分众为传播目标，以定向传播效果，基于交互式通信应用的大众媒体。"同时手机又被称为除了电视、广播、报纸、互联网之外的第五媒体，第五媒体被定义为以手机为视听终端，手机上网为平台的个性化即时信息传播载体，它是以分众为传播目标，以定向为传播目的，以即时为传播效果，以互动为传播应用的大众传播媒介，也叫手机媒体或移动媒体。

随着计算机技术的发展，手机作为通信工具使用，同时手机媒体又与网络媒体结合，手机已不再是单纯的通信工具，它具有网络媒体的功能，又有自身独特的优势，即是网络媒体的延伸。因此，手机媒体是以手机为视听终端，以手机上网为平台的个性化信息传播载体，手机的普及性、信息传达的有效性、丰富的表现手法使得手机具备了成为大众传媒的理想条件。

麦克卢汉曾说，"媒介是人体的延伸。"在传统的文化传播途径中报刊、广播、电视等成为家喻户晓的人类沟通互动的重要桥梁，但这种连接却是和人相分离的。手机媒体的诞生以及手机媒体日新月异的发展，使这种分离从有到无，真正体现出了人类在时空中的无缝连接，为大众用户营造一个双向传播空间，使人类进入一个全新的文化传播时代。短信的出现使手机有了报纸的功能；彩信使手机有了广播的功能；手机电视的出现使手机有了电视的功能；WAP和宽带网络使手机有了互联网功能，同时手机在一定程度上与报纸、广播、电视、网络互相结合、渗透、融合，成了一种"全媒体"，被公认为继报刊、广播、电视、互联网之后的"第五媒体"。

自4G网络广泛应用以来，以手机移动媒体为代表的新媒体充当起了高速推进大众文化传播的先锋力量。人们手中的移动电话不再是单一的通信工具，而收看电影电视、浏览网页、聊天、发朋友圈、玩手机网游等各种新的文化传播形态正在蓬勃盛行。

二、市场规模现状

众所周知，传播依托着媒体存在，而移动传播则是需要通过移动媒体的诞生来实现。

手机作为传播工具，在不断实现自身发展的情况下基于网络更新换代实现信息的流动，这既促进了媒体技术的革新，又满足了媒体文化的发展。视频、聊天、资讯、游戏、音乐等各种形式的交流互动方式在手机上也可以轻而易举地实现，用户在享受便利的同时也创造着手机媒体文化。它们的出现代表着先进科技发展成果，同时也密切反映着人们多样化的精神需求，更体现出信息时代所持有的特殊文化形式。根据 2019 年 2 月 28 日，中国互联网络信息中心（CNNIC）发布的《第 43 次中国互联网络发展状况统计报告》显示，截至 2018 年 12 月，我国网民规模为 8.29 亿，手机网民规模达 8.17 亿，网民中使用手机上网的比例达到 98.6%，较 2017 年末增长 6433 万，由此可见手机媒体受众范围之广（图3-1、图 3-2 和表 3-1）。此外，报告还显示，手机媒体文化的发展不同于以往的传统文化，这是对科技理性和技术文明依赖性较强的文化，是科学与艺术并驾齐驱的文化，是处于传统向现代演进，旧的媒体与新的载体并存、转型的特殊时期的文化。

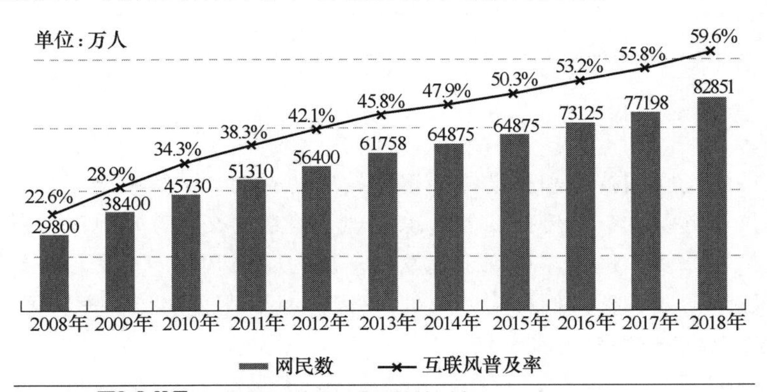

图 3-1　网民规模及互联网普及率

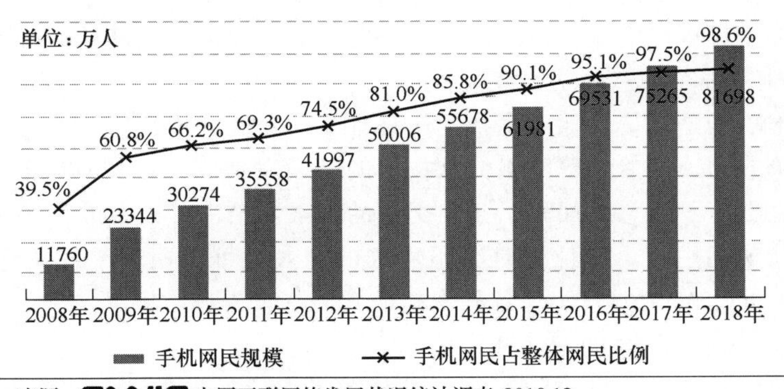

图 3-2　手机网民规模及其占网民比例

表 3-1　　2017.12—2018.12 手机网民各类手机互联网应用的使用频率

	2018.12		2017.12		
应用	用户规模(万)	手机网民使用率	用户规模(万)	手机网民使用率	年增长率
手机即时通信	78029	95.5%	69359	92.2%	12.5%
手机搜索	65396	80.0%	62398	82.5%	4.8%

续表

应用	2018.12		2017.12		年增长率
	用户规模(万)	手机网民使用率	用户规模(万)	手机网民使用率	
手机网络新闻	65286	79.9%	61959	82.3%	5.4%
手机网络购物	59191	72.5%	50563	67.2%	17.1%
手机网络视频	58958	72.2%	54857	72.9%	7.5%
手机网上支付	58339	71.4%	52703	70.0%	10.7%
手机网络音乐	55296	67.7%	51173	68.0%	8.1%
手机网络游戏	45879	56.2%	40710	54.1%	12.7%
手机网络文学	41017	50.2%	34352	45.6%	19.4%
手机旅行预订	40032	49.0%	33961	45.1%	17.9%
手机网上订外卖	39708	48.6%	32229	42.8%	23.2%

三、手机传媒

受快速发展的互联网技术和移动终端迅猛发展的影响，手机突破了信息传递的时间和地域限制，不仅兼具了试听和传播功能，也实现了信息的交流互动。手机的普遍存在和手机功能的不断拓展，使手机媒体得到迅速发展，成为除报刊和广播等传统媒体之外和互联网并存的重要媒体形式，被人们称为“第五媒体”，具有明显的传播学特征。

（一）手机媒体的传播学特征分析

1. 手机是可以移动的传播媒介

手机是可以行走的传播媒介，因为它体积小重量轻，非常便于携带并且具有极高的普及率，它在进行信息传播的时候几乎不受时间和地域的限制，只要手机有电、具备上网的条件，信息的传播就可以实现。信息传播的速度之快远超电脑和其他的移动终端。

2. 手机媒体实现了信息的交流互动

手机的基本功能是通信，除此之外，还具备互动交流的传媒功能，传统媒体在信息传播方面几乎是单向的，虽然随着网络信息技术的不断发展和网络媒体对传统媒体的冲击，很多传统媒体也更新了观念，加入了互动交流的因素，抢占了一定的市场份额，但是手机作为信息交流互动的主流，其位置是牢不可破的，人们可以通过手机实现上网聊天、发帖、发微信、上 qq、发微博，实现各种形式的互动，没有时空限制。

3. 手机媒体拓展了信息的记录和传播方式

经过不断的更新换代，目前的智能手机具备了强大的功能，可以通信交流，可以上网，拥有支付功能，可以视频和音频聊天，可以录音、录像，也可以进行图片的编辑和文件的传输。因此，手机媒体在很大程度上拓展了信息的记录和传播方式，人们可以使用手机进行会议的记录或者身边新闻的报道和发布。

（二）手机媒体传播特点

手机媒体作为网络媒体的延伸，它最基本的特征是数字化。与传统媒体相比较，手机媒体具有人们熟知的移动性、便携性、融合性、互动性、分众性、“人性化”传播等特点，具体包括：

1. 移动性与便携性

这是手机媒体区别于其他媒体最突出的特点，也是手机媒体最大的优势。手机媒体之前的所有媒体，都把人拘束在室内，正是手机媒体把人从室内解放出来，它具有高度的移动性与便携性。手机媒体的传播不受时间、空间的限制，实现了任何时间、任何地点的灵活性传播，如图 3-3 所示。

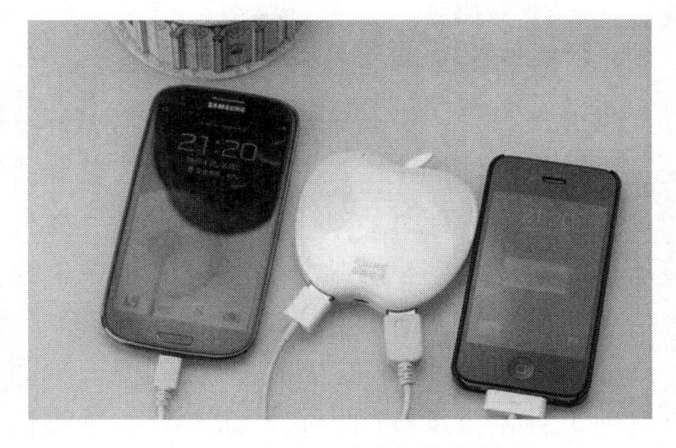

图 3-3　手机的移动性与便携性

2. 多媒体融合

手机媒体融合了报纸、杂志、电视、广播、网络等所有媒体的内容和形式，成为一种新的媒体。手机媒体的传播方式也融合了大众传播和人际传播、单向传播和双向传播、一对一和一对多、多对多等多种形式，形成一张相对复杂的传播网。与此同时，手机还可以配合报纸、电视、广播、网络等媒体进行互动，实现“全媒体”传播的新局面。手机媒体与传统媒体融合而成的手机报、手机广播和手机电视成为其传播的主要方式，它集文字、图片、声音、视频等多种功能于一身，从而实现多媒体传播，这种多媒体传播可以给受众带来更加逼真的感觉，如图 3-4 所示。

图 3-4　手机媒体的多媒体融合

3. 互动性强

手机媒体可以随时随地发出和接收信息，不仅可以进行个体间联络，还可以进行群体间联络，用户既是受众，又是内容生产者。这是手机媒体区别于网络之前的媒体的特点，过去的报纸、广播、电视等传统媒体大都是单向传播，无法实现传播者和受众的有效互动。而手机媒体具有充分的互动性，它改变了传播的单向性，实现了传受双方的双向交流，受众不再处于被动接收信息的地位，而是反过来对传播者产生影响。受众编写和发送手机短信、使用移动博客、进行网络聊天，从而实现了任何人在任何时间、任何地点、向任何人传播信息，传统的传受双方之间的话语壁垒得以突破，如图 3-5 所示。

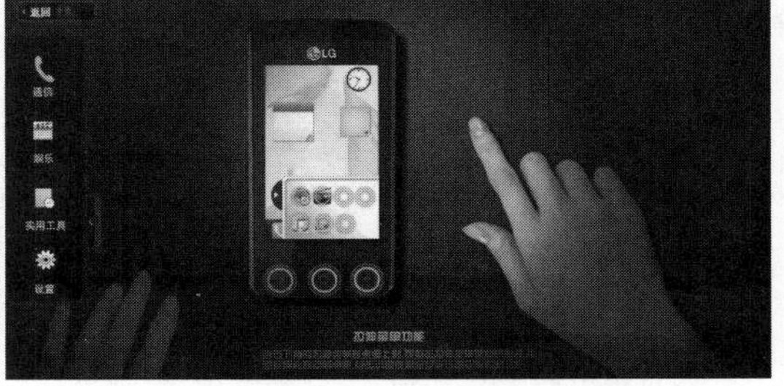

图 3-5　手机的交互性演示

4. 分众性

在新媒体时代，消费者接触媒体的种类越来越多样化，因此对媒体传播的信息也越来越细化，这就要求媒体对受众及传播的信息进行细分，根据受众的兴趣、爱好等进行分类，然后对相同特征的受众传递同样的信息。由此，传统的广大受众开始分割为兴趣相同、利害相关的“小众”。手机媒体往往是根据受众的个性需求提供个性化的内容，同时传播过程中的“多对多”的信息交流方式可以使有相同兴趣的受众交流，从而实现新媒体时代下的“小众”传播。手机媒体的这种传播方式恰好契合了数字化背景下的分众化的传播趋势。

5.“人性化”传播体验

媒介工具是人类传递信息的中介和平台，因此作为媒介工具之一的手机媒体自身也就是一个信息传输的平台，用户可以通过语音通话、短信、彩信的方式发送文字、图片、音频、视频信息。此外，如今的智能手机所具有独立的操作系统，使手机可以如电脑一样安装软件、游戏等第三方服务商提供的程序，这使手机媒体具有了整合多种平台的功能，实现信息跨平台交流。这种跨平台交流消除了用户通过进入 Web 搜索的繁琐步骤，实现“一站式”到达，将人们从携带众多电子设备和繁琐的程序中解脱出来，同时也改变着信息以网页为主要承载的模式，凸显了手机媒体传播的“人性化”。换言之，手机媒体传播的“人性化”是对用户使用媒介工具的人性化满足。

6. 传播效果强大，传播速度快、范围广

手机是“带着体温的媒体”，具有私密、随身的特点，并且人们对手机媒体的信赖程度较高，以手机报为例，只有 24.8%的手机报用户认为手机报对其不太重要。手机媒体能够产生更为直接而强大的效果，影响人们的思考和行动。这对于我们广泛传播健康、和谐的文化十分有益，借助移动通信网，手机媒体信息可以在最短的时间内进行“发酵”。

四、用户特征分析

“网民”泛指上网者，中国互联网信息中心（CNNIC）对网民的定义为：半年内使用过互联网的 6 周岁及以上的中国公民。手机网民：是指半年内曾经通过手机接入互联网的网民，但不限于仅通过手机接入互联网的网民。手机网民规模及其网民比例如图 3-6 所示。手机网民用户具有以下特征：

1. 受众基础广泛，用户增长快速

手机的高普及率保证了手机媒体拥有广泛的受众基础。尽管手机在中国的发展只有短短的几十年，用户数量的增长速度却非常可观。当前制约移动互联网发展的首要问题是用户对带宽的不断需求，这种需求随着智能手机计算速度的迅速提升而日趋明显。从巨大的

图 3-6　手机网民规模及其网民比例

用户基数和移动用户增长率可以发现一个内在的联系：移动终端的用户数量不断增加正促使移动媒介具备相当可观的潜在用户数，在某种情况下，手机媒体会比传统媒体更容易被用户所认可。

2. 年轻化的用户群体

智能手机的用户相较以往的手机用户年龄要偏低。《中国智能手机用户研究报告》中的调查数据显示，我国智能手机用户年龄分布如下：49岁以上5%，36～40岁6%，31～35岁13%，26～30岁27%，20～25岁41%，20岁以下8%。其中21～30岁的用户占了全部用户的近70%，是我国智能手机的主要用户群体。而智能手机的用户群体具有这样的特征：其一，好奇心较强，对新鲜事物的研究、追求意愿强烈，容易接受新的事物和新的功能。其二，经济基础良好，超前消费的观念和意识比较突出。最后，精力旺盛，思维活跃，喜欢追赶潮流。

3. 使用者热衷于社交并且重视互联网内容的传播

据统计分析，移动网络中热门功能分别为游戏、电子阅读、视频浏览、移动聊天、微信等各种娱乐以及社交应用，而且用户非常看重内容，如果内容做得好则会赢得相当数目的用户。从下载应用类别的数据结果显示，下载内容的占91.98%，社交关系的占74.40%，系统工具67.05%，电子商务41.67%，生活28.30%，教育13.30%，其中绝大多数的用户使用的是内容。这样的数据指示，让商家对这部分用户进行了深入的分析研究，以便开发出适应用户需求的应用形式，提高应用率，最终达到提高商业利润的目的。

五、手机媒体营销

手机媒体与生俱来的特点使其发布信息可以直接被用户所接受并浏览，而传统媒体的用户如果不购买报纸，不打开电视就无法了解媒介中所传递的信息，因此，手机媒体演化出具有自身特点的营销模式：互动营销、精准营销、特定人群营销和移动营销四种营销模式。

1. 互动营销

对于手机媒体来说，互动营销是企业利用手机展进行销售、发出宣传图文消息，在最短的时间内赢得接受方的互动反馈。移动媒体利用其特有且无可比拟的便捷性、迅速性、互动性，使传授双方的了解和沟通更有效率。这样企业可以最大化、最精准地了解用户的不同要求和特殊定制信息，并和大量用户建立深度的交流，不断赢得受众对企业文化的了解，对热门产品的选择。微博，作为手机媒体营销的模式就是一种很好的体现，并凭借及时、互动的优势，迅速提升关注度，最终在人与人之间呈现几何级别的传播。

2. 精准营销

对于一个正在发展中的企业来说，最需要的是针对目标人群所做出的精确的、可衡量的营销沟通，需要定制更注重结果和行为的营销计划。在实际营销中体现在以消费者为重心，根据消费者所处的消费阶段不同，有目标地发布相应的广告宣传，填补传统媒介宣传的疏忽之处。手机作为沟通的工具，使得几乎所有人都保持每天数小时以上的开机时间，而在这段时间内，发布的信息是即时呈现在受众眼前的，这种巨大的优势是传统的广播、电视、报纸无法做到的，为以后的运营、发展起到了很好的铺垫作用。在此基础之上，企业根据所得数据，对其进行深度剖析、加工，实现细分化、精准化的广告投放，同客户之间搭造了良好的沟通桥梁。

3. 特定人群营销

许多大型商家并不满足于只是将产品推广给广大受众，而是会根据不同用户的要求和意见，在宣传的同时，选择一些目的性更强的活动，可以说是售前服务，这种服务销售不是应该被关注的唯一方面，消费者在购买过程中的享受过程也被关注起来。人类的需求层次理论当中，尊重和实现自我是最高层次的需求，目前现有的营销模式简单地满足了人们的需求，而服务营销模式将最高程度地满足消费者的需求，使其在购买和消费过程中得到尊重和完成自我实现。手机媒体的出现及发展使得服务营销有了更好的存在形式，将定制和服务结合于一体的营销，即定制服务营销。从我国手机媒体和互联网的发展趋势来看，提供服务性应用程序在不久的将来会成为主流，用户的自主性，服务的个性化将被极大提高，很难分清哪些内容属于服务，而哪些内容是商家的营销手段，商家将服务融入日常生活中，比如出行，查询如何做菜，城市空气状况如何，随时随地购物、缴费，这些都只要轻轻点击手机上的应用程序即可，在手机有上网流量的情况下，并不受时空的限制。

4. 移动营销

手机媒体借助移动互联网用户这一庞大群体，以 GPS 系统为目的的 LBS（基于位置服务）服务、二维码、手机支付等移动电子商务模式越来越受消费者欢迎，其便利性、及时性和移动性使得以前只能在固定地点和时间做的事情不受时间和空间制约，手机媒体在其中充当了重要的角色。基于位置服务的 LBS 根据人们所处的地理位置为其推荐附件的购物优惠信息和相关咨询服务，充分体现了手机媒体的移动便携性，以受众需求为导向的营销活动通过洞察受众为其提供周全、悉心的服务，增加用户体验，使移动营销模式极具吸引力。

第二节　手机媒体关键技术

一、4G 与 5G 技术

（一）4G 技术

4G 是第四代移动通信及其技术的简称，是将 3G 技术以及 WLAN 技术融为一体的技术，可以对高质量的视频图像进行传输，4G 技术系统与拨号上网相比快近 2000 倍，并能以 100Mbps 的速率进行下载，可以满足不同用户的不同需求。4G 技术虽然与以往的通信技术有所不同，但是并没有脱离传统的通信技术，ITU 作为传统移动蜂窝运营商的代表发表对 4G 的看法，其认为 4G 是基于 IP 协议的高速蜂窝移动网，现有的各种无线通信技术从现有 3G 演进，并在 3G LTE 阶段完成标准统一，为人们提供了一个不需要电缆的高速的无线

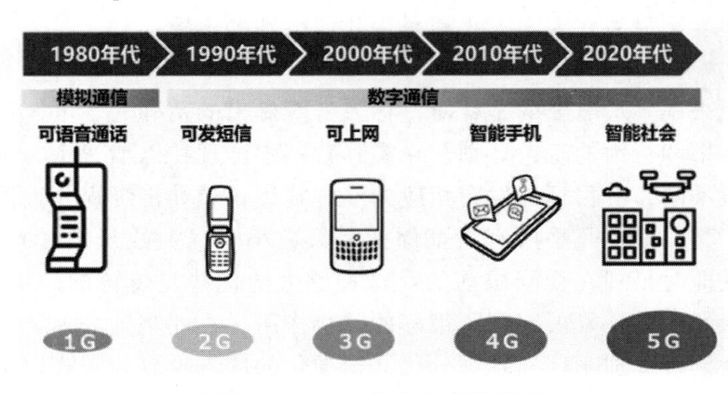

图 3-7　4G/5G 技术的发展进程

网络环境。4G/5G 技术的发展进程如图 3-7 所示。

2013 年 12 月 4 日下午，工业和信息化部正式发放 4G 牌照，宣告我国通信行业进入 4G 时代。2015 年 9 月，调研公司发布 4G 网速报告，中国 4G 网络下载速度为 13Mbps，位居全球排名第 38 位。前三位分别是：新西兰、新加坡和罗马尼亚。

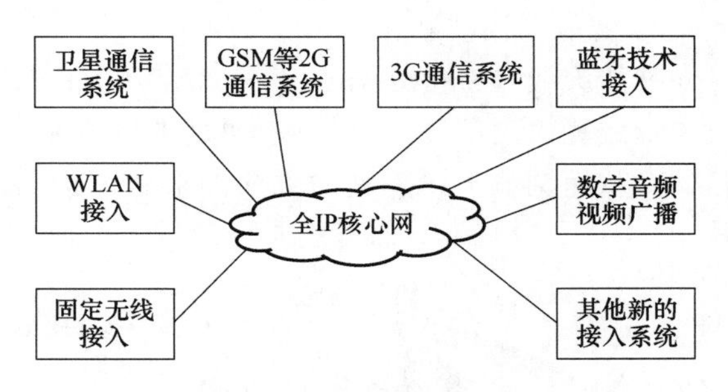

图 3-8　4G 通信系统网路组成示意图

在 4G 通信系统中可能采用的关键技术主要包括 OFDM、软件无线电、智能天线、MIMO、基于 IP 的核心网等。4G 通信系统网路组成示意图如图 3-8 所示。

1. 正交频分复用技术（OFDM）

第四代移动通信以 OFDM（Orthogonal Frequency Division Multiplexing）为核心技术，OFDM 技术是多载波调制技术（MCM）中的一种，其主要思想是：将信道分成若干正交子信道，将高速数据信号转换成并行的低速子数据流，调制在每个子信道上进行传输。其优点是：频谱效率比串行系统高、抗衰落能力强、适合高速数据传输、抗码间干扰（ISI）能力强。正交频分复用信号频谱示意图如图 3-9 所示。

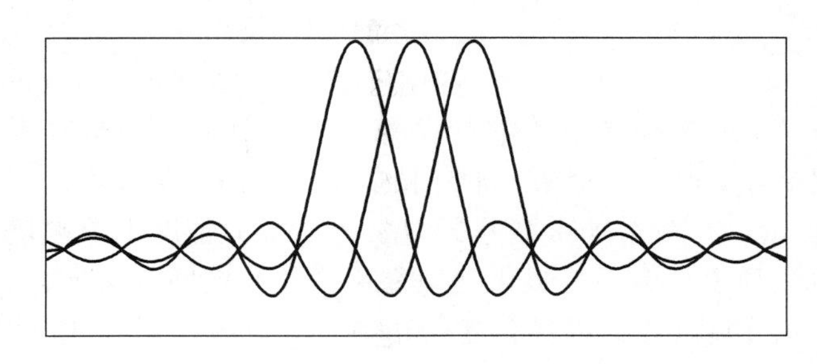

图 3-9　正交频分复用信号频谱示意图

2. 软件无线电技术

软件无线电（Software Defined Radio，SDR）可以将不同形式的通信技术联系在一起。软件无线电技术的基本思想是将模拟信号的数字化过程尽可能地接近天线，即将 A/D 和 D/A 转换器尽可能地靠近 RF 前端，利用 DSP 技术进行信道分离、调制解调和信道编译码等工作，如图 3-10 所示。SDR 通过建立一个能运行各种软件系统的高弹性软、硬体系统平台，实现多通路、多层次和多模式的无线通信，使不同系统和平台之间的通信兼容，因此是实现“无疆界网路”世界的技术平台。

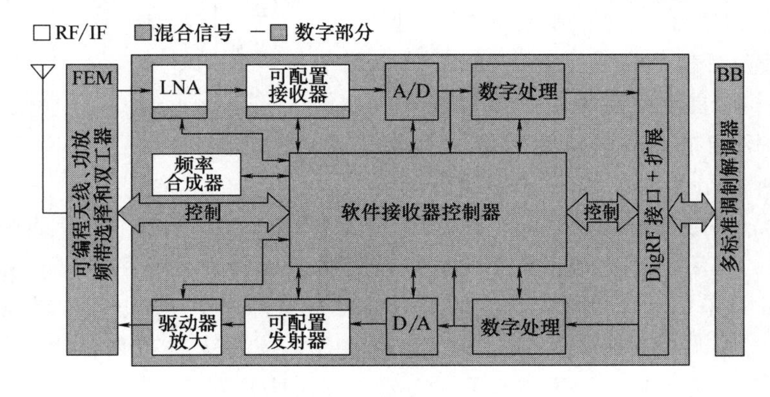

图 3-10　软件无线电

3. 智能天线技术

智能天线（Smart Antenna，SA）也叫自适应阵列天线，由天线阵、波束形成网络、波未形成算法三部分组成。SA 通过满足某种准则的算法去调节各阵元信号的加权幅度和相位，从而调节天线阵列的方向图形状，达到增强所需信号抑制干扰信号的目的，如图 3-11 所示。图 3-11 左边反映的是利用智能天线实现对用户的跟踪过程，图右边反映的是利用智能天线的多天线技术实现空分多路接入。SA 具有抑制信号干扰，自动跟踪以及数字波束调节等智能功能，被认为是解决频率资源匮乏、有效提升系统容量、提高通信传输速率和确保通信品质的有效途径。

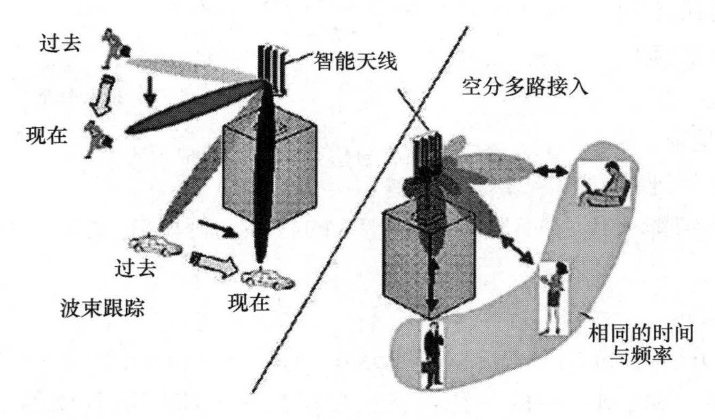

图 3-11　智能天线的功能

4. MIMO 技术

MIMO（Multiple Input Multiple Output，MIMO）技术采用在发射端和接收端分别设置多副发射天线和接收天线，通过多发送天线与多接收天线相结合来改善每个用户的通信质量或提高通信效率。利用 MIMO 信道成倍地提高无线信道容量，在不增加带宽和天线发送功率的情况下，频谱利用率可以成倍地提高。MIMO 技术实质上是为系统提供空间复用增益和空间分集增益。空间复用技术用以提高信道容量，空间分集则用以提高信道的可靠性，降低信道误码率。MIMO 技术的关键是能够将传统通信系统中存在的多径衰落影响因素变成对用户通信性能有利的增强因素，有效地利用随机衰落和可能存在的多径传播来成倍地提高业务传输速率，因此它能够在不增加所占用的信号带宽的前提下使无线通信的性能改善几个数量级，如图 3-12 所示。

5. 基于 IP 的核心网

4G 的核心网是一个基于全 IP 的网络，可以实现不同网络间的无缝互联。核心网独立于各种具体的无线接入方案，能提供端到端的 IP 业务，能同已有的核心网和 PSTN 兼容。4G 的核心网具有开放的结构，能允许各种空中接口接入核心网；同时核心网能把业务、控制和传输等分开。采用 IP 后，所采用的无线接入方式和协议与核心网络协议、链路层是分离独立的。IP 与多种无线接入协议相兼容，因此在设计核心网络时具有很大的灵活性，不需要考虑无线接入究竟采用何种方式和协议。由于 Ipv4 地址几近枯竭，4G 将采用 128 位地址长度的 Ipv6，地址空间增大了 296 倍，几乎可以不受限制地提供地址。Ipv6 的另一个特性是支持自动控制，支持无状态和有状态两种地址自动配置方式。无状态地址自动配置方式下，需要配置地址的节点，使用一个邻居发现机制获得一个局部链接地址，一旦得到一个地址以后，使用一种即插即用的机制，在没有任何外

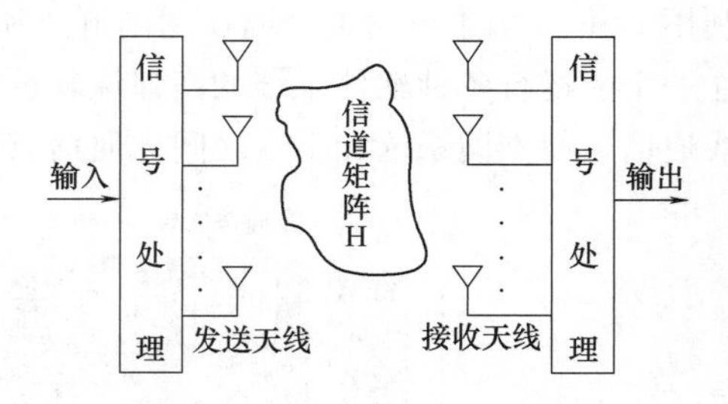

图 3-12　MIMO 技术

界干预的情况下，获得一个全球唯一的路由地址。此外，Ipv6 技术还有服务质量优越，移动性能好，安全保密性好的特性，如图 3-13 所示。

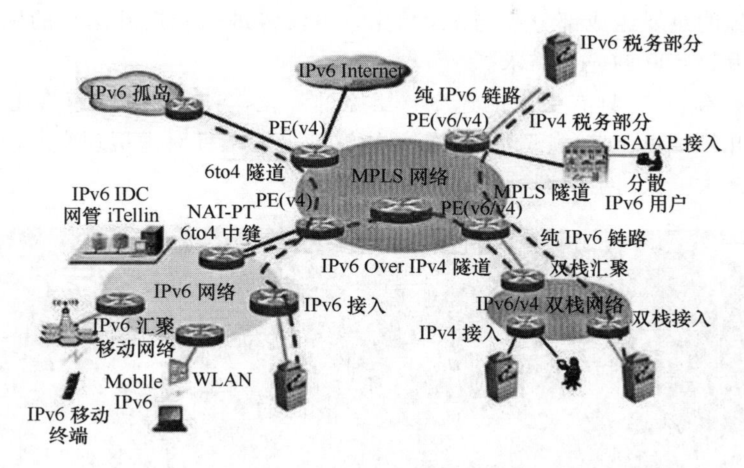

图 3-13　IPv6 核心网解决方案

（二）5G 技术

1. 概述

手机自诞生以来经历了四代通信技术的演进，目前最先进的网络是 4G LTE 网络，其传输速率仅为 75Mbps，此前这一传输瓶颈被业界普遍认为是一个技术难题。第五代移动电话行动通信标准，也称第五代移动通信技术，缩写：5G，也是 4G 之后的延伸，目前正处在研究中，5G 网络的理论传输速度超过 10Gbps（相当于下载速度 1.25GB/s）如图 3-14所示。

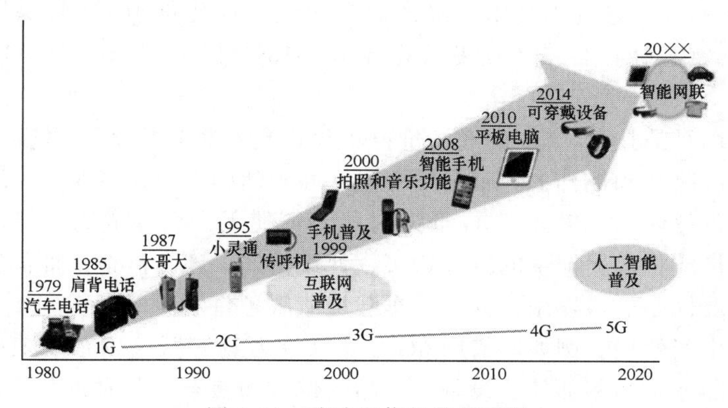

图 3-14　移动通信的发展历程

三星电子通过研究和试验表明，在 28GHz 的超高频段，以每秒 1Gb 以上的速度，成功实现了传送距离在 2km 范围内的数据传输。此前，世界上没有一个企业或机构开发出在 6GHz 以上的超高频段实现每秒 Gb 级以上的数据传输技术，这是因为难以解决超高频波长段带来的数据损失大、传送距离短等难题。三星电子利用 64 个天线单元的自适应阵列传输技术，使电波的远距离输送成为可能，并能实时追踪使用者终端的位置，实现数据的上下载交换。超高频段数据传输技术的成功，不仅保证了更高的数据传输速度，也有效解决了移动通信波段资源几近枯竭的问题。

2. 5G 应用

2016 年 3 月，工信部指出：5G 是新一代移动通信技术发展的主要方向，是未来新一代信息基础设施的重要组成部分。与 4G 相比，不仅将进一步提升用户的网络体验，同时还将满足未来万物互联的应用需求。

从用户体验看，5G 具有更高的速率、更宽的带宽，预计 5G 网速将比 4G 提高 10 倍左右，只需要几秒即可下载一部高清电影，能够满足消费者对虚拟现实、超高清视频等更高的网络体验需求。5G 网络概念图如图 3-15 所示。

图 3-15　5G 网络概念图

从行业应用看，5G 具有更高的可靠性，更低的时延，能够满足智能制造、自动驾驶等行业应用的特定需求，拓宽融合产业的发展空间，支撑经济社会创新发展。

从发展态势看，5G 还处于技术标准的研究阶段，近几年 4G 还将保持主导地位、实现持续高速发展。中国的 5G 技术研发试验将在 2016-2018 年进行，但 5G 有望 2020 年正式商用。

作为一种通用目的技术，5G 的经济价值不仅体现在创造巨大的财富上，还体现为对其他产业和领域的改造和提升上，带来社会生产和生活的全方位变革。

第一，颠覆价值体系。例如，5G 低延时的特征使无人驾驶成为可能，按需使用、随用随租的共享经济或将取代传统的汽车购买、使用模式，整车制造厂商的重要性下降，无人驾驶平台的重要性凸显，娱乐、办公等车载增值服务将不断涌现。

第二，提升生产效率。例如，借助 5G 技术实现万物互联，以智能工厂为代表的生产系统将能够随时随地感知零部件、设备、产品的位置和状态，及时进行零部件的传递、派单生产和产品交付，同时进行实时设备监控、产品运营状态运维、保养等服务。

第三，促进技术创新。例如，万物互联后将产生更多的数据，使受制于数据规模而发展缓慢的一些人工智能模型获得优化，促进人工智能应用的发展；虚拟现实技术使得产品的开发、设计更加高效、直观。

此外，4G 主要应用领域是移动通信与智能手机，而 5G 时代万物互联成为可能，应用领域包括智能制造、智能汽车、智能家居、智能医疗等智能领域，生产设备、家居、车辆、基础设施、公共服务等将都被网络连接起来，因此 5G 成为关系人身安全、生产安全、经济安全、国防安全的重要支撑。5G 应用的前 20 个领域及应用前景如表 3-1 所示。

表 3-1　　5G 应用领域及其应用前景

序号	应用名称	应用前景	序号	应用名称	应用前景
1	5G 自动驾驶	★★★★★	11	5G 安防	★★★★★
2	5G 远程驾驶	★★★★★	12	5G 儿童安全	★★★★☆
3	5G 智能电网	★★★★★	13	5G 智慧园区	★★★★☆
4	5G 智能工厂	★★★★★	14	5G 智慧农业	★★★★☆
5	5G 无人机物流	★★★★★	15	5G 远程教育	★★★★☆
6	5G 无人机高清视频传输	★★★★★	16	5G 新零售	★★★★
7	5G 远程医疗	★★★★★	17	5G 养老助残	★★★★
8	5G 虚拟现实	★★★★★	18	5G 智慧家居	★★★★
9	5G 增强现实	★★★★★	19	5G 气象系统	★★★☆
10	5GVR 全景直播	★★★★★	20	5G 超级救护车	★★★☆

二、流媒体技术

（一）概述

随着现代技术的发展，网络带给人们形式多样的信息，从第一张图片出现在网络上到如今各种形式的网络视频和三维动画，网络让人们的视听觉得到了很大的满足。然而在流媒体技术出现之前，人们必须要先下载这些多媒体内容到本地计算机，才可以看到或听到媒体传达的信息。令人欣慰的是，在流媒体技术出现之后，人们便无需再等待媒体完全下载完成，而是能够在网络上实现传播和播放同时进行，相对于其他的一些音、视频网络传输和处理技术，流媒体使用比较成熟，目前已经成为网上音、视频（特别是实时音视频）传输的主要解决方案。

流媒体技术发端于美国，又称流式媒体，是一种新的媒体传送方式。流式传输方式将整个 A/V 及 3D 等多媒体文件经过特殊的压缩方式分成一个个压缩包，由视频服务器向用户计算机连续、实时传送。用户不必像采用下载方式那样等到整个文件全部下载完毕，而是只需经过几秒或几十秒的启动延时即可在用户的计算机上利用解压设备对压缩的 A/V、3D 等多媒体文件解压后进行播放和观看。这种对多媒体文件边下载边播放的流式传输方式不仅使启动延时大幅度地缩短，而且对系统缓存容量的需求也大大降低。

（二）流媒体技术

流媒体就是指采用流式传输技术在网络上连续实时播放的媒体格式，如音频、视频或多媒体文件。流媒体技术也称流式媒体技术，是把连续的影像和声音信息以及 3D 等多媒体文件经过压缩处理后放上网站服务器，由视频服务器向用户计算机顺序或实时地传送各个压缩包，让用户一边下载一边观看、收听，而不要等整个压缩文件下载到自己的计算机上才可以观看的网络传输技术。这种对多媒体文件边下载边播放的流式传输方式不仅使启动延时大幅度地缩短，而且对系统缓存容量的需求也大大降低。

该技术先在使用者端的计算机上创建一个缓冲区，在播放前预先下载一段数据作为缓冲，在网络实际连线速度小于播放所耗的速度时，播放程序就会取用一小段缓冲区内的数据，这样可以避免播放的中断，也使得播放品质得以保证。

流式传输技术又分两种，一种是顺序流式传输，另一种是实时流式传输。

顺序流式传输是顺序下载，在下载文件的同时用户可以观看，但是用户的观看与服务器上的传输并不是同步进行的，用户是在一段延时后才能看到服务器上传出来的信息，或

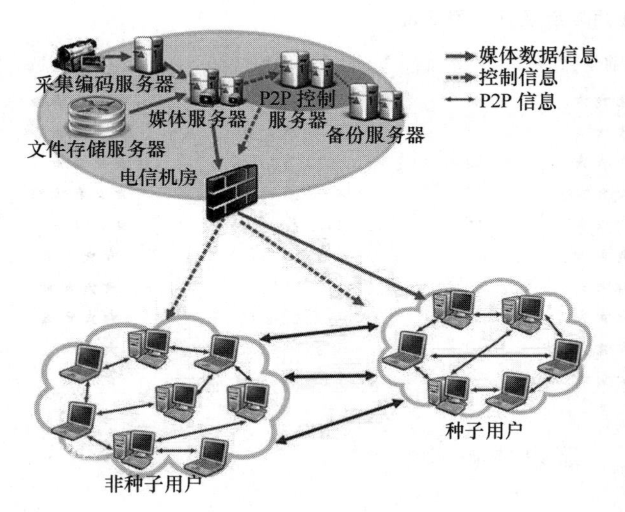

图 3-16　流式传输技术

者说用户看到的总是服务器在若干时间以前传出来的信息。在这过程中，用户只能观看已下载的那部分，而不能要求跳到还未下载的部分。顺序流式传输比较适合高质量的短片段，因为它可以较好地保证节目播放的最终质量。它适合于在网站上发布的供用户点播的音视频节目。

在实时流式传输中，音视频信息可被实时观看到。在观看过程中用户可快进或后退以观看前面或后面的内容，但是在这种传输方式中，如果网络传输状况不理想，则收到的信号效果比较差，如图 3-16 所示。

如图 3-17 所示的传输流，将具有共同时间基准或独立时间基准的一个或多个打包基本码流组合（复合）成的单一数据流用于数据传输。

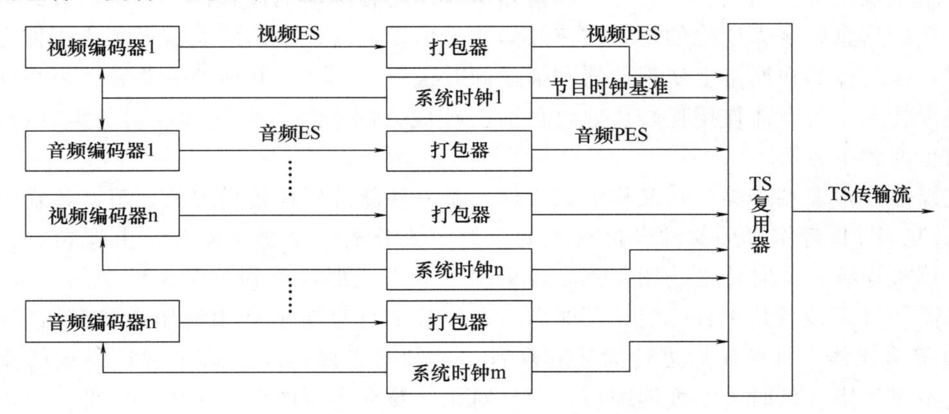

图 3-17　传输流

（三）流媒体播放方式

1. 单播

在客户端与媒体服务器之间需要建立一个单独的数据通道，从一台服务器送出的每个数据包只能传送给一个客户机，这种传送方式称为单播。由于其能够针对每个客户及时响应，所以现在的网页浏览全部都是采用单播模式，采用 IP 单播协议。网络中的路由器和交换机根据其目标地址选择传输路径，将 IP 单播数据传送到其指定的目的地。

2. 组播

IP 组播技术构建一种具有组播能力的网络，主机之间一对一组的通讯模式，即加入同一组的主机可以接收到此组内的所有数据。这样既能一次将数据传输给多个有需要的（加入组）主机，又能保证不影响其他不需要的（未加入组）主机的其他通讯。网络组播模型如图 3-18 所示。

允许路由器一次将数据包复制到多个通道上。

3．点播与广播

点播连接是客户与服务器之间的主动连接；在点播连接中，用户通过选择内容项目来初始化客户端连接。用户可以开始、停止、后退、快进或暂停流。点播连接提供了对流的最大控制，但这种方式由于每个客户端各自连接服务器，却会迅速用完网络带宽。

广播指的是用户被动接受流文件。主机之间一对所有的通讯模式，即网络中的所有主机都可以接收到所有信息（无论你是否需要），由于不用路径选择，所以其网络成本低廉，有线电视网就是典型的广播网。

在广播过程中，客户端接收流，但不能控制流。例如，用户不能暂停、快进或后退该流。广播方式中数据包的单独一个拷贝将发送给网络上的所有用户。使用单播发送时，需要将数据包复制多个拷贝，以多个点对点的方式分别发送到需要它的那些用户，而使用广播方式发送，数据包的单独一个拷贝将发送给网络上的所有用户，而不管用户是否需要，上述两种传输方式会非常浪费网络带宽。组播吸收了上述两种发送方式的长处，克服了上述两种发送方式的弱点，将数据包的单独一个拷贝发送给需要的那些客户。组播不会复制数据包的多个拷贝传输到网络上，也不会将数据包发送给不需要它的那些客户，保证了网络上多媒体应用占用网络的最小带宽。

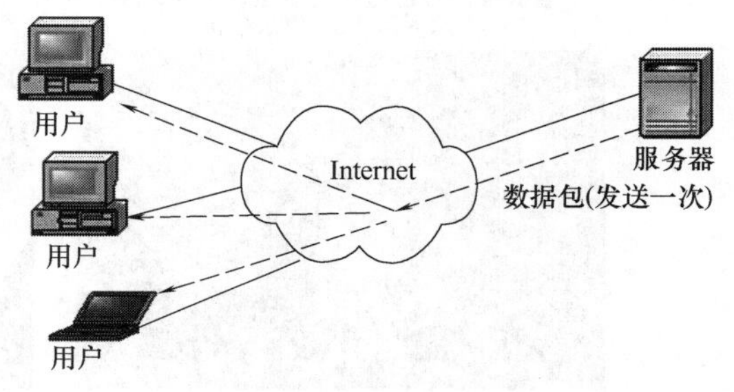

图 3-18　网络组播模型

（四）流媒体应用

流媒体技术在互联网媒体传播方面起到了重要的作用，它方便了人们在全球范围内的信息、情感交流，其中视频点播、远程教育、视频会议、Internet 直播、网上新闻发布、网络广告等方面的应用更空前广泛。

1．广电直播中的应用

随着 4G 技术的全面发展，各种各样基于 4G 技术的应用层出不穷，三大运营商抓住三网融合的大环境，积极推进 4G 技术在广电行业的应用。

图 3-19　江苏新时空

江苏省广电应用流媒体技术实现了电视新闻直播，旗下多个新闻栏目实现直播，如《江苏新时空》（图 3-19）《早安江苏》《新闻夜宴》《有一说一》《公共新闻网》《绝对现场》《零距离》等；浙江卫视也实现了电视新闻直播的应用，弥补了卫星传输、光缆和数字微波传输系统都存在的造价高、系统庞大、操作复杂等不足，同时可以使电视直播设备更加轻便，直播工作范围更加广泛。

2．航空探测中的应用

我国测控技术的发展迅速，尤其是流媒体技术出现以后，测量技术在航空探测中的应用越来越广。从数据的及时反馈、图像的按时传回到太空行走过程的电视直播，越来越多的项目中需要依赖流媒体技术。2018 年 12 月 8 日，“嫦娥四号”探测器被送入地月转移轨道，给“嫦娥四号”下达指令，指示“嫦娥”不断变轨，使其按照预定轨道顺利运行，于 2019 年初首次实现人类探测器在月球背面软着陆和巡视勘察等，所有航空事件里，都离不开流媒体技术的使用，如图 3-20 所示。

▲长征三号乙运载火箭托举嫦娥四号探测器飞天(魏京华摄)

▲嫦娥四号探测器巡视器(左)、着陆器(右)、中继星“鹊桥”(上)示意图

▲长征三号乙运载火箭整装待发(谢奇勇摄)

惊心8公里！嫦娥四号完美落月全过程高清视频首次公开

图 3-20　流媒体技术与航空探测

流媒体直播技术作为流媒体重要组成模块，广泛用于娱乐、电子商务、远程培训、视频会议、远程教育、远程医疗、电视台重大节目直播等互联网信息服务的方方面面，它的应用给网络信息交流带来革命性的变化，流媒体直播技术突破了网站媒体一直以来以文字、图片方式向传递信息的局限性。

随着我国航空、军事等高尖端行业的发展，流媒体技术的应用越来越频繁，领域越来越广，项目密度越来越大，为流媒体技术应用创造了拓展机遇，也为拥有最先进技术、最优越平台的流媒体技术提供商，提供了大展拳脚的舞台。

（五）流媒体文件

在运用流媒体技术时，音视频文件要采用相应的格式，不同格式的文件需要用不同的播放器软件来播放，所谓“一把钥匙开一把锁”。采用流媒体技术的音视频文件主要有三大“流派”。

一是微软的 ASF（Advanced Stream Format）。这类文件的后缀是 .asf 和 .wmv，与它对应的播放器是微软公司的“Media Player”。用户可以将图形、声音和动画数据组合成一个 ASF 格式的文件，也可以将其他格式的视频和音频转换为 ASF 格式，而且用户还可以通过声卡和视频捕获卡将诸如麦克风、录像机等外设的数据保存为 ASF 格式。

二是 RealNetworks 公司的 RealMedia，它包括 RealAudio、RealVideo 和 RealFlash 三类文件，其中 RealAudio 用来传输接近 CD 音质的音频数据，RealVideo 用来传输不间断的视频数据，RealFlash 则是 RealNetworks 公司与 Macromedia 公司联合推出的一种高

压缩比的动画格式，这类文件的后缀是 .rm，文件对应的播放器是“RealPlayer”。

三是苹果公司的 QuickTime。这类文件扩展名通常是 .mov，它所对应的播放器是“QuickTime”。

此外，MPEG、AVI、DVI、SWF 等都是适用于流媒体技术的文件格式。

三、H5 技术

（一）概述

HTML 是 Hyper Text Mark-up Language 的缩写，意思是超文本标记语言，是指第 5 代 HTML，也指用 H5 语言制作的一切数字产品。它是网页的开发端和接收端约定标记标题、正文、图片、文字样式等页面内容的整套规范跨终端的轻应用，用 H5 搭建的站点与应用可以兼容 PC 端与移动端、Windows 与 Linux、安卓与 IOS。它可以轻易地移植到各种不同的开放平台、应用平台上，打破各自为政的局面。这种强大的兼容性可以显著地降低开发与运营成本，可以让企业特别是创业者获得更多的发展机遇。

HTML5 是互联网的核心网络语言，随着它在超文本语言中的应用，为 Web 互联网奠定了基础，是第五次重大的版本改革。W3C Web 与 WHATWG 在 2006 年进行合作，创造出新版本的 HTML，HTML 在 2013 年 5 月正式公布，定义了第五次重大改革。随着首次建立核心语言，在这个新版本中，好多新功能逐渐面世，提升了 Web 互联网工作人员的工作效率。该版本创立至今，在发展的过程中，进行了上百次的修改，尤其针对的图像 img 标签和 svg 进行注重升级，在使用性能上得到了极大的提升。

随着 4G 网络大量应用，在互联网到来的时代，使人们的上网方式发生了改变。传统的 PC 端网站并不方便，在移动端它的不便利性较为明显，在新时代，HTML5 作为万维网核心语言，对新的超文本语言得以实现，还具有多设备跨平台使用的功能。目前，我国智能手机的大面积普及，加上政府对 4G 网络的大面积推广，在互联网大环境内，为国内程序开发人员使用 HTML5 这项技术带来较大的便利。

（二）主要特性

HTML5 主要有语义、本地储存、智能表单、网页多媒体、绘图画布和 CSS3 等特性，HTML5 的这些特性使得程序员对于网站的构建更加简易，给予了网站更好的意义和更简易的结构。HTML5 可以离线储存，它这个设计理念与 Cookie 极为相同，但是与 Cookie 相比，它的容量更大，在访问新页面时，Cookie 是通过发送消息进行原页面记忆，而 HTML5 可以通过 Javascript 来进行数据获取，这使得在开发网站的过程中，HTML5 具有更大的优势。

HTML5 具有整合视频、音频的功能，并都允许直接在网页中进行展示，它丰富的 API 能控制媒体的播放，而且 API 等控制元素是可控的。HTML5 可以随时放大和缩小图形，为网站建立中的绘画提供了方面。HTML5 这个功能中 CSS3 对 Web 排版提供更多的灵活性。HTML5 的这些特征在网站实践的过程中被无限放大，提升了建立网站的效率。

（三）主要优势

HTML5 实现了在移动设备上很好地支持多媒体的目的，其优点是：

1. 建立标准网络

HTML5 是由 W3C 演化来的，它通过世界上知名公司的开发，得出了效率更高的

HTML5 技术，它的公开的特性是其最大的优点，W3C 的资料库可以找到 HTML5 的每一个编写语句，得以在每个大的流量平台都得以体现。

2. 跨平台

HTML5 主要技术优点是可以跨平台操作和使用，可应用于电脑、手机、平板等设备，支持 Windows、IOS、安卓等系统。程序员开发的新游戏，能轻松移植 UC、Opera、Facebook 应用平台，它封装的技术可以放在 Google Play 或 App Store，另外 H5 可以方便快捷地在社交平台，如 QQ、微信上进行传播，不像手机应用软件 APP 需要进行下载、安装，只需要用 H5 技术制作的资源扫描一下每个资源自带的二维码，即可观看。

3. 自适应网页设计

即同一张页面自动适应不同大小的屏幕，根据屏幕宽度自动调整布局（layout），避免了在开发制作过程中需要对不同设备提供不同网页的问题。

4. 即时更新

传统手段制作的软件、资源更新比较麻烦，而 HTML5 制作的资源是即时的，资源整合与开发人员在线制作、更改资源后，观看者浏览时内容就自动更新。因此，通过 H5 技术制作并发布的信息资源内容，使用者只需通过扫描资源自带的二维码，或是点击资源自动生成的内容链接就可以观看，而且可以重复使用，不需要考虑安装、更新以及存储空间等问题，可以使信息资源方便、快捷、大范围的传播。

5. 统计和数据收集功能

目前很多在线应用，如购物网站平台、教育平台等都会对用户的使用痕迹进行跟踪记录，以获取具体数据，然后再根据收集到的数据，分析个人喜好，有针对性地推送相关内容。H5 技术也可以对使用者进行信息跟踪，获取数据，对信息资源的浏览情况、使用人群及需求进行数据收集和分析。

四、APP 开发技术

截至 2018 年 12 月，我国市场上监测到的移动应用程序（APP）在架数量为 449 万款，如图 3-21 所示。我国本土第三方应用商店移动应用数量超过 268 万款，占比为 59.7%；苹果商店（中国区）移动应用数量约 181 万款，占比为 40.3%。

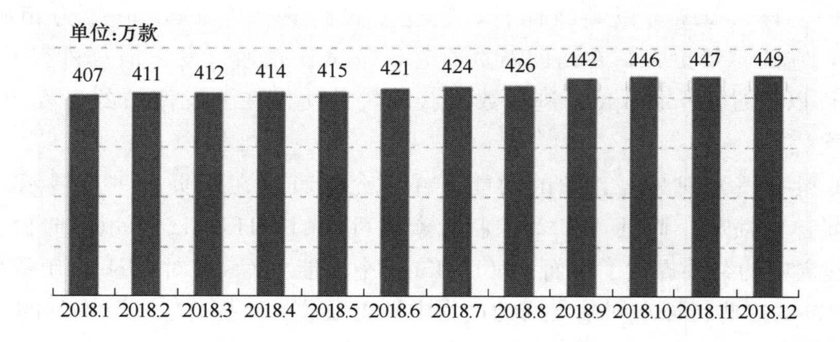

图 3-21　移动应用程序在架数量

（一）APP 开发方式

APP 是 application 的缩写，通常专指手机上的应用软件，或称手机客户端。目前来说主流的 APP 开发方式有三种：Native APP、Web APP、Hybird APP。

1. Native APP

Native 即原生，是传统的开发模式，针对各个移动平台需要采用特定的编程语言，比如安卓平台需要使用 Java，IOS 平台需要使用 Swift，Widows 平台需要使用 C＃。Native APP 可以调用相应平台的全部原生 API，原生 API 是各移动平台官方提供的 API，比如调用摄像头拍照、调用麦克风录音、调用振动器振动、调用陀螺仪获取 3D 动作等。因此，Native APP 可以实现最丰富的功能，同时也具有最佳的性能。

但是，这种开发模式需要针对多个平台分别开发相应的 APP，不具备跨平台能力，修改任何代码都需要重新编译生成新的二进制安装文件，也不具备热更新能力。

目前市场上的绝大多数 APP 都属于 Native App，尤其是那些超大型的 APP，比如微信、QQ、支付宝这类国民 APP，一定是通过原生技术开发出来的。Native APP 依旧是当前的主流技术，在未来一段时间内也不会被取代，但是这并不影响在某些特定领域下其他开发模式的蓬勃发展。

2. Web APP

Web APP 是对解决跨平台与热更新问题的第一次尝试，其本质其实就是针对移动终端优化过的网站，且与传统的 Web 站点无异，都需要使用到 HTML、CSS、JavaScript。移动终端具备天生的热更新能力，用户通过移动终端浏览器进行访问，其体验与浏览网页无异。这得益于当今移动终端浏览器对 HTML5 的良好兼容性和其跨平台能力。

Web APP 看似解决了问题，但实际上存在很大弊端。首先，这种开发模式过于依赖服务器端，因为 Web APP 不会预先在本地存储代码，需要与服务器发生大量交互，对网络的要求很高。其次，Web APP 对移动平台原生 API 的支持极其有限。因此只能算是在 UI 层面实现了跨平台，相比 Native APP，其在功能和性能方面都很难得到保证。

目前市面上存在很多 Web APP，大多都是对 Native APP 的一个补充。即便不下载相应的 APP，也可以直接打开手机浏览器访问淘宝、京东这样的网站。用户会看到专门为移动端适配过的网页、与在个人电脑（Personal Computer，PC）上看到的界面完全不一样，这便是所谓的 Web APP，其本质其实还是网页的另一种形式。

3. Hybrid APP

Hybrid 意为混合，即 Hybrid APP 是 Native APP 与 Web APP 的结合。Hybrid App 的外壳是一个 Native APP，因此各个平台都会生成各自的二进制安装文件，通过特定的方法实现对原生 API 的调用。由于各个移动平台都具有 Webview 控件（App 中调用浏览器内核渲染 Web 内容的控件），因此 Hybrid APP 的内部通过类似 Web APP 的方式具备了跨平台能力，但最大的区别在于 Hybrid APP 一般将 HTML、CSS、JavaScript 代码预先保存在本地，与原生代码拥有同等的地位，服务器端将其视作 Native APP，只需实现相应的交互接口即可。

至于上文提列的“通过特定的方法实现对原生 API 的调用”，则可以通过 Cordova 实现。Cordova 是 Apache 的升源项目，提供了一个通用的 JavaScript 接口平台，可以通过 JavaScript 调用移动平台原生 API，实现 Native APP 的功能。

（二）APP 开发方式对比

下面分析一下这三种 APP 开发方式的优劣对比，如图 3-22 所示。

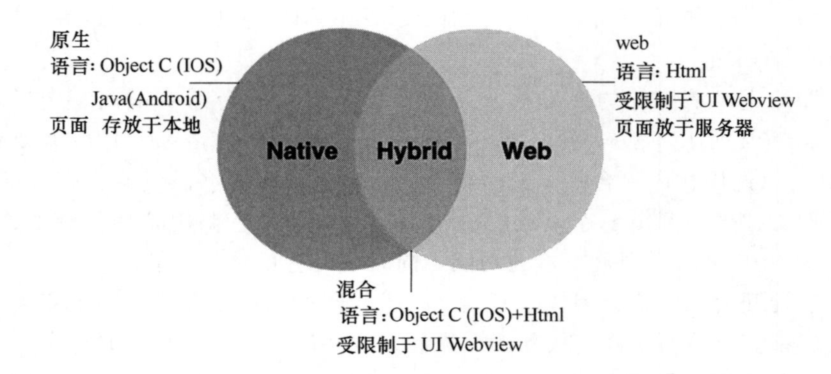

图 3-22 Native APP、Web APP、Hybird APP 的优劣对比

1. Native App

Native App 即原生 App 开发，其优点如下：

① 打造完美的用户体验。

② 性能稳定。

③ 操作速度快，上手流畅。

④ 访问本地资源（通讯录，相册）。

⑤ 设计出色的动效，转场。

⑥ 拥有系统级别的贴心通知或提醒。

⑦ 用户留存率高。

缺点：

① 分发成本高（不同平台有不同的开发语言和界面适配）。

② 维护成本高（例如一款 App 已更新至 V5 版本，但仍有用户在使用 V2，V3，V4 版本，需要更多的开发人员维护之前的版本）。

③ 更新缓慢，根据不同平台，有提交-审核-上线等不同的流程，需要经过的流程较复杂。

它是从 Android、IOS 智能手机开始出现就有的开发 App 的技术，性能体验是最优的，API 比较完善，但是学习起来难度相对来说比较高，开发成本比较高（跟开发周期相对来说比较长也是有关系的）。

2. Web App

即网页 App 开发，其优点如下：

① 发版完全自控。

② 随时更新。

③ 开发成本小、时间快。

缺点：性能差、弱网络、无网络条件下体验差。Web App 其实就是写好的一套长得像 App UI 界面的能够自适应的网页加壳。本质套 Webview 壳子打包成 App，走的都是 Web 页面（html css js），这种方式对于做过 Web 开发的人来说非常轻松就可以做出一个属于自己的 App，因为本身来说用的就是 Web 的东西，所以有非常好的跨平台的特性，可以在任意平台运行，包括发版这方面 Web 可以随时部署所以不需要发版，Web 页面嵌入 Webview 开发起来速度非常快，一个人就可以轻松搞定，对有展示类需求的项目来说采用这种方式是最适合的，但是如果要实现的功能比较复杂的话，就显得力不从心了。

因此，相比 Native App，Web App 体验中受限于网络环境和渲染性能。Web APP 对网络环境的依赖性较大，因为 Web APP 中的 H5 页面，当用户使用时，需要去服务器请求显示页面。如果此时用户恰巧遇到网速慢、网络不稳定等其他环境时，用户请求页面的效率大打折扣，在用户使用中会出现不流畅，断断续续的不良感受。同时，H5 技术自身渲染性能较弱，对复杂的图形样式，多样化的动效，自定义字体等的支持性不强。

因此，基于网络环境和渲染性能的影响，在设计 H5 页面时，应注意以下几点：

① 简化不重要的动画/动效。

② 简化复杂的图形文字样式。

③ 减少页面渲染的频率和次数。

3. Hybrid App

即混合型 App 开发，其优点：

① 相对体验好。

② 稳定性强、动态性强。

③ 成本相对低。

④ 跨平台。

缺点：对团队技术栈要求相对高。Hybrid App 就是 Native 结合 Web 混合开发，N-ative+js 代码代表作是 cordova，前身是 phonegap，现在移交给 Apache，核心 JsBridge，js 调 java，java 调 js。因为有原生做基础相对体验很接近原生，因为依赖原生 API 所以稳定性强。跟 js 相互通信并不是所有都用 js，所有都依赖 Webview。采用原生模块和 js 模块，js 模块可以随时发版，这也是一些大厂为什么选择这个技术的原因，手淘用的就是 Hybird 技术，其实它的优化难度不亚于原生，但是为什么选择 Hybird 去做呢，就是因为热发版。

最后总结如表 3-2 所示。

表 3-2　Native APP、Web APP、Hybird APP 的对比

	Native	Html5	Hybrid
APP 特性			
图像渲染	本地 API 渲染	Html,Canvas,CSS	混合
性能	快	慢	慢
原生界面	原生	模仿	模仿
发布	App Store	Web	App store
本机设备访问			
照相机	支持	不支持	支持
系统通知	支持	不支持	支持
定位	支持	支持	支持
网络要求			
网络要求	支持离线	大部分依赖网络	大部分依赖网络

结论是：

① 在未来一段时间内，很大程度上会形成以 Hybrid 形式为主的移动端开发方式。

② Web APP 目前是无法取代原生 APP 开发语言的。

③ App 开发的成本、时间周期、性能优化、体验优化、动态性等将成为多数 App 所关注的重点。

（三）APP 开发流程

通过流程图我们可以清晰地了解 APP 开发的思路以及所涉及的技术，如图 3-23 所示：

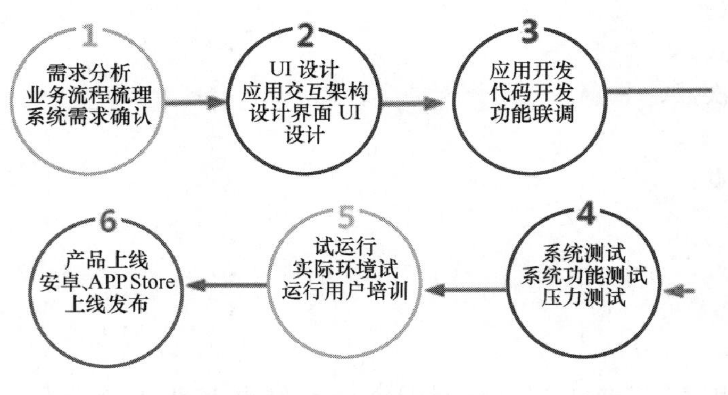

图 3-23 APP 开发流程

（1）前期需求的分析规划：需要一个完整的需求文档，包括流程图、时序图等，这个非常重要。

（2）产品设计、UI 设计：根据功能的需求，规划 APP 的整体产品逻辑，制作原型，以此为基础开展 APP 的开发，而 UI 设计则负责页面样式的制作。

（3）APP 开发主要涉及 IOS 和 Android 端，目前在 APP 开发技术选型中，以 APICloud 为代表的混合开发平台成为一大主流，通过 APP 混合开发技术，一套代码可同时生成 IOS 和 Android 两端 APP，大幅缩短开发周期。

（4）服务器相关：得掌握 WebService 相关知识和开发语言，ASP. Net、PHP、JSP 等。

（5）产品测试，APP 开发完成后的产品测试同样重要，包括各种功能、不同场景应用、机型等因素都可能会产生 bug，想要最终在应用商店发布上线，必须经过专业工程师的严格测试。

（6）某些功能需要做算法，这还需要一定得专业知识，尤其是数学基础。

（7）API 接口开发：包括你自行开发 API 的能力以及调用第三方 API 的经验，在 APICloud 的模块 Store 中，集成了 500 余款主流的 APP 功能模块，涵盖支付、IM、直播、识别、地图等丰富功能，满足各类 APP 的开发需求。在开发 APP 时，可一键调用无需单独开发

（8）TCP/IP，socket 等网络协议和相关知识。

（9）APP 发布的流程，软件著作权申请、APP 证书、打包、上架。

第三节　手机媒体的传播形式

近些年，随着手机功能的多元化与综合化发展，手机媒体的概念不断清晰和完善，并且还逐渐显现出在新闻传播领域的独特优势，逐渐成为了人们日常生活中获取新闻信息的重要渠道。目前基于网络的手机媒体的传播形式主要包括手机报、手机电视、手机网络广

播、手机小说、手机网络游戏等。

一、手　机　报

手机报（Mobile Newspaper）是依托手机媒介，由报纸、移动通信商和网络运营商联手搭建的信息传播平台，用户可通过手机浏览到当天发生的新闻。因而手机报被誉为“拇指媒体”，这种信息传媒的推广最早得益于第三次科技革命中电子计算机的应用，它的实质是电信增值业务和传统媒体相结合的产物，把报纸搬上彩信手机。具体点说，是将传统媒体的新闻内容通过无线技术平台发送到彩信手机上，从而在手机上开发发送短信新闻、彩图、动漫和WAP（上网浏览）等功能。

手机报的推出，可以使企业或个人或政府单位建设自己的手机报，发送政务手机报、企业内刊、行业手机报、客户手机报等，已经成为短信之后的又一新媒体，是企业客户关系处理/企业内刊/企业内部沟通/广告传播的一种新途径。手机报，已经成为传统报业继创办网络版、兴办网站之后，跻身电子媒体的又一举措，是报业开发新媒体的一种特殊方式，如图3-24所示。

图3-24　鲁中手机报

（一）手机报的特点

1. 移动性和便携性

由于生活节奏加快，生活方式不断改变，现代人在很多情况下，不再每天有固定的时间去读报纸或者收看电视新闻，而手机报的开通正好适应了这一变化，因为手机报可以摆脱时空的限制，只要移动通信网络畅通，不论你置身边远山区，还是出差在旅途，打开手机就可随时随地阅读新闻以及多种资讯。让资讯随时随地传播，让新闻“触手可及”，这是手机报最大的优势，手机报真正体现了无时不在、无地不在的功能。

2. 即时互动性

手机报在即时互动性方面有着得天独厚的优势。它兼具大众传播与人际传播的特点。手机平台上的信息传输是双向的，具有互动性。用户不仅可以接收信息，更重要的是可以发出信息，受众在接收到彩信手机报后，可以直接对信息内容进行即时评论，并可以把自己身边的新闻通过手机发送到编辑平台。而编辑在接收到信息后会在加工编辑后发布。

3. 拥有数量庞大的潜在用户群

手机报自创办以来，在不到3年时间里，用户增长非常迅猛，到2005年底，全国手机报用户已经超过100万，到2007年底，这一数字更是超过2000万。截至2008年2月，中国移动的手机报合作伙伴已经增至100多家，用户更是逼近3000万大关。根据中国互联网信息中心2008年2月《中国手机媒体研究报告》的数据统计，当前各种手机媒体的使用人群比例如下：（找不到统计数据，多是以具体手机报为统计，如目前四川手机报拥有6800万用户，山东手机报目前总用户量达3000余万等数据）

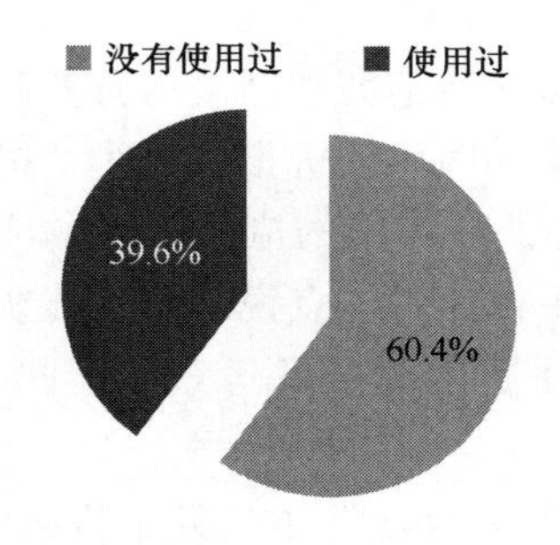

图3-25　到2008年12月半年内使用过手机报的用户比例

4. 内容表现形式的丰富性

手机报的表现形式多种多样，当前我国手机报的主要形式是彩信版与WAP版。彩信手机报具有多媒体特性，能融合图文声像多种传播样式，它在传输过程中能够使终端用户收到50K的多媒体数据包，包含图片、文字、声音、动画等，可涵盖4开8版报纸的全部内容。因此，手机报提供给读者的是一份包括报头、版次、标题、导读、照片甚至广告的原汁原味的“报纸”，图文并茂，丰富生动，有新闻图片，有视频片断，提供包括新闻、体育、娱乐、文化、生活、财经等诸多方面的信息资讯。而WAP版则相当于一个掌上电脑，只要接通网络，新闻尽在“掌”握。此外还有可听的语音版等。

5. 到达率高，信息渠道噪音系数小

手机是点对点传播，手机的信息到达率几乎可以达到100%，使手机报的信息产品比传统报纸、广播、电视、网络信息产品，更容易传播到受众手中。信息渠道的噪音系数更小，更容易产生快速传播和有效传播的效果。

6. 采编方式的改变

手机报的内容来源比较广泛，可以是纸质媒体、网站、通讯社。目前我国手机报的运行通常采用合作的方式获得合法的新闻资讯。新闻内容的提供和向手机实用终端发送这两大部分是脱离的。新媒体与电信运营商合作的方式不同于传统的媒体。传统媒体不仅提供新闻内容也负责传播新闻内容。他们通常都有自己的采编队伍和发行队伍，在新闻内容的获取上主要依靠自身采编人员，在内容的发行上也依靠自己的发行队伍。

7. 即时发送，即时阅读

目前的彩信版手机报一般会以早报和晚报的形式分两次发送。彩信手机报一般早8时左右，下午5时左右发送。类似于纸媒的定期出版。但传统的纸媒虽然也有出早报和晚报的情况，但是就及时性和便利性上仍然不如手机报。WAP版的手机报在保证新闻时效性方面更有优势，它的内容更新很简单，也很容易操作。一旦有重大突发事件WAP版手机报可以做到及时发送。

手机报的媒介特征有：

（1）更强化了时效性，可以实现信息的即时传播和接收。

（2）提高了互动性，真正实现了传播流程的反馈。

（3）手机报的多媒体优势。

（二）手机报的不足

手机报有优点，也存在劣势，这些劣势在一定程度上制约了手机报的发展。具体地讲，存在以下问题。

1. 手机终端的限制

我国固定互联网宽带接入用户、移动电话用户、3G 用户数量飞速增长户，智能手机用户订阅手机报的欲望正被客户端取代。

2. 订阅价格的影响

彩信手机报的包月价在 10 元到 25 元不等，一年定价在 240 元左右。相比于传统媒体全年几十元的定价，手机报在价格上没有优势。

3. 阅读习惯的影响

据了解，能够收发多媒体短信的手机，一般一个屏幕只能显示 100 个左右的汉字，而一个版面的报纸通常都在 5000 多字，要想看完一张报纸，读者需要翻阅 50 页左右，阅读起来十分麻烦。人们习惯于宽屏和浏览式阅读，而对狭窄视觉范围内的频繁翻页阅读，人们还需要适应过程。

4. 缺乏原创

原创内容少，缺乏自主健全的采编体系和运作管理体系、专业的媒体从业人员队伍。信息内容缺乏创新性和针对性，大多数手机报甚至是把纸质报纸的内容直接拷贝，导致了手机报内容的“同质化”。

5. 盈利渠道单一，广告资源过少

从目前手机报广告运营的实践来看，手机报广告模式还没有赢得大多数广告客户的认同，在这样的情况下，因没有足够的利润空间，服务商和报社是否还有兴趣开发手机报纸？答案不得而知。

二、手机电视

目前学界对手机电视概念的界定还没有统一的说法，从广泛意义上讲，手机电视就是利用具有操作系统和流媒体视频功能的智能手机观看电视的业务。它被认为是除手机短信、彩铃业务、手机游戏等之外的一项新的具有极大发展潜力的增值数据业务。

目前手机电视承载技术主要有三类：利用移动网络实现的方式（3GPP MBMS 技术和流媒体技术）、利用卫星网络实现的方式（韩国 S-DMB 和欧洲 S-DMB 技术）和利用数字地面广播实现的方式（欧洲 DVB-H 技术、日本 ISDB-T 技术、韩国 T-DMB 技术、高通 MediaFlo 技术和国内手机电视技术，如 T-MMB、DMB-TH、CMB、CDMB 以及 CMMB 等）。规划人员应主要关注 CMMB 技术和 MBMS 技术。

（一）手机电视的实现方式

手机电视的实现是多种技术合成的结果，全球存在多种手机电视的实现方式，而且很多国家和地区采用的也不是单一的技术标准。目前，手机电视业务的技术实现方式主要有三种：基于地面数字广播电视网络的方式、基于卫星广播的方式和基于移动网络的方式。

1. 基于地面数字广播电视网络的技术实现方式

基于地面广播电视网络的技术实现方式是由地面数字广播电视技术发展而来的，使用广播电视频段并进行了改进，使之可以适应于移动视频广播应用的手机电视业务，而用户通过在手机终端上集成直接接收地面数字广播信号的模块，就可以通过点到多点的广播网络实现多媒体数据的接收。在视频音频信号的接收方面克服了基于移动网络的传输速率的限制，不仅可以给用户提供广播质量的收视体验，而且在网络建设成本和运营成本上具有一定的优势。目前主要有韩国的 T-DMB 技术，T-DMB 网络架构如图 3-26 所示、欧洲的 D-VBH 技术和美国高通的 Media FLO 技术。

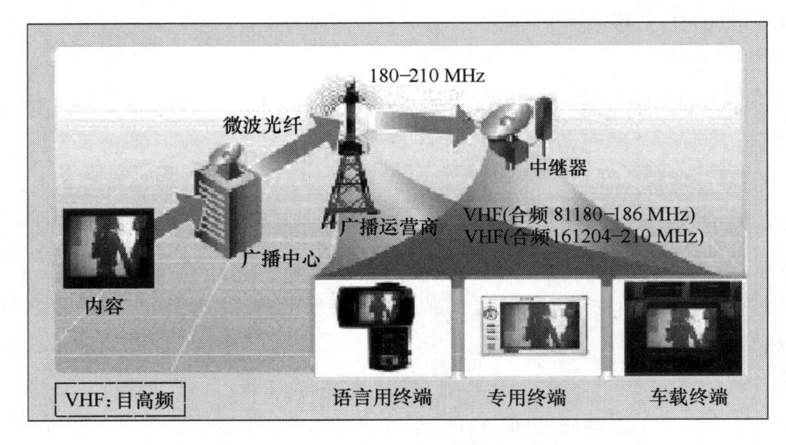

图 3-26　T-DMB 网络架构

2. 基于卫星广播网络的技术实现方式

基于卫星广播网络的技术实现方式是通过卫星提供下行传输实现广播方式的手机电视业务，用户在手机终端上集成直接接收卫星信号的模块来接收数字电视信号，如图 3-27 所示。比较典型的技术是 S-DMB 标准，其中包括欧洲的 S-DMB 和日韩的 S-DMB 等。S-DMB 将卫星和移动网络进行了融合，技术优势在于：覆盖范围大，频道资源丰富，移动性强；支持全球漫游，接收信号好；传输质量高，可以在高速移动中实现 DVD 画质和 CD 音质的播放水平，但总体建网成本相对比较高。

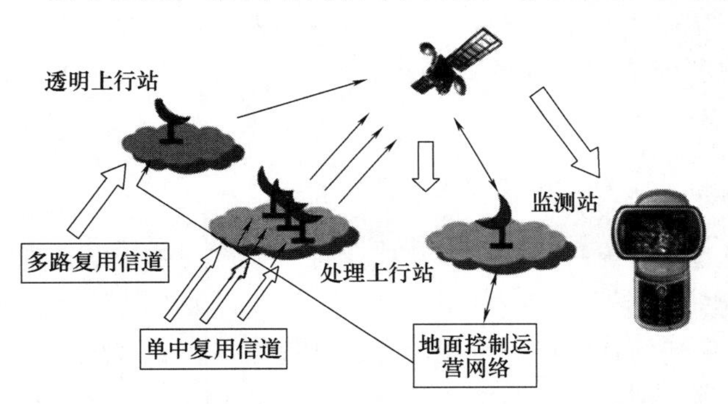

图 3-27　卫星覆盖网络框图

3. 基于移动网络的技术实现方式

流媒体技术把手机电视内容作为一种数据业务推送给用户，在传输的同时播放数据并且将播放过的数据丢弃，可以在低带宽的环境下获得高质量的音频和视频信息。目前在营的网络有 GPRS、CDMA 1X、EDGE、TD-SCDMA 等。中国移动和中国联通早在 2003 年就推出了分别基于 GPRS 网络和 CDMAIX 网络的手机流媒体业务。流媒体数据流有三个特点：连续性、实时性、时序性，更适合个性化的应用。但是这种移动网络方式也存在着一定的缺陷：①无线网络带宽窄，每秒钟只能播放 3～5 帧画面，无法保证清晰流畅的画质要求。②移动通信误码率高，移动通信使用的无线信道环境恶劣，对图像质量造成很大影响。③移动终端处理能力低，内存容量小。由于流媒体实现方式存在诸多限制，国外开始研究如何在移动网络上实现多媒体（包括视频、音频、数据等）广播，MBMS和BCMCS技术应运而生，它们是在现有移动通信网的基础上进行的改进，向用户提供更高效的下行数据信道，继承了移动网的固有优势，但成本相应很高，对于大规模的互动多媒体内容也不是最有效的配送方式。

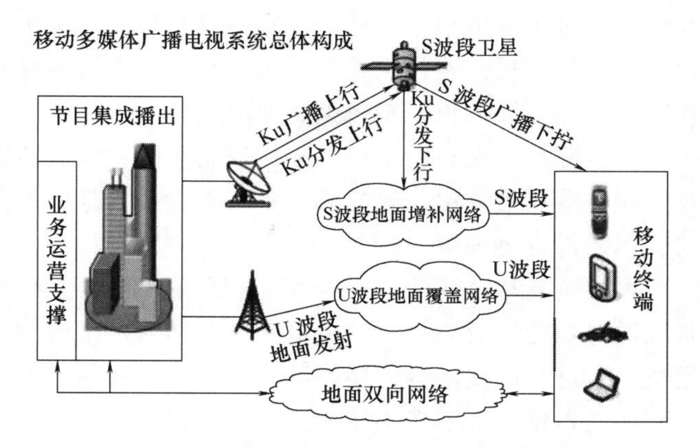

图 3-28　移动多媒体广播电视总体构成

（二）手机电视的媒介特性

手机电视媒介作为传统的传播技术与数字技术的结合、广播电视技术与现代通讯技术相结合所产生的一种新媒介形式，不但融合了传统媒介的传播特征，而且延伸了广播电视传播和网络传播的外延，扩大了信息传播的内涵，同时也使得信息传播产生了更广泛的意义。移动多媒体广播电视总体构成如图 3-28 所示。作为一种特别的新型媒介，手机电视呈现出不同的大众传播媒介特性：

1. 便携性和移动性

与传统电视相比，手机电视最大的优点是体积小，可以随身携带，是“放在口袋里的电视机”。现代人生活节奏快、流动性大，对时间的支配往往是“支离破碎”的，紧张工作之余还有大量的“时间边角废料”，如候车、乘车、约会等人等，这些时间刚好成为人们对手机电视业务市场需求的主要来源。人们可以利用手机随时随地收看电视节目，这时候手机电视便充分显现出便携性和移动性的优点。

2. 个人化的媒介

媒介的使用环境可以分为公共场合和私密场合两类。由于手机属于个人用品，有一定的私密性，所以手机电视用户可以根据个人喜好观看节目内容。用户对手机电视的使用拥有绝对主导权，看与不看、看什么、什么时候看全凭机主的个人意愿与爱好。而且，除非用户愿意，用户想收看的节目是其他人不能知道和决定的。从这个意义上说，手机电视是一种极端个人化的媒体或者说私用媒体。

3. 高度的交互性

“交互性”是手机电视较之传统媒介的一大优势。手机传播既可以是单向传播，也可以双向甚至多向传播，具有很强的交互性，受众可以自由地接受信息，也可以参与手机电视节目的互动。边用手机看电视边发短信非常方便，受众还可以通过文字、图片、声音、图像等方式随时与传播机构进行互动，互相交流。可以说，手机电视天然地具备了互动性的技术条件。它给予手机电视用户选择内容的权利，使用户从被动收视者变成积极的主动收视者。用户可以根据自己的需求来选择收视内容，可以用手机点播下载电视节目，更可以利用手机通信、短信和无线上网等多种方式参与电视节目的制作。

4. 受众规模的庞大

手机电视的用户将呈现爆炸式的增长，手机电视的覆盖面也将大大超过报纸、广播的覆盖范围，用户的数量也可以迅速超越互联网用户的数量。当然，由于手机媒体自身的特殊性，相对于电影和电视稳定的室内收视环境，手机电视的户外移动式收视注定了它是一种不稳定的收视：一是受外界干扰非常大，人们不可能长时间地专注于节目之中；二是收视时间不会持续太长，车来了、目的地到了、工作时间到了，收视也就随之结束；三是手机显示屏幕小，现有网络提供连接速度有限，显示图像不是非常清晰，手机电视信号不稳定；四是手机电视比一般的通话更耗电池；五是由于网站容量有限，仍然无法让几百万人同时用手机看电视等。

手机电视是公认的3G时代融合通信、广电两大产业的“杀手锏”应用业务，也是最具发展前途的产业之一。手机电视业务作为新型的数字化电视形态，通过广播网络或移动通信网络进行电视内容传输，不仅能提供音视频节目，而且可以通过手机网络方便地完成交互功能，更适合于多媒体增值业务的开展。同时，手机电视也最能体现三网即电信网、计算机网（互联网）和有线电视网的优势互补。宽带通信网的优势则在于覆盖面广、组织严密、经验丰富有长期积累的大型网络设计运营和管理经验宽带通信网与大众用户、商业用户保持着长久的合作、服务关系。相比较而言广电系统的先天优势在于节目内容的制作、播出以及节目的信号传输上占有绝对的主动权。而在我国出现独立运营手机电视业务的新运营商是不可能也不切实际的。因此随着4G技术的广泛应用，三网融合的推进给手机电视的发展带来了前所未有的契机。电信企业相继开通的手机电视业务，拉近了电信产业与广电产业间的距离，加快了手机电视产业链的建设速度。

三、手机视频

手机视频是指以手机为介质、以手机播放软件为平台，由网络视频服务提供商提供的视频在线播放的业务。如腾讯视频、优酷视频、网易视频等。

手机视频是指在手机上下载和观看的视频短片或电视节目。

截至2018年12月，网络视频用户规模达6.12亿，较2017年底增加3309万，占网民整体的73.9%。手机网络视频用户规模达5.90亿，较2017年底增加4101万，占手机网民的72.2%，如图3-29所示。

短视频用户规模达6.48亿，用户使用率为78.2%。随着短视频市场的逐步成熟，内容生产的专业度与垂直度加深，同质化内容已无法立足，优质内容成为各平台的核心竞争力。

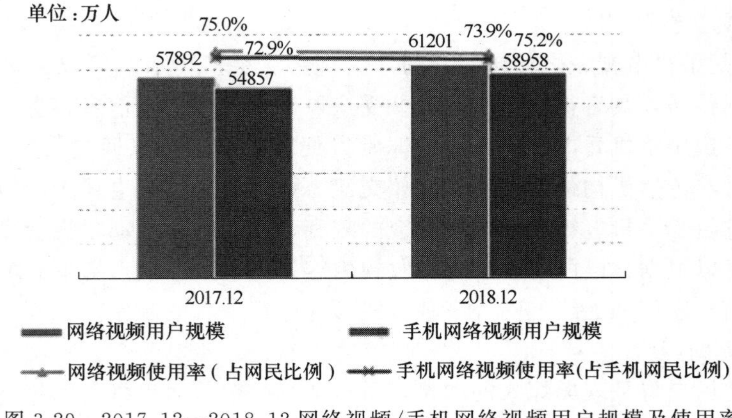

图3-29　2017.12—2018.12网络视频/手机网络视频用户规模及使用率

（一）手机视频的传播特点分析

手机视频是指通过智能手机终端，基于GPRS、EDGE、3G、WiFi、4G等移动网络，为手机客户提供影视、音乐、娱乐、体育等各类音视频内容的服务业务，它既包括能够在手机上播放的日常电视节目视频，同时也包括通过移动通讯网络点播或者收看的流媒体视频，其传播特点主要表现为：

1. 视频内容以微电影和时效报道为主

由于手机终端屏幕相对较小以及移动电量的限制，手机视频的内容多以短小时效性强为主。调查显示：在手机视频用户所关注的内容中，电影作品以高达33.1%的比例位居第一，而随着原创性微电影产业的蓬勃发展，超微的时长和时下热议的话题内容也正是契合了手机终端移动性和电量受限的要求，故此手机用户越来越倾向于用手机收看视频。手机终端的便携性特点，尤其是手机3G的普及和WiFi等移动网络的应用，也为时下游走的受众收看时效新闻和了解时效态势提供方便，例如2014年巴西世界杯就有一半以上的用户选择用手机收看。

2. 视频风格多以娱乐为主

众所周知，手机终端具有便携性和个性化的特点，而手机视频用户群体主要以青少年为主，这类群体追求倡导时尚小快餐式的文化，具有求奇、求新的消费心理，对新鲜事物关注度高，接受也比较快，结合以上两点，手机视频的内容多以轻松、娱乐为主。

3. “点对点”式的双向传播模式

在传统媒体中，传播模式主要以单向的“点对面”为主，即受众只能看现有播放的节目和固有信息，随着大屏幕智能手机的普及，3G、4G网络的迅速发展，WiFi的广泛覆盖，视频的传播模式也发生了巨大的转变——“点对点”式的双向传播模式，即受众既可以选择观看自己喜欢的视频内容，并且可以通过手机终端将自己拍摄的视频和评论发到网上，进行视频互动。这种点播、互动式的传播模式深受时下年轻受众的喜欢。

（二）我国手机视频业务的现状与发展缺陷

在科技日新月异的今天，智能手机已经得到推广和普及，调查表明，青少年智能手机使用率已经高达95%，而中老年的智能手机使用率也达到了惊人的72%，与之相应的，智能手机的一些附生业务与应用，也坐着智能手机的快车，在飞速增长着，这其中，手机的视频业务的应用与发展前景，最被看好。

1. 我国手机视频业务的现状

目前，全球已经开展手机视频业务的国家与地区已经高达40多个，而人们在手机娱乐方面的首选就是日益发展的手机视频业务。而在我国，手机视频业务的发展还处于市场初期阶段，手机视频的普及与使用率亟待提高。虽然我国的手机普及率相当之高，而且各大运营商也做了很大的宣传，但手机视频业务的市场仍旧不温不火。中国具有世界上最多的人口，也具有世界上最大的单体市场，在当今的中国，手机视频业务这块大蛋糕仅仅被开发了很小的一部分，因此，我国的手机视频业务还具有相当大的发展空间。

2. 我国手机视频业务的发展缺陷

在广阔的市场上，灿若新星的手机视频业务的发展却举步维艰，深究其中原因，不外以下几种：一是中国的手机用户多为低消费人群，对于手机业务及套餐的资费相当敏感，对于智能手机的使用也仅仅停留在影音通讯等方面。据不完全统计，目前智能手机软件普装率最高的主要有腾讯QQ、微信、腾讯视频、支付宝钱包、淘宝等，而对于其他业务的消费还远没有那么普及，因为4G的普及，人们对数据流量的消耗也大幅度增加，手机上网速度增快的同时，手机的资费也随之大幅度提高，这已经逼近了普通用户的消费临界，很难使其再去使用新的手机视频业务；二是手机视频业务目前在中国的发展还不够完善，网络等方面的环境尚不够稳定，技术方面的硬的短板相当大程度上制约了手机视频业务在中国的发展；三是就目前的中国而言，人民对于新兴事物的接受需要一个过程，手机视频业务在普通人看来，还是有点太高端的感觉，这也使得有不少人很喜欢手机视频业务，但又不敢尝试，手机视频业务还需要厂商、电商以及电信营销商的大力宣传，使之逐步被人接受，逐步被人使用，才能有更大的发展空间。

（三）手机视频格式

目前手机大部分属于智能手机，具有独立的操作系统可由用户自行安装和删除第三方软件和程序，如DivXPlayer、SmartMovie等视频播放软件。因此，可以在手机上安装多种视频播放软件。观看多种格式的视频节目，主要包括3gp、mp4、avi、rm、wmv、asf等，其中以3gp和mp4最多。另外，还有一些私有格式（特别是手机直播）。

1. 手机视频分辨率

在分辨率方面，如果不受手机硬件和存储容量限制，手机视频理论上可以支持DVD甚至高清质量的节目。但是为了让播放更为流畅，有些手机播放器对视频尺寸和码流进行了限制。目前，为了适应手机屏幕大小和手机性能，手机视频的分辨率大多为176×144、320×240等。

2. 手机视频的特点

手机视频作为一种新媒体的传播形式，影响力越来越大，与其他视频媒体相比具有以下突出特点：

（1）移动性强，便于携带；

（2）传播速度快、范围广；

（3）互动性强；

（4）内容丰富，节目类型繁多。

3. 手机视频传播的组网模型

手机视频的传播主要包括信号源、传输通道和接收终端三个部分，如图3-30所示。

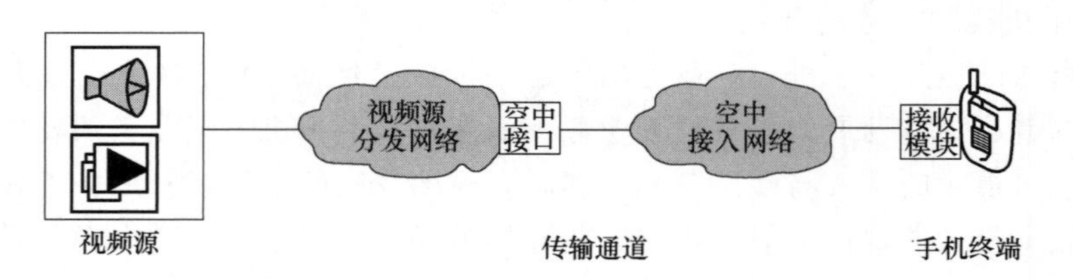

图3-30　手机视频传播模型

四、手机网络广播

网络广播是网络传播多媒体形态和广播电视媒体网上发展的重要体现，也是广播电视媒体网上发展的重要体现。对传统广播而言，网络广播是广播发展的过程，弥补了传统广播的不足之处，两者是互补和合作关系。

（一）概念及特点

1. 概念

网络广播又称网络电台，是以互联网为平台进行传播的广播电台，是新媒体和传统媒体融合的产物，是广播在网络时代发展的新探索。它把传统意义上的空中电台搬到了网上，由专业的网络电台主持人通过互联网进行实时广播，用户通过登陆电台网站即可进行收听。网络电台不需要占用卫星轨道和频率资源，其播出效果受网络带宽的影响。

优秀的网络广播有：喜马拉雅、蜻蜓、酷我听书、阿基米德、一听音乐电台、中国同志之声、中国公益之声、青檬音乐台、中国游戏之声、萤火虫电台、银河台等。

2. 网络广播的特点

网络广播不仅是一种新的媒体业态，能够实现专业化个性化的服务频道，为企事业提供专业化服务等新形态业务，更全面继承了网络和广播双方的优势，主要体现在以下 5 个方面。

（1）传播速度快、音质清晰、信息容量大、覆盖面广。通过互联网平台将网络广播接收器安装在各种设备终端上，其信号的传输质量与传输速率有很高的保证。音质清晰、高保真，声音更加逼真优美。使用网络传输的方式，可以通过互联网将广播内容覆盖到全球。而且采用广播式的传输模式，可以同时向域中其他节点发布数据包，并且数据包的存储信息量非常大。网络电台既可与传统电台一样即时收听，又可以随时重复收听，弥补了传统电台节目瞬时消逝的致命缺点，从而使节目得以保存下来，网友可以在线收听，也可以选择下载，并且可以按名称进行检索，还可以在页面进行评论。此外，网络电台的页面也会重点推介一些往期的优秀节目，进一步提高节目的到达率。

（2）网络广播使电台节目形式得以创新。在收听节目的时候还可以浏览相关的人物、形象与文本资料的大量连接信息，使以往只能单一获取声音信息拓展到多种综合信息，继而丰富了原有的广播节目，满足了受众的视听享受与审美需求，更加体现了节目的特色，也益于采取多种形式的大型节目制作。

（3）通过新的互动平台，提升了受众与广播的互动和黏稠度。网络广播服务通过一些多层次、多样性与个性化的服务改变了以往传统广播单一线性的服务方式。例如视频点播服务，与工作人员、主持人、受众间的交互与沟通。或者将互动时的聊天内容直接参与到节目的制作与播出中。现在的共享已经做得非常便捷，只需要鼠标操作，一键即可将节目分享到微博、SNS、社区等，可以让用户给自己的用户群推荐最相关的节目，提高用户访问量，提高媒介品牌效应。

（4）网络电台广播十分有效地扩展了声音艺术的张力。凭借互联网，网络广播像插上了神奇的翅膀，可即时传递到世界各个角落。

（5）网络电台广播因其码流较小、占用的带宽较低，所以，相对视频而言，更能适应当前复杂的网络基础环境，特别是对跨越国境的覆盖。

（二）应用案例

2018 年移动电台 APP 排行榜如表所示。

① 喜马拉雅 FM	② 蜻蜓 FM	③ 酷我听书	④ 企鹅 FM
⑤ 懒人听书	⑥ 氧气听书	⑦ 考拉 FM	⑧ 豆瓣 FM

⑨ 凤凰 FM　　　　　　⑩ 阿基米德

1. 喜马拉雅

喜马拉雅是知名音频分享平台，总用户规模突破 4.8 亿，也是同类 APP 中的龙头老大，如图 3-31 所示。喜马拉雅 FM 是目前所有同类软件中创作者数量最多、最活跃的平台。2013 年 3 月手机客户端上线，两年多时间手机用户规模已突破 2 亿，成为国内发展最快、规模最大的在线移动音频分享平台。2014 年内完成了 2 轮高额融资，为进一步领跑中国音频领域奠定了雄厚的资金实力。截至 2015 年 12 月，喜马拉雅音频总量已超过 1500 万条，单日累计播放次数超过 5000 万次。在移动音频行业的市场占有率已达 73%。

图 3-31　喜马拉雅

喜马拉雅同时支持 iPhone、iPad、Android、Windows Phone、车载终端、台式电脑、笔记本等各类智能手机和智能终端。

2017 年 11 月 8 日，喜马拉雅入选时代影响力·中国商业案例 TOP30。2018 年 8 月 8 日，喜马拉雅获金运奖最佳活动创意奖。

2. 蜻蜓 FM

蜻蜓 FM 发布于 2011 年 9 月，是国内首家网络音频应用，以“更多的世界，用听的”为口号，为用户和内容生产者共建生态平台，汇聚广播电台、版权内容、人格主播等优质音频 IP，如图 3-32 所示。蜻蜓 FM 总用户规模突破 4.5 亿，生态流量月活跃用户量 1 亿，日活跃用户 2500 万，平台收录全国 1500 家广播电台，认证主播数超 15 万名，内容覆盖文化、财经、科技、音乐、有声书等多种类型。

蜻蜓 FM 不仅拥有着包括百度、优酷土豆等在内的强大股东阵容，还增加了点播的功能，用户可以点播自己喜欢的内容。蜻蜓 FM 拥有自己独家的资源，想听某些资源只能上蜻蜓 FM，这也进一步增加了它的下载率。

图 3-32　蜻蜓 FM

（三）发展现状

随着网络在我国的普及，网络广播也越来越受到人们关注。从整体上看，虽然网络广播进入我国的时间并不长，但是发展却是十分地迅速。传统的广播媒体纷纷加入到网络广播中。2005 年 7 月，中国国际广播电台开通“国际在线”网络广播；2005 年 7 月，中央人民广播电台中国广播网推出“银河台”网络广播，种种现象表明，目前，网络广播在我国已经获得了主流媒体的充分认可。网络广播在我国迅速发展起来。而且，随着互联网技术不断的发展和创新，网络广播也将获得更大的发展空间。2018 年，移动网民经常使用的各类 APP 中，网络音频（指可以收听网络电台等音频类节目的互联网应用类型）应用使用时长占比为 7.9%，如图 3-33 所示。

目前，网络广播在我国已经拥有庞大的听众，而且网络广播的听众呈年轻化的特点。根据相关调查显示，18～38 岁的受众占 78.9%，28 岁以下受众的比例为 68.3%，18 岁以下的受众比例远高于 39 岁以上的受众比例。可见，我国网络广播的听众群主要是 28 岁以下的年轻人。

但是，我国的网络广播还是存在很多的问题和不足。

首先，我国网络广播主要活跃在经济发达的地区，像北京、上海等地，经济落后的中西部地区，网络广播的普及程度还不高。也就是说，网络广播受网络使用人数的限制。

其次，网络广播还受互联网技术不成熟的影响。虽然今天互联网技术已经有了长足的发展，但是在音频技术处理方面还是有很大的缺陷。要保证网络广播的顺畅必须需要良好的电脑配置和高速的带宽支持，在我国互联网的传输带宽和用户市场尚未形成，不能保证用户的网速，这就给网络广播的音质等方面带来了很大的影响。

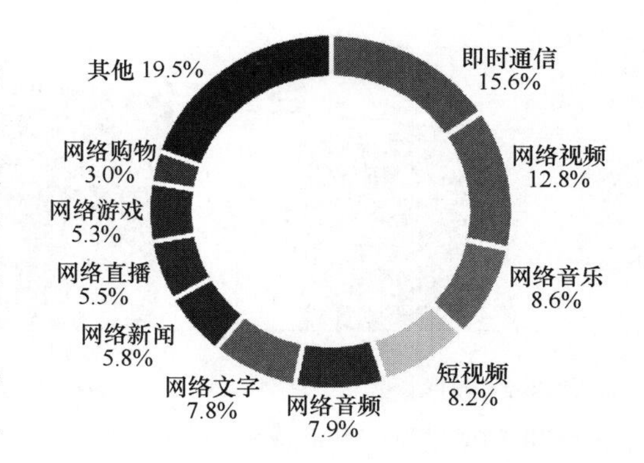

图 3-33　各类应用使用时长占比

第三，我国的网络广播缺少资金的支持。作为新兴的行业，网络广播需要大量的资金投入来进行行业的开发、经营和运作，然而我国的网络广播事业和国外相比明显缺少资金的支持。英国广播公司启动网络广播的费用为 300 万英镑，美国之音的初期投资也有 200 多万美元。而我国对网络广播的投入和国外相比明显不足，资金的不足严重影响了我国网络广播的发展，导致我国的网络广播规模较小，发展较慢，数量较少，质量较低。

第四，由于网络广播在我国属于新兴行业，所以还缺乏统一的规范，一些网络广播存在侵权的现象和知识产权纠纷的问题。虽然我国现在越来越重视保护知识产权，但是目前我国的互联网上还是存在着非法侵权的问题。我国的网络广播要想健康地发展就必须依靠国家有关部门制定相关的法律法规来规范行业发展。

总之，随着网络在我国的日益普及，传统媒体与网络融合成为发展的必然趋势。网络广播的出现为我国的广播事业提供了新的发展机遇，同时也为我们带来了新的挑战。目前，我国网络广播虽然发展迅速，但是还存在着许多问题和缺陷。只有解决这些问题，我国的网络广播才能获得更进一步的发展。

五、手 机 小 说

（一）概述

手机小说，即是由手机作为载体来完成小说（或网络文学）的创作或者阅读的形式，具有可传播性；其涵盖两部分的含义：以手机作为创作方式，即是指那些拇指文化的引领者通过手机键盘进行小说的创作形式，称为手机小说；以手机作为阅读方式，即是小说文字是通过传统文本创作、PC/笔记本创作、手机创作等创作方式产生的小说，再通过下载、转换格式、输入、存储等方式录入手机中，从而用手机进行阅读的方式，可称为手机小说。

截至 2018 年 12 月，网络文学用户规模达 4.32 亿，较 2017 年底增加 5427 万，占网民总体的 52.1％。手机网络文学用户规模达 4.10 亿，较 2017 年底增加 6666 万，占手机网民的 50.2％，如图 3-34 所示。

网络文学行业在 2018 年持续健康发展，用户规模和上市企业营收均实现进一步增长。跨界内容的布局和版权营收的提升是行业变化的主要特征。

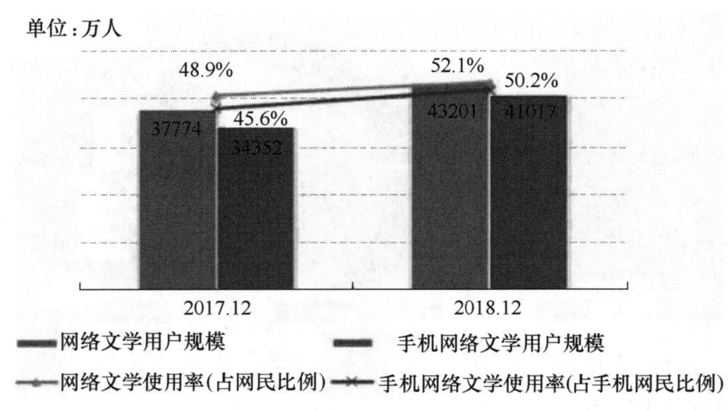

图 3-34 2017.12—2018.12 网络文学/手机网络文学用户规模及使用率

（二）手机小说的特点

手机小说作为依托手机这一载体进行传播和阅读的文学形式毋庸置疑地具有手机媒体的各种特点，如互动性、个性化、分众性等。

1. 互动性

数字化的手机媒体改变了大众传播媒介的本质，“推送比特给人们的过程一变而为允许大家或他们的电脑‘拉’出想要的比特的过程。”手机媒体的受众既是信息传递的目的地，也是反馈信息的信息源，同时又是主动的信息寻觅者和发布者。手机小说的读者完全可以根据自己的意愿主动寻觅属于“我”的独一无二的小说，选择阅读小说的方式（通过短信、WAP 网站或者客户端软件）、时间、地点、形式、频率等，不再被动地、被迫地接受大众传播媒介统一推送的大家都在看的无差别的小说；也可以随时对手机小说进行评价，或与在线用户交流阅读感受，及时方便地参与手机小说的反馈和再创造。

2. 分众性

当代大众传播的一个发展趋势针对整体大众的“大而全”的大众传播将逐渐被针对部分人群的“小而专”的分众传播所代替。所谓分众传播，清华大学教授熊澄宇认为，是指“不同的传播主体对不同的对象用不同的方法传递不同的信息”。

手机媒体具有分众传播的天然优势。电信运营商拥有更多更详细的用户个人信息，包括年龄、性别、手机业务使用情况、手机消费金额等。手机用户不再如同传统媒介的受众——广泛、复杂、分散、无组织、不固定、不确定，而是变得集中、固定、确定、有组织。这也意味着手机媒体可以向不同类别的用户实施“一对一”式的传播，将异质化的信息精确地传送给每一个手机用户。手机用户因此而比传统大众媒介的受众更容易获得自己需要、喜欢的信息。种类繁多的手机小说提供内容简介和网址链接，方便用户选择和阅读，手机小说读者也因此而进一步实现了细分。可见，手机小说同样具有手机媒体的分众性特点。

3. 个性化

在后信息时代中，大众传播的受众从大众向较小的、更小的群体转变，最后只针对单独的个人，信息传播极具个性化。手机媒体除了能够对手机用户的行为实现数据库管理，还能实时追踪手机用户的行动变化，根据用户所处的情境提供基于位置的信息服务。因此，综合分析用户行为、位置变化的数据后，手机媒体针对不同的用户提供个性化的信息服务，不同的手机用户利用手机媒体进行个性化的信息传播。基于手机媒体个性化的特点，手机小说也具有个性化的传播特点。

（三）国内外发展

在国外，手机小说多年以前都已经有不同种程度的发展，其中以邻国——日本尤为突出。在日本，手机小说成为带动电影、音乐、出版等多媒体联动的一大产业，仅靠出版单行本就达到了几十亿元的规模，业余作家们通过短信连载的方式发表手机小说在日本蓬勃兴起，这些小说被编辑成丛书或改成漫画、电影和音乐作品。在外国，手机小说正在改变出版发行业界的旧有模式。与过去由出版社发现并培养作者的方式不同，发表手机小说的门槛很低，只要通过专门的小说网站投稿，谁都可以发表作品。

在国内，2004 年，《城外》被一家移动电信服务提供商以 18 万的价格买断，这是中国第一部手机小说。此后，各种冠以手机小说创作大赛名称的文学创作比赛如火如荼地开展，例如“e 拇指手机文学原创争霸赛”、盛大文学“一字千金”手机原创小说大展、空中网手机新文学原创大赛等，中国三大电信运营商也纷纷着手手机阅读业务的建设与推广。

手机小说的发展模式仍旧处在比较落后，而且发展相对缓慢的时期。普遍形式即是将手机与小说分隔开来，手机只是作为一种阅读小说的工具，而不是一种传播的媒体，而小说的自由创作气氛并不良好，只局限于某些大型的小说网站及论坛里，一些专业的写手混迹于此。

但最近几年，随着博客的兴起，激发了大众的写作欲望，越来越多的小说作品在网络做传播，形成了良好的创作氛围，小说的传播也由单一的主题网站、论坛，向更加具有大众化的博客里传播。再则，近几年的无限风光的短信写手，摇身一变成了手机小说写手，越来越多的写手关注到这个行业，逐步促进了这一行业的发展，但光靠写手参与的手机小说产业必将具有局限性。

（四）呈现方式

手机小说是以小说阅读器的方式在手机上呈现，2018 年手机小说阅读器 APP 排行榜前十名如下：

TOP1　QQ 阅读

QQ 阅读支持 txt、epub、pdf、office、chm、umd、zip、rar 全文档格式，提供海量正版书籍、网文神作，致力于打造优秀极致的阅读体验，如图 3-35 所示。更有更新提醒，书架同步，自定义设置……

TOP2　你懂小说

你懂小说 APP 是一款超好用的小说阅读手机 APP，聚集了众多最新最热的小说，24 小时实时更新，如图 3-36 所示。海量小说任意阅读，支持一键搜索、一键离线阅读模式，轻松阅读全集，随时随地，畅快阅读！同时还分为小说用户划分等级，分为资深版和小白版，支持在线搜书、看书。

图 3-35　QQ 阅读

图 3-36　你懂小说

图 3-37　梧桐阅读

TOP3　梧桐阅读

梧桐阅读 APP 是一款专为小说爱好者打造的手机阅读软件，聚合上万本原创小说、电视剧原著小说、免费电子书图书和拥有完美阅读体验，如图 3-37 所示。包含阅读书友最喜爱的军事、科幻、悬疑、灵异、游戏、竞技、二次元、现代言情、古代言情、穿越架空、幻想言情、青春校园、纯爱、同人等共计数上万本原创正版小说离线阅读。

图 3-38　免费小说大全

TOP4　免费小说大全

免费小说大全安卓版是一款小说阅读神器，为用户提供百万部玄幻、武侠、言情、都市、穿越、宫斗、历史、军事、热门、网络、经典小说等，小说更新实时提醒，如图 3-38 所示。

TOP5　追书神器

追书神器，专注网络小说追更新，小说多、更新快、免费看，简单易用，如图 3-39 所示。

TOP6　书旗小说

书虫必备小说阅读神器，功能体验全面升级，可免费小说一键缓存到本地，可随时随地自由畅读，如图 3-40 所示。

TOP7　天翼阅读

图 3-39　追书神器

图 3-40　书旗小说

图 3-41　天翼阅读

天翼阅读是汇聚小说、杂志、漫画为一体的数字图书馆，如图 3-41 所示。支持全主流阅读格式，更有强大的云书架，永久珍藏你读过的经典。

TOP8　多看阅读

免费电子书阅读器，全新界面及交互设计，简洁明亮的扁平化风格，让一切回归简单，如图 3-42 所示。

TOP9　懒人听书

懒人听书是国内使用人数最多、最受欢迎的移动有声阅读应用，2 亿注册用户，3 千万月活跃用户，如图 3-43 所示。

图 3-42　多看阅读

图 3-43　懒人听书

图 3-44　起点读书

懒人听书是有声阅读领域的 Kindle，最大程度去除不必要的噪音及影响，一切产品设计都为保障用户的极致听读体验。

TOP10　起点读书

起点中文网推出的一款阅读软件，支持本地阅读并提供起点在线书库，具备多种格式的解析阅读功能，如图 3-44 所示。

六、手机网络游戏

（一）手机游戏定义

手机游戏是指运行于手机上的游戏软件。特指在手机等各类手持硬件设备上运行的游戏类应用程序，其需要具备一定硬件环境和一定系统级程序作为运行基础。目前用来编写手机游戏最多的程序是 Java 语言，其次是 C 语言。随着科技的发展，现在手机的功能也越来越多，越来越强大。而手机游戏也远远不是规则简单的游戏，进而发展到了可以和掌上游戏机媲美，具有很强的娱乐性和交互性的复杂形态。常见的智能手机系统：MTK（Nucleus OS）、WindowsPhone、安卓、IOS。

截至 2018 年 12 月，我国网络游戏用户规模达 4.84 亿，占整体网民的 58.4%，较 2017 年底增长 4224 万。手机网络游戏用户规模达 4.59 亿，较 2017 年底增长 5169 万，占手机网民的 56.2%，如图 3-45 所示。

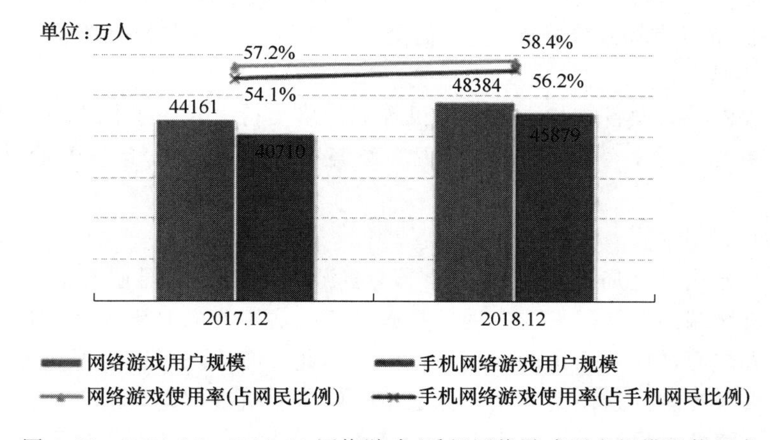

图 3-45　2017.12—2018.12 网络游戏/手机网络游戏用户规模及使用率

2018 年国内网络游戏行业保持平稳发展。国内游戏厂商与海外市场的联系日益密切，游戏不良影响的社会共治格局已经初步形成。

（二）手机游戏分类

1. 按接入方式分类

单机游戏：在使用过程中通常不需要通过移动网络与游戏网络服务器或其他客户端发生互动的游戏叫单机游戏。

手机网游：在使用过程中需要通过移动网络与游戏网络服务器或其他客户端发生互动的游戏叫手机网游。

图文游戏：即 WAP 游戏，为不需下载客户端而直接联网使用的游戏。

2. 按内容分类

休闲类游戏、益智类游戏、RPG 类游戏。

3. 按手机平台分类

JAVA 游戏、Brew、UniJa、Symbian、Smartphone。

（三）手机游戏特点

1. 便携性

掌机热销于街机、游戏流行时期是因为掌机具有便携性。人们可以随身携带它，区别于以往的游戏机固定的缺点。玩家可以躺着玩游戏，甚至可以在户外边走边玩。与街机相比，手机在逐步的发展中越来越成为较为适合某些游戏的理想设备，这样手机游戏很可能成为人们日常零碎时间的主要娱乐项目。

2. 即时性

由于手机的便携性，手机游戏成为玩家最好的即时性娱乐。在排队等待的队伍中、在商场休息区、在乘坐公共交通工具时比比皆是用手机进行游戏娱乐的玩家。“想玩就玩”成为手机游戏即时性的时尚代名词。同时，很多手机游戏属于休闲类，不易受到即时通信打扰的影响，玩家处理完即时通信还可以继续进行游戏。

3. 潜在的用户群体庞大

2012 年全国手机用户达到 2.3 亿，到 2020 年全球手机将超过 100 亿台，从产值来看，手机游戏全球产值将达到 65 亿美元，中国手机游戏市场规模将达 41.3 亿元人民币。2012 年全球手机游戏市场规模将超过 70 亿美元。手机游戏潜在的市场非常大。

4. 网络的支持

游戏发展过程中的设备，如街机、掌机等无网络支持。对于手机设备来讲，未来手机的网络功能将更加强大，手机联网后实现在线竞技、在线下载等各方面功能将越来越强大。

5. 多元化的游戏方式

最初的游戏方式只是局限在手机按键，大多游戏模式也被圈在上下左右移动的范围内。而现在手机终端的快速研发与发展，打破了这一成不变的景象。多点触摸就是已经颠覆以往的控制方式而最新开拓出的新领域，不仅如此，游戏还可以根据重力反应、传感感应以及声音分贝来控制。这使游戏用户比起单一触碰手机虚拟键盘的方向键更具动感和交互感。但千篇一律的触屏互动方式也会使玩家产生厌倦，这还需要大量游戏研发人员更进一步探索新技术。比如《水果忍者》刚接触的玩家会觉得新鲜，但时间长了会觉得乏味，应该适当融入一些令人思考的元素，使玩家不仅可以体验到游戏的刺激，也能从中发散思维。比如《魔力鸟》，游戏不但要利用划屏技术来实现，还要求玩家快速反应如何放置最佳位置来获取最高积分，而不仅仅是一场简单的体力运动。

6. 丰富的社会交互

在今天，具有丰富社会交互的游戏是被众多游戏玩家所认可的。只要玩家掌握了它的根本规律或者玩完了所有的游戏关卡，不管游戏从先进技术或者视觉风格设计得多精彩，玩家很快就会厌烦。反之，如果加强与不同玩家的合作与竞争，可大大提升游戏的随机性和玩家对游戏的可玩性。现在一些有趣的游戏开发商还利用人们所在地理位置来设计游戏，这更深入地强化了游戏随时随地的交互性。

（四）收费模式

（1）一次性下载收费模式，收费行为发生在下载行为之前。此类的收费下载行为多数是通过游戏平台进行的，如 IOS 平台上的 App store，国内移动手机游戏基地当乐网等。

（2）免费下载，通过激活关卡、整版游戏等方式收费或通过游戏道具收费的模式。收费行为发生在下载行为之后。这一模式是目前国内手机游戏使用较多的。对于手机单机游戏来说，此类模式的逻辑是：用户可以免费获得产品并进行游戏试玩体验，但玩完整版游戏或是享受一些增值服务需要先付费进行激活才可以。

（3）免费下载，通过内嵌广告（IGA）盈利模式。

（4）通过周边产品盈利模式。这种商业模式主要建立在产品知名度足够高、用户数足够庞大的情况下，用户需求会向周边行业的拓展，如玩具、动漫等与游戏结合紧密的行业。

手机游戏产业链及收费模式如图 3-46 所示。

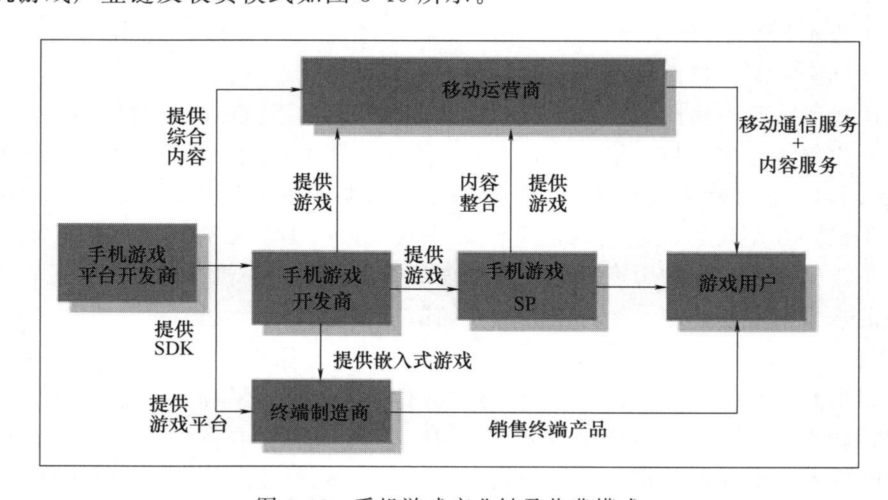

图 3-46　手机游戏产业链及收费模式

（五）存在的问题

（1）手机游戏更新速度加快，同质化日趋严重。手机游戏市场受到资本的强烈关注和追逐，手机游戏的新陈代谢速度增快，同质化日趋严重，用户的选择范围更大，市场的竞争状况变得空前严峻。随着越来越高的平台渠道成本，不少手机游戏开发商的利润空间受到挤压，纷纷寻求有效的盈利模式。在目前常用的盈利模式中，移动广告和用户付费的两个大环境均需要时间成熟，用户接受度仍有待提升。

（2）单机游戏叫好不叫座，网游仍是当前不错选择。手机游戏类型方面，单机游戏的用户基础相对较深，更容易培养用户忠诚度。然而如何让单机游戏摆脱叫好不叫座的状况，如何将用户量变现，这是单机游戏类型在其可持续发展道路上的重要关注点。对于一向商业性较重的网络游戏，在实现收益最大化的同时，如果能提高游戏的深度，减少消费陷阱因素，手机网络游戏将获得更大的用户黏度。而从投资回报的角度来说，手机网络游戏依靠自身属性及目前手机游戏发展浪潮，仍然是一个好选择。

（3）发行和运营渠道对于手游能否成功格外重要。对于手机单机游戏来说，此类模式的逻辑是：用户可以免费获得产品并进行游戏试玩体验，但玩完整版游戏或是享受一些增值服务需要先付费进行激活才可以。

图 3-47　手机游戏《王者荣耀》

（六）国内外触屏手机游戏发展现状

1. 中国

我国手机游戏发展相比国外起步较晚，近几年在手机产业与文化产业的推动下，国内手机游戏研发能力有了一定的提高，在各国内大型动漫、游戏、软件等公司的参与下形成了一定的产业规模。目前国内手机游戏较热的《王者荣耀》是由腾讯游戏天美工作室群开发并运行的一款运营在 Android、IOS、NS 平台上的 MOBA 类手机游戏，于 2015 年 11 月 26 日在 Android、IOS 平台上正式公测，游戏前期使用名称有《英雄战迹》《王者联盟》。《Arena Of Valor》，即《王者荣耀》的欧美版本于 2018 年在任天堂 Switch 平台发售。《王者荣耀》在界面与交互设计上也有一定的创新，画面精致唯美，游戏性强，让玩家更具游戏体验，如图 3-47 所示，为很多国内手机游戏开发团队提供了经验。尽管国内研发的手机游戏的数量与日俱增，手机游戏的用户也越来越多，但是很多业内人士纷纷表示我国手机游戏行业的发展可谓“冰火两重天”。同时，很多业内人士认为国内仍处于手机游戏发展初期，运营商认为国内现在绝大多数手机游戏都是粗制滥造的，手机游戏同质化严重，游戏品质粗糙，用户兴趣降低，而且由于知识产权保护力度不够，盗版现象严重，同时手机游戏在发展过程中还存在操作系统的选择困难与高端人才匮乏等方面的诸多问题。

2. 日本

日本以电玩业作为国家经济的重要支柱之一。其国内的手机游戏与国际市场相比起步较早且规模较大，其发展具有先驱地位。日本游戏厂商不仅在国内市场上占有较高的比重，同时也源源不断向国外扩张手机游戏市场。日本的游戏品质高，获得国外众多认可。日本手机游戏的发展得益于移动数据传输网络的发达及手机设备的高精，再加上任天堂等老牌游戏制造商的发展历史及日本国民喜爱动漫游戏的传统等因素造就了日本手机游戏行业的发展。

3. 韩国

最近十年间，韩国游戏业的发展速度令人震惊，在全球范围内都是倍受瞩目。其独特的运营模式、政府的大力扶持以及国民及国际市场需求，推动了其国家手机游戏的开发进程。韩国数据研究公司 Mobile index 发布了 2018 韩国年度游戏报告显示 2018 年韩国手游市场规模达 36.5 亿美元（合 245 亿元人民币），而韩国市场有着特别显著的收入头部集中的马太效应，TOP10 手游年收入占韩国市场收入的 49.2%，2018 年度收入第一名的《天堂 M》竟占韩国市场 22%的收入，但韩国游戏研发的核心还是以网络游戏为主。

韩国手机游戏的发展远不如网络游戏。尽管智能手机相当流行，制造手机游戏的开发团队很多，但韩国手机游戏相关产值并不高。究其主要原因在于韩国自身制定的严格的审查制度。同时，韩国面临强大的美国游戏巨头，对其发展产生一定的影响。尽管如此，韩国智能手机用户下载最多的应用也包括游戏。

4. 欧美

最早的手机游戏源于欧洲，但以目前的发展态势来看，欧洲并没有位于手机游戏的世

图 3-48　电子艺界

图 3-49　法国育碧

界之首。中国玩家接触欧美手机游戏的比例较大。虽然欧美的手机游戏在整体上与日韩相比还有一定的差距，但也不乏优秀的游戏提供商，比如电子艺界和法国育碧等都是业界的顶尖者。根据海外调研机构一项调查数据显示，目前有超过一亿美国消费者在通过手机、平板电脑等无线移动设备玩游戏，从这个数字可以看出手机玩家群体的扩大极为迅速，玩家们在手机游戏上投入的时间比例有所增长，美国大约三分之二游戏玩家会用手机玩游戏，可见触屏手机的问世使手机游戏的发展日新月异。

（七）手机游戏发展趋势

随着手机游戏的商业模式进一步凸显，人们对手机的休闲娱乐功能需求越来越强烈，手机游戏已成为现代人们生活娱乐中必不可少的主流移动终端设备。游戏应用服务市场促使手机平台的不断提升而日新月异。依据相关行业的可行性调查，2018 年我国手机游戏用户规模达到 5.63 亿人，如图 3-50 所示，其中，手机游戏的市场规模将突破 1200 亿元，达到 1283.5 亿元。在未来，游戏产品能否在市场中脱颖而出，一切取决于你能玩出什么花样来，这将激发更多的开发商和制作人员攻坚克难创造出高质量的作品，面对手机游戏自身的趣味性、易掌握性、可中断性、交互性，游戏厂商也将面临亘古未见的激烈竞争。由此可见，手机游戏已是人们日常生活中密不可缺的休闲娱乐方式。这强有力地促使具有朝阳产业的手机游戏行业朝着健康有序的方向大步前进。2014—2018 年中国手机游戏用户规模状况，如图 3-51 所示。

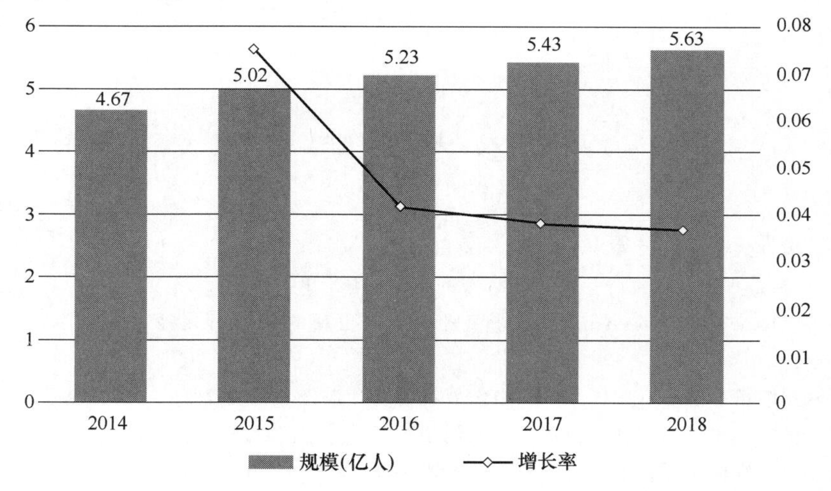

图 3-50　2014—2018 年中国手机游戏用户规模

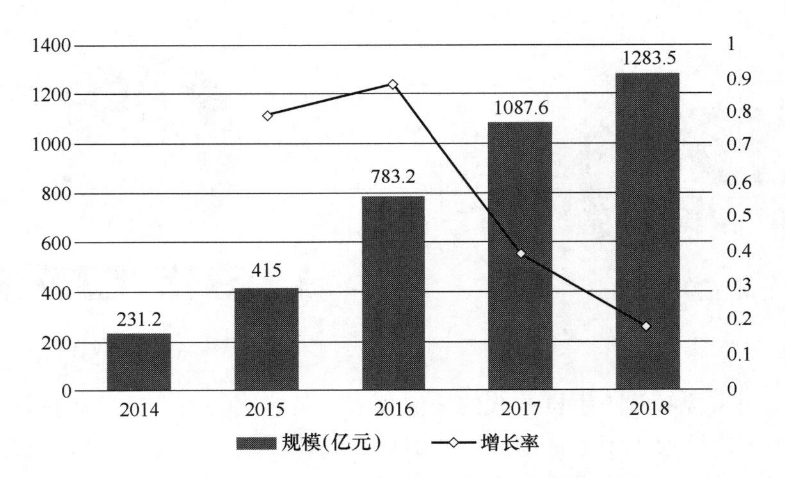

图 3-51　2014—2018 年中国手机游戏市场规模

随着技术的发展，人们的视觉要求也越来越高。人们期待在游戏里亲身体验快感，高冲击的视频游戏无疑对玩家更具吸引力，在 3D 游戏中，人们似乎走进游戏的世界里，感受更加真实的场景，尤其是裸眼 3D 技术的发展，已经被任天堂推出，使广大玩家眼前一亮，保证了视觉的立体化，同时也不会降低游戏的精美程度，这将是未来手游的发展趋势。2018 年十大热门手机游戏排行榜如表 3-3 所示。

表 3-3　　2018 年十大热门手机游戏排行榜

1. 王者荣耀
2. 刺激战场
3. 第五人格
4. 荒野行动
5. 地下城与勇士
6. 人类一败涂地
7. 我的世界
8. 自由之战
9. 部落冲突
10. 欢乐斗地主

参考文献

［1］ 中国手机设计大赛研究组等. 5G 手机发展白皮书［M］，2019，04.
［2］ 杨帅. HTML_5 技术在青少年科技教育中的应用探讨［J］，学会，2019，03.
［3］ 陈杰浩等. Ionic3 与 CodePush 初探支持跨平台与热更新的 App 开发技术［M］. 北京理工大学出版社，2018，04.
［4］ 中国互联网络信息中心. 中国互联网络发展状况统计报告［M］. 2019，02.
［5］ 宗书慧. 试论手机媒体在新闻传播学上的创新意义［J］. 记者摇篮，2019，03.
［6］ 李天龙. 手机媒体传播特征探析［J］. 电化教育研究，2014，01.
［7］ 侯俊逸. 手机媒体的传播学特点［J］. 现代交际，2017，11.

［8］ 胡君芳．手机媒体的传播学特点研究［J］．西部广播电视，2018，02.

［9］ 马莹莹．手机媒体的文化创新传播［J］．视听，2019，03.

［10］ 陈颖．手机媒体在新闻传播领域的应用研究［J］．科技资讯，2015，12.

［11］ 王仝杰，吴雅文．手机视频的传播形式和技术分析［J］．广播与电视技术，2010，03.

［12］ https：//baike. baidu. com/item/%E6%89%8B%E6%9C%BA%E5%AA%92%E4%BD%93/4218503.

［13］ https：//wenku. baidu. com/view/f10fec40814d2b160b4e767f5acfa1c7aa008216. html.

［14］ http：//m. elecfans. com/article/706896. html.

［15］ https：//haokan. baidu. com/v? pd=wisenatural&vid=10724455014592987129.

［16］ http：//www. qianjia. com/html/2019-02/28_326896. html.

［17］ https：//baike. baidu. com/item/%E5%96%9C%E9%A9%AC%E6%8B%89%E9%9B%85/7379729? fr=aladdin.

［18］ https：//baike. baidu. com/item/%E8%9C%BB%E8%9C%93FM/410525? fr=aladdin.

［19］ http：//www. sohu. com/a/244060204_539754.

第四章　数字网络电视

第一节　数字网络电视概述

一、概　　念

网络电视又称 IPTV（Interactive Personality TV），它将电视机、个人电脑及手持设备作为显示终端，通过机顶盒或计算机接入宽带网络，实现数字电视、时移电视、互动电视等服务，网络电视的出现给人们带来了一种全新的电视观看方法，它改变了以往被动的电视观看模式，实现了电视按需观看、随看随停。

自 2001 年《中华人民共和国国民经济和社会发展的第十个五年计划》第一次明确提出三网融合概念之后，网络电视得到了进一步发展，其形态变得更加丰富起来。IPTV 就是在三网融合背景下兴起的、新型的网络电视形态。IPTV 通过受管制的互联网传输数字内容，IPTV 网络通常是由运营商搭建在互联网上的、经过优化的、有 QOS（Quality of Service）保障的虚拟专网，用户使用统一的 IPTV 宽带接入专用账号获取 IP 地址，网络上按照 IPTV 域为用户分配私网 IP 地址。

二、行业发展分析

（一）行业发展概况

从中国 IPTV 的用户数量近 10 年来的变化趋势可以看出，中国 IPTV 产业发展存在明显的阶段性特征。IPTV 业务于 2004 年在中国市场萌芽。随着中国第一张 IPTV 牌照的正式颁发，中国 IPTV 业务正式破冰。随后中国 IPTV 产业面临着市场和政策的多重考验，发展较为曲折，且呈现出中国电信一家独大，区域发展极度不平衡的局面。2008 年中国 IPTV 产业迎来发展拐点。2013 年以来，中国 IPTV 进入融合阶段，行业市场规模得到迅速扩展。2013 年，随着 OTT 的全面爆发，IPTV 开始高清和智能演进，出现 IPTV＋OTT 的新业务形态。

2016 年媒体融合业务的最大亮点之一是 IPTV 的爆发式增长。根据工信部官网 2013—2016 年发布的统计数据，如图 4-1 所示，IPTV 用户从 2013 年的 2842.5 万人增长到 2016 年的 8673 万人，增长率分别为 18％、36％、89％，2016 年的用户增速远超历年。2016 年 1—12 月新增用户 4083.5 万人，相当于 2010—2012 年三年的用户总数。2017 年 IPTV 用户突破 1.2 亿，截至 2018 年 12 月，IPTV 用户总数突破 1.55 亿户，中国信息通信研究院对 IPTV 未来的发展走势给出了合理的预测：2019 年有望突破 2 亿户大关，届时将达到并超过现有有线电视用户规模。

从区域看，2016 年四川 IPIV 用户数突破 1000 万人，成为全球最大的 IPTV 单区域，河南 IPTV 用户达到 315 万人，较 2015 年增长 599.1％，四川、江苏、广东、河北等省的 IPTV 用户规模超过 300 万人。

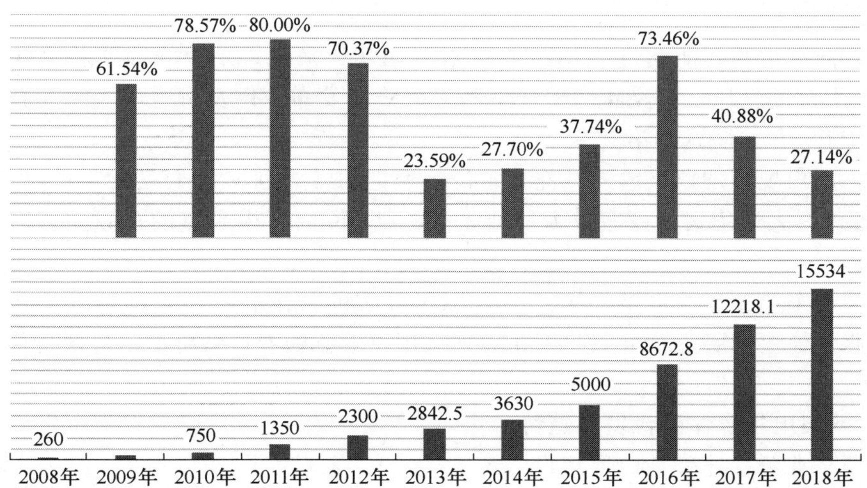

图 4-1　2008—2018 年中国 IPTV 用户数量变化趋势图

在政策不甚明朗及 OTT（Over the Top 的缩写，是指通过互联网向用户提供各种应用服务，这里指基于开放互联网的视频服务）大潮的挤压下，IPTV 进展一度乏善可陈，但在 2016 年，这种情形发生了改变，业内称之为 IPTV 逆袭，其关键也在于政策红利。受到国家推进三网融合的加持，IPTV 政策逐渐开放。2015 年 9 月，国务院办公厅发布《关于印发三网融合推广方案的通知》，IPTV 政策的壁垒彻底解除。该通知给予了 IPTV 与有线数字电视相对等的地位和更大的空间，取消了一个地方只能有一个运营商从事 IPTV 的限制，全面开放运营商进入 IPTV 领域。因此通知在业界被视为“新的突破”，标志着三网融合工作试点结束进入全面推广阶段。

IPTV 发展大事记：

1999 年，英国 Video Networks 推出了全球第一个 IPTV 业务。

2003 年，初现中国：香港电讯盈科也推出 IPTV 业务，定名 now 宽带电视。

2005 年，首次推出：中国电信与上海文广合作在上海推出 IPTV 业务，获得中国大陆第一张 IPTV 牌照，以 BesTV 百视通为品牌。

2006 年，发展：2006 年 10 月，台湾华人卫星电视传播机构网络事业群成员“台湾互动电视公司”在中华电信多媒体内容传输平台推出“黄金套餐”IPTV 业务。

2008 年，推广：2008 年，奥运会为其提供了吸引用户体验的良机，宽带产业也为其制造了机遇，上海电信宣布高清 IPTV 正式试商用，上海电信、江苏电信 IPTV 项目放号用户突破 20 万。

2010 年，发展遇阻：各地广电查禁 IPTV 之声不断传出，IPTV 遭遇诞生以来最为集中、最大范围的叫停危机，IPTV 的发展在 2010 年上半年几乎停滞。

2013，在政策导向中发展：2013 年 8 月，国务院明确指出要加快广电和电信业务双向进入，在试点基础上于 2013 年下半年逐步向全国推广，鼓励发展交互式网络电视和 IPTV 等融合性业务。

2014，在低调中前行：2014 年，以运营商为主导的 IPTV 业务，正在成为很多内容、增值业务服务商的目标，IPTV 终端也在逐步从原有 LINUX 封闭平台开始向 Android 智能终端演进。

2015，向高清和智能演进：2015 年，对于 IPTV 来说，是个峰回路转之年，上半年遭遇 OTT 大潮的挤压，下半年随着政策利好的陆续发布，以及融合电视终端技术的发展与应用，IPTV 开始展露其第二春。

2016，用户规模现象级增速：部分省份已经把 IPTV 列入“十三五”重点发展项目。IPTV 业务被三大通信运营商定位为基础业务，以 4K 内容为卖点的视频业务在全国范围铺展开来。

2017，迎来业务运营之年：2017 年，除了政策的持续利好，光纤接入的普及继续推动 IPTV 业务加快发展。整个产业正在迎来从规模效益朝着运营价值、传媒价值的转进和探索。

（二）网络电视媒体融合发展趋势

1. IPTV 业务提速带动内容建设

随着国家“宽带战略”和三网融合的深入，2016 年 IPTV 跃升为运营商的战略型业务，得到大力推广。根据国网发布的数据，2016 年 IPTV 在全国家庭收视市场的份额增长显著，相比 2015 年提升近 10 个百分点，达到 20.5%，一跃成为继有线电视、直播星之后的中国第三大家庭收视方式。

未来随着收视服务宽带化、高清化，凭借资费优势，IPTV 用户会继续稳定增长。截至 2018 年 12 月底，IPTV 用户规模超过 1.5 亿人，IPIV 超过有线电视成为中国第一大家庭收视方式。

随着用户数量和收视份额的继续提升，距离地网覆盖的收视人口天花板也就更近，需要通过增值服务来提升盈利水平，而视频内容的增值服务对于未来发展至关重要。IPTV 业务增速将带来内容的繁荣，其中垂直化内容将成为发展重点。垂直化内容将突破地网限制，寻找向全国拓展的空间，从而带来 IPIV 业务新的增量。

2. 移动端细分类产品、应用加速推出

近年来移动互联网在技术、资本驱动下快速发展，在经历了爆发式的增长后，根据 2016 年 TalkingData 移动互联网行业发展报告，2016 年整体的应用渗透率已达高点，移动互联网应用打开款数全面下降，用户更加集中在少数应用上，社交及娱乐作为移动智能终端用户的刚性需求，用户市场基本释放完毕。细分类别应用的市场潜力虽仍在释放，但新应用进入门槛越来越高，格局已经趋于固定。

作为主流媒体，传统广电在移动端的传播力已经滞后。视频类只有芒果 TV 追赶行业头部，具备了参与竞争的资格，而新闻类应用则是全面滞后。2017 年伊始，中宣部部长刘奇葆发表《推进媒体深度融合，打造新型主流媒体》讲话，明确提出“确立移动媒体优先这个发展战略”，指出传统媒体进入移动传播领域，需要关注新闻客户端发展，创新移动新闻产品。未来，广电媒体会比较集中地推出移动直播和本地化资讯服务类应用产品，参与移动互联网的市场竞争。

3. 商业经营多元化发展

自 2014 年以来电视广告收入连续负增长，迫使广电媒体在阵痛中探索经营的各种可能性。尽管强势的广电媒体广告吸金力依然强势，四大卫视广告量依然稳步上升，但一枝独秀不可能支撑一个行业的发展，传统电视广告两极化带来的将是行业的整体衰落，独守电视广告必然走向末路，而移动端、智能电视端等新媒体广告经过市场培育，已经逐渐成熟。据CTR广告主营销趋势调研的数据，广告主在移动端投放比例已经从2013年的59%提高到2016年的89%，省级一线卫视在2016年进入了广告价格的最高点，2017年开始下降，2018年通过折扣、增播方式，进一步下降，电视媒体广告价格下行成为持续态势，移动端投放持续增加。因此，在省级广电的广告经营中，打通传统频道和新媒体渠道，整合成全媒体广告资源池进行一体化经营，将成为普遍的趋势。

（三）IPTV技术未来走向

IPTV技术作为新兴的一种传输技术，已经逐步替代了传统运营商的宽带业务，它能够改变传统宽带业务的单一性的特点，实现多种业务融合发展。为此，IPTV技术也能应用到其他领域，比如在酒店中，建设酒店智能化IPTV系统，能够基于IPTV技术实现数字节目的点播及付费，方便快捷，安全卫生，大大提高了用户体验，还能够个性化预约定制私人节目菜单，这都是在实际场景中十分实用的。另外，IPTV技术想要今后走的更远，必须解决以下两个方面的问题：

（1）核心承载网的架构问题，随着今后用户数量的倍增以及传输的数据包的不断增加，如何保证核心架构承载网的稳定性和可靠性是最重要的因素；

（2）网络传输速度的问题，今后数据资源的呈现必将是朝着高画质、高清晰度的方向发展，对此网络带宽以及时延问题是必须要解决的，也是要努力改善和提高的。

IPTV已经在公众中形成一定的知名度，包括运营商、内容提供商、设备商、终端厂商在内的产业链各个环节均在积极推动IP产业的发展。在IPTV产业发展中，增值业务将是IPTV的重要组成和未来发展重心。但从这几年的发展来看，通过增值业务提升用户忠诚度，给电信运营商盈利还有较长的路要走，还有很多问题需要在发展中不断调整。现阶段，IPTV上的增值业务体验仍属于初级阶段，在用户体验和应用效果上还有很大的提升空间。展望未来，随着IPTV市场政策环境逐渐宽松，IPTV商业模式的深入探索和技术标准的逐步完善，中国将成为亚太地区最具潜力的IPTV市场。

三、数字网络电视特征

1. 多屏互动，传授角色更融合

网络电视，其最大的优点在于多屏互动，即基于闪联协议或DLNA协议，通过wifi网络连接，在不同多媒体终端，如智能手机、PAD（平板电脑）、TV等之间，进行多媒体（音频，视频，图片）内容的解析、传输、控制、展示等操作。简单地说，就是在几种设备的屏幕之间，通过专门的网络渠道进行连接，如图4-2所示。

图4-2　多屏互动示意图

2. 个性化定制，受众需求更兼顾

网络电视具有个性化定制的优势。在传统电视时代，我们通过电视机看到的内容都是电视台根据自己的安排推送的，作为“传者”的电视台按照自己的安排向“受者”定时传递信息，受众无法自行选择节目时间和节目内容。因此，我们必须忍耐冗长的广告时间，容忍电视播放我们不喜欢的节目。而网络电视几乎容纳了所有热门电视节目和各种非主流节目，它为受众提供了电视台、网络、影院等各种媒介播送的内容，受众可以在海量的内容中按照自己的喜好，定制一套属于自己的节目时间表和节目内容表。

网络电视的出现打破了受众被动观影的局面。在网络电视的传播路径中，信息不再是从传播者“推”向受众，而是受众主动从传播者那里“拉”出来。正如尼葛洛庞帝所言：“大众传媒将被重新定农为发送和接收个人信息和娱乐的系统。”由此，网络电视为受众提供了真正属于“我”的电视，与传统电视相比，网络电视更像是一个内容丰富的节目库随时等待受众的“调配”，在收到受众的播放指令之前它几乎是静止的，这完全改变了传统电视时代那种机械、自我的播放方式。

3. 平铺式播放，时间安排更灵活

作为在三网融合背景下兴起的最新的网络电视形态，网络电视不仅承袭了网络视频“平铺式”播放的特点，同时又兼具了传统电视的家庭适用性，由此可以说，网络电视兼顾了网络视频与传统电视的优点。

传统电视播放电视节目的形式是“顺时序播放”，人们想要看自己喜欢的电视节目、电视剧时，总是需要紧跟电视台的播出时间，一旦错过就没法再看到想看的内容。而网络视频的出现，打破了传统电视时代“顺时序播放”无法回看和选择的劣势，但是却增加了家庭成之间的隔阂。现如今，三网融合背景下催生的网络电视，则结合了网络视频与传统电视的优势，不仅紧密“团结”了家庭成员，同时还兼具了网络视频不受时间限制的“平铺式播放”的优点。如此一来，拥有网络电视的受众，既能够全家人一起其乐融融看地电视的温馨，还可以体验随时观看各种喜爱的电视节目。

4. 超地域限制，传播范围更广泛

网络电视超地域限制的特征，给受众带来了一个与传统电视时代完全不同的、以受众为中心的、个性化的电视传播媒介。

在传统有线电视时代，家庭用户主要通过单向通信系统，接受通过宽带同轴电缆传送的视频信号，这种传输网络又分为城域网（有线电视用户数为 2000～100000 户的城镇联网）、局域网（用户在 2000 户以下的有线电视网）以及双向传输有线数字电视网。即在 HFC 网络的基础上，正向（下行）通道传输有线电视模拟信号、数字电视信号和各种数据业务信号，反向（上行）通道传输各种宽、窄带数字业务信号。这种传输方式，导致了传统有线数字电视的节目传输受到了地域的限制，每个省甚至每个地市都有自己的一套电视节目播放形式。但网络电视超地域限制的特征，则完全打破了地域对电视内容的限制。

由于网络电视以互联网为传输网络，因此全国的网络电视都采用同一种节目播出形式。尽管目前全国有七家牌照方执掌着网络电视的播控权，但是受众只需购买任意一家的网络电视机顶盒，或者是搭载任意一家播控平台的电视机，即可在任何一个互联网覆盖的区域使用网络电视。由此省去了购买有线数字电视时复杂的手续和安装步骤，只要一个网络电视机顶盒和一根网线就可享用网络电视中海量、个性化的电视节目内容。

四、特色应用

（一）校园网络电视

在教育信息化建设的推动下，校园网络建设取得突破性进展。目前，我国很多学校都建立了覆盖教室、办公室和多媒体教室的校园网络，实现了万兆核心—千兆汇聚—百兆到桌面的突破和楼宇之间、楼层之间的高速互联，形成了数以千计的信息点。以强大的校园网络为依托，很多学校开始尝试设计校园网络电视系统，并将其创新性地运用到学校的教育教学和各项管理工作中，实现了交互式的教学与管理，极大提高了学校教育教学质量。

一方面，校园网络电视系统以校园网络为骨架，以分布在教室、办公室等的计算机和各类终端设备为显示终端，如最初的高清投影机、电视机，到之后的智能平板电脑。将计算机接入学校的宽带网络，对各类教育教学资源、管理资源及相关的图文、视频和音频信息进行转换，使之变为数字信号，然后经由 IP 网络实现传输，最终到达显示终端，为师生提供直播、点播和录播服务。另一方面，校园网络电视系统可通过电视选台器接收有线电视或卫星电视的节目源信号，将其储存到实时压缩编码工作站。利用 MPEG-4 等先进的视频压缩编码技术，对传输过来的运动图像进行编码处理，这种压缩编码技术可以将原本连续的视频图像进行分割，之后逐一处理，能够最大限度保证视频图像的清晰率，同时，又能够实现对庞大数据流量的高压缩处理，确保视频图像信息的高质量传输。经压缩编码技术处理的节目源信号会被转换成信息流，进入流媒体。流媒体具有流式传输技术优势，它通过对传输过来的信息流进行特殊的压缩和解压缩处理，使原来的多媒体文件转换成多个容量小的数据压缩包，然后将其传送到用户的播放器，供用户播放、观看，其工作原理如图 4-3 所示。

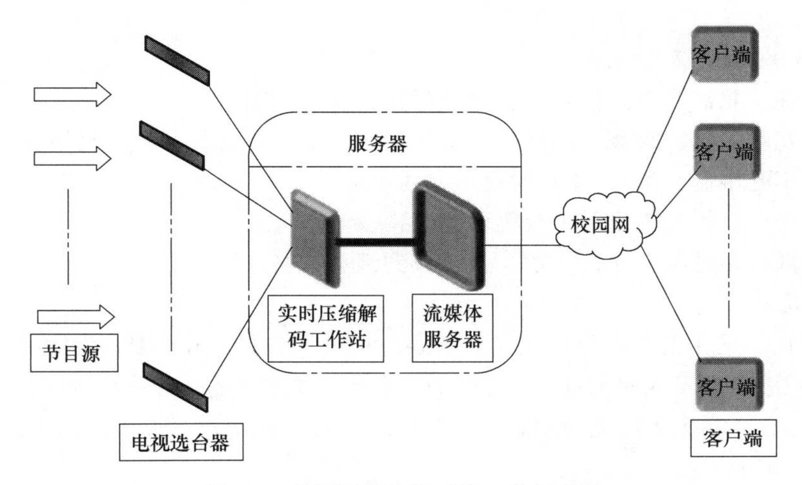

图 4-3　校园网络电视系统工作原理图

（二）网视购物

网视购物即 IPTVSHOP，交互式网络电视购物，是一种利用宽带有线电视网，集互联网、多媒体、通信等多种技术于一体，向家庭用户提供包括数字电视在内的多种交互式服务的崭新技术，让用户可以真正体验到交互式服务。用户在家中可以有两种方式享受 IPTVSHOP 服务：计算机；网络机顶盒＋普通电视机，如图 4-4 所示。它能够很好地适

计算机

网络机顶盒+普通电视机

图 4-4 享受 IPTVSHOP 服务两种方式

应当今网络飞速发展的趋势，充分有效地利用网络资源。IPTV 既不同于传统的模拟式有线电视，也不同于经典的数字电视。因为，传统的和经典的数字电视都具有频分制、定时、单向广播等特点；尽管数字电视相对于模拟电视有许多技术革新，但只是信号形式的改变，而没有触及媒体内容的传播方式。

1. IPTVSHOP 关键技术

IPTVSHOP 是利用计算机或机顶盒＋电视完成接收视频点播节目、视频广播及网上冲浪等功能。它采用高效的视频压缩技术，使视频流传输带宽在 800kb/s 时可以接近 DVD 的收视效果（通常 DVD 的视频流传输带宽需要 3Mb/s)，对今后开展视频类业务如因特网上视频直播、远距离真视频点播、节目源制作等来讲，有很强的优势，是一个全新的技术概念。

2. IPTV 网视购物的特点

① 便利性：只需操作遥控器，就可以轻松实现购物需求。

② 商品互动展示：视频＋图片＋文字三种方式结合，充分利用互动性。

③ 时间不受限制：可以 24 小时提供购物服务。

④ 交易安全：第三方支付平台等可信机构。

⑤ 价格低：多种综合比价手段，快速找到满意价格。

3. 主要优势

IPTVSHOP 的主要卖点是交互，及 Inter 网内业务的扩充。IPTVSHOP 还可以非常容易地将电视服务和互联网浏览、电子邮件，以及多种在线信息咨询、娱乐、教育及商务功能结合在一起，在未来的竞争中处于优势地位，可以让用户更近距离地接触自己所感兴趣，所想要了解的产品。

（三）网络娱乐（卡拉 OK）

卡拉 OK 是家庭宽带娱乐的重要业务之一，为家庭宽带用户提供家庭式 KTV 的全新娱乐体验。卡拉 OK 业务以电视为终端，通过机顶盒（卡拉 OK 点唱机）为用户提供在线点唱、歌曲下载等功能，对于 IPTV 用户，因其高带宽及业务的可管理性，可以实现用户实时的在线点播，并且可以与家庭网络存储空间、家庭视频播客业务平台实现对接，为用户提供更好的服务，如图 4-5 所示为 IPTV 城市卡拉 OK 业务系统总体架构。

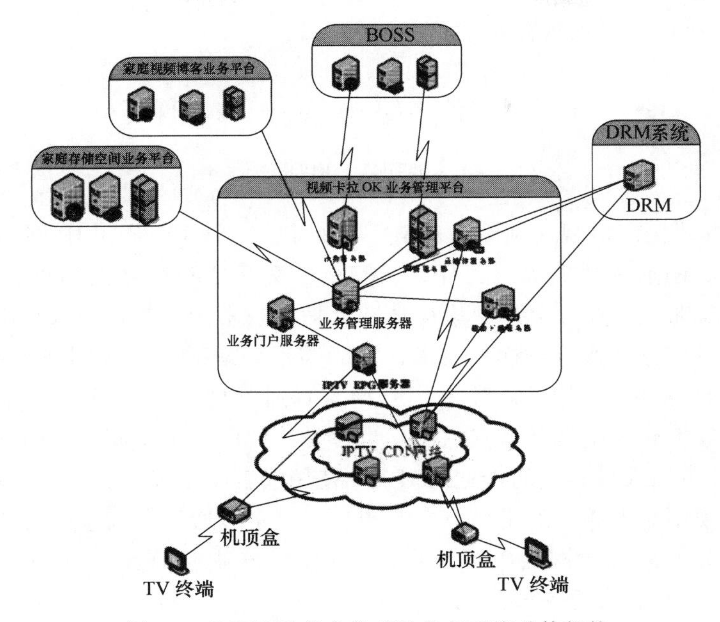

图 4-5　IPTV 城市卡拉 OK 业务系统总体架构

（四）IPTV 游戏

IPTV 游戏，也叫交互式网络电视游戏，是 IPTV 终端上供人娱乐的游戏形式。IPTV 游戏已经成为继端游、页游、手游之后的新游戏类型。区别于其他游戏，IPTV 游戏由于受限于操作方式简单、硬件技术发展还不完善等因素，游戏通常以儿童游戏、棋牌游戏、休闲小游戏为主，如图 4-6 所示。“IPTV 游戏”是 IPTV 应用范例之一。目前融合业务发展渐成规模，截至 2016 年 9 月末，“三网融合”业务稳步推进，IPTV 用户总数达到 7561 万户，1—9 月净增 2972 万户。

图 4-6　IPTV 游戏

IPTV 游戏平台具备特点：

① 即点即用，无需安装卸载。

② 提供安卓原生应用，Html 5 应用、视频等业务。

③ 多种操控方式：遥控器、手柄、手机等。

④ 不能无限制占用机顶盒存储。

第二节　数字网络电视技术（IPTV）

一、IPTV 的概念

IPTV 即交互式网络电视，国际上对 IPTV 的定义：IPTV 是在 IP 网络上传送包含电视、视频、文本、图形和数据等，并提供、安全、交互性和可靠性的可管理的多媒体业务。是一种利用宽带网，集互联网、多媒体、通信等技术于一体，向家庭用户提供包括数字电视在内的多种交互式服务的崭新技术。它能够很好地适应当今网络飞速发展的趋势，充分有效地利用网络资源。IPTV 技术比较稳定，通常由三大运营商（移动、联通、电信）提供，其内容（包括电视类和点播类）也都是其他内容提供商提供的（也是广电体系的），三大运营商单独提供相应的带宽给 IPTV 使用或者是给 IPTV 一个比较高的优先级，使得 IPTV 看电视不会卡顿，效果比较好。用户在家中可通过个人电脑或“网络机顶盒+普通电视机”的方式来接收网络电视节目。IPTV 系统业务平台，如图 4-7 所示。IPTV 技术原理及特点，如图 4-8 所示。

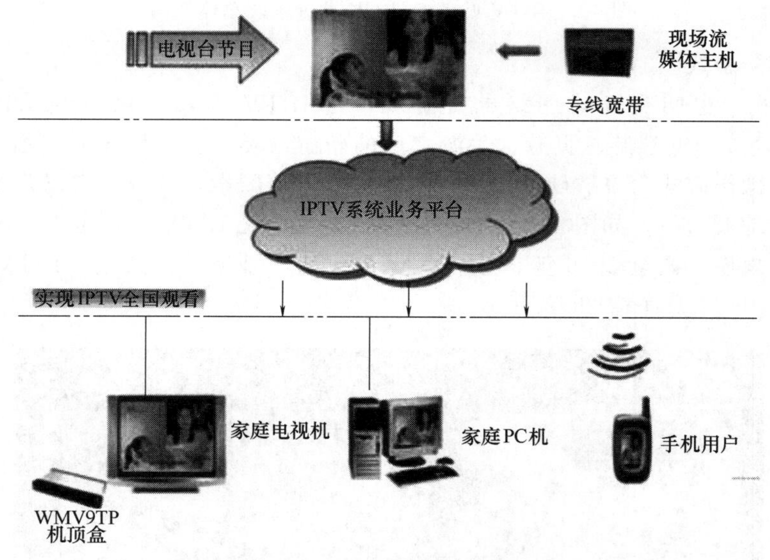

图 4-7　IPTV 系统业务平台

二、IPTV 的表现形式和特征

（一）IPTV 的表现形式

IPTV 的承载网络分别有三种类型，一类是 IP 网，一类是同轴电缆网，一类是移动网，根据 IPTV 的终端，可以将 IPTV 分为三类表现形态，即 PC 平台、TV+机顶盒平台和手机平台（移动网络）。

IPTV 终端与系统平台的接口，还包括浏览器（或 EPG 专用浏览器）与 EPG 服务器的接口，浏览器与 Web 方式的应用服务器的接口，以及 C/S 方式的客户端程序与应用服务器的接口。这些都属于 IPTV 终端的应用程序层与系统平台的接口，不包含在终端中间

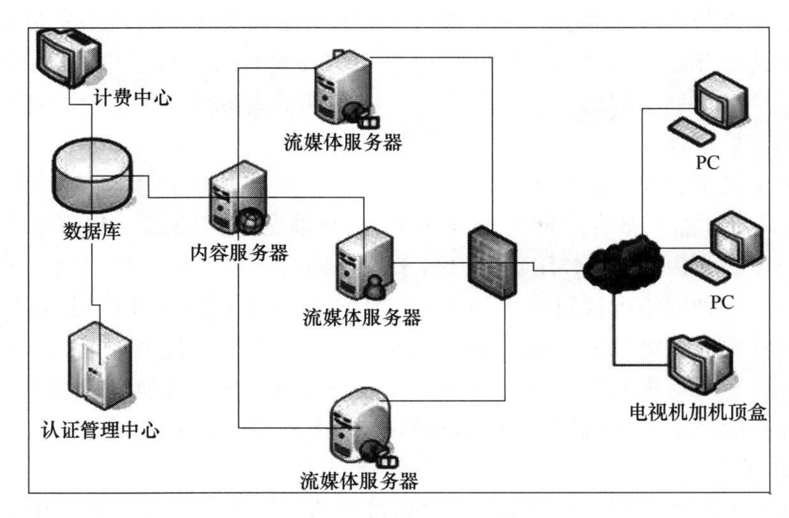

图 4-8　IPTV 技术原理

件与系统平台的接口之内。但是，终端中间件必须支撑浏览器、C/S 方式的客户端程序的运行，这是终端中间件中应用程序管理器、资源管理器、输入输出管理、基本网络服务、图形用户界面管理等模块必须完成的工作，它们能够将底层资源透明地提供给上层应用程序调用。IPTV 终端中间件与服务器端的接口如图 4-9 所示。

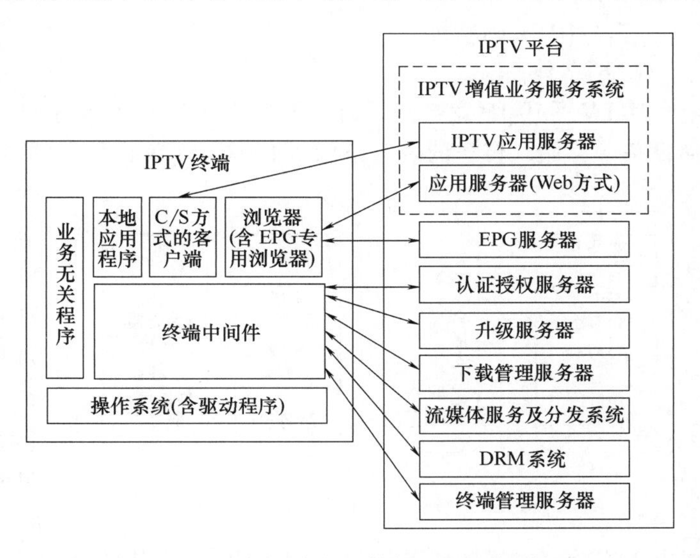

图 4-9　IPTV 终端中间件与服务器端的接口

1. 以 PC 为终端的 IPTV

通过 PC 机收看网络电视是当前网络电视收视的主要方式，目前已经商业化运营的系统基本上属于此类。基于 PC 平台的系统解决方案和产品已经比较成熟，并逐步形成了部分产业标准，各厂商的产品和解决方案有较好的互通性和替代性。从节目内容的来源看，以 PC 为终端的 PITV 的节目内容主要来自传统的广电媒体。电视内容提供商和门户网站，这里主要介绍以下两个方面：

（1）广电媒体的视频播放网站

传统广播电视媒体在互联网上建立 Web 站点，将自身拥有的音视频资源优势与网络传播的优势结合起来，设立可以进行视频播放的网站。如今的广播电视媒体的网站基本上都设有音视频栏目，点播内容丰富多彩。

（2）网站经营的 IPTV

虽然互联网虽然发展较快，接入用户数量高速增长，但宽带业务的运营却因为宽带内容的贫乏而长期徘徊在较低层次，主要以文字图片为主。为了丰富网络宽带内容，一些综合性的门户网站也开始纷纷“试水”网络电视，主要视频内容包括电视剧。电影、音乐、娱乐等及网站自己策划摄制的一些视频节目，在遇到重大事件与活动时，这些网站也会自己进行视频的直播。

2. 以 TV＋机顶盒为终端的 IPTV

基于 TV（机顶盒）平台的网络电视以 PI 机顶盒为上网设备，利用电视作为显示终端。虽然电视用户大大多于 PC 用户，但由于电视机的分辨率低。体积大（不适宜近距离收看）等缘故，这种网络电视目前还处于推广阶段。机顶盒是一种扩展电视功能的电器，由于人们通常将它放在电视机上面，所以称为机顶盒。它可以把卫星播的数字电视信号转换成模拟信号。有线电视网数字信号甚至把互联网的数字信号转换成模拟电视机可以接受的信号，使现有的模拟电视机用户也能分享数字化革命带来的科技成果。

3. 手机电视

手机电视是 PC 网络的子集和延伸，它通过移动网络传输视频内容。由于它可以随时随地收看，且用户基础巨大，所以可以自成一体。2004 年以来，中国移动和中国联通先后推出了基于蜂窝移动网络的手机电视业务。通过手机看电视、电影正逐渐飞入寻常百姓家。

（二）IPTV 的特征

1. 网络体系

IPTV 采用 IP 宽带网，通常要在边缘设置内容分配服务节点，配置流媒体服务及存储设备，存储及传送的内容是以 MPEG-4 为编码核心的流媒体文件；数字电视以 HFC 为网络体系，与传统有线电视结构基本一致，主要存储及传送的内容是 MPEG-2 流，采用 IP over DWDM 技术，基于 DVD IP 光纤网传输。如图 4-10 所示，阐述了一般的、可支持数字广播电视和视频点播（VoD）的 IPTV 业务构架。这个构架是基于 ITU 建议 H.610 定义的综合架构和业务模型和构建在有线电视实验室的视频业务构架基础上的。IPTV 构架的主要功能部分还是前端播放系统，传输网络和用户终端设备。

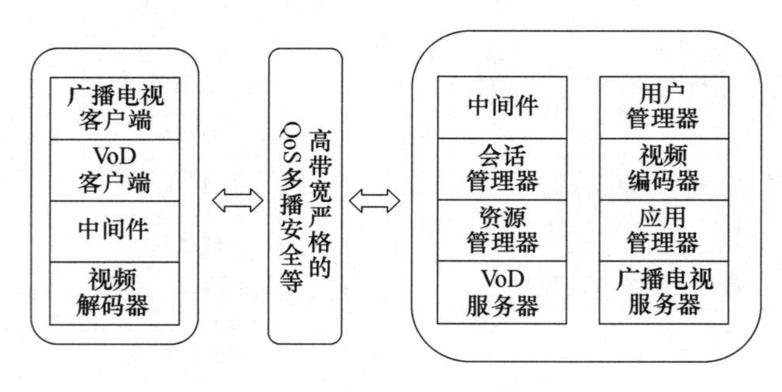

图 4-10　一般的 IPTV 业务架构

2. 个性化服务

使用点播业务，用户可根据兴趣点播自己喜好的电视节目，不受时间限制，可以通过拖拽等方式来观看节目内容。

3. 互动性能

有线数字电视的网络介质大部分是单向 HFC 网，只有少部分为双向网，互动性不强。而 IPTV 的媒介是互联网，开放型和双向性是互联网的根本特征，因此，IPTV 具有与生俱来的超强的互动性，用户可以通过机顶盒设备对视频节目点播、快进、快退、暂停和播放、检索视频信息、进行录制节目或通过预设录制等；

4. 观众分布范围

IPTV 通过互联网向全国乃至全世界传播，观众遍布全球。而数字电视被局限在各个本地有线电视网内。

5. 主要服务对象

IPTV 需求面较窄，面向高端用户。由于 IPTV 以收费节目为主，所以主要服务对象为那些支付能力较强的高端用户。数字电视对现有电视网改变较小，以广大普通观众为服务对象。

6. 节目内容丰富

主要包括直播数字电视节目和视频点播业务。

7. 增值业务

IPTV 可以进行多种增值业务，还可以提供其他数据业务，包括广告业务、视频电话、电子邮件、网络游戏、公告、股票和商铺导购等。

三、IPTV 关键技术

IPTV 广义上可以理解为是一种基于某种技术的业务，这种业务依托 IP 为传送技术，以计算机、电视等作为展示终端，可以说是一种新型的、交互式的视频音频服务集合。

IPTV 的关键技术主要有传输编码技术、数字电视版权管理技术、IP 组播传输路由技术、电视机顶盒技术、EPG 技术，下面将对这几个方面技术进行简述。

1. 视频编码技术

IPTV 作为传输量很大的一种技术，其传输中编码的采用将会决定整体的带宽质量以及对业务流畅度的影响。IPTV 能否成功开展的一个关键点是采用什么样的视频编解码标准，因为业务需要在有限的网络带宽条件下提供清晰的图像质量，对编码效率有较高的要求，在编码系统中需要研究如何为用户提供码流更低、图像质量更好的节目。为此，编码技术的选择将直接决定 IPTV 未来的发展走向和用户体验。现如今，比较主流的编码技术有基于 MPEG 的 MPEG-2、MPEG-4（后者是前者压缩效率的 1.4 倍），H.264 以及 AVS 编码技术（AVS 压缩效率是 MPEG-2 的 2～3 倍左右）。这其中，从今后多媒体传输的特性来考虑，MPEG-2 已经不适应主流的压缩效率，其余的三者都将是今后未来视频编码技术的主流。

2. 数字版权管理技术

在 IPTV 业务投放使用的过程中，版权的管理也是其关键技术中十分重要的一环。数字版权管理不单单是一个技术，是涉及法律、商业等方方面面的系统性的管理工程。数字版权管理技术能够为多媒体资料（视频、音频、数据等）的提供者赋予版权的保证。在现如今的 IPTV 技术使用中，常用的数字版权管理技术是数字水印技术，它能够在被保护的多媒体资料中添加某些特定的数字或是符号信息，以此来保证资料的特殊性和版权唯一性。

3. IP 组播路由技术

IPTV 中视频传输的主要技术基于 IP 组播，其中组播技术是基于组播协议（IGMP），对待发送的数据源只发送一次，同时发送到多个数据接收者的技术。组播技术的关键在于，只有属于同一组播组地址的才能收到该数据包。对于 IPTV 技术架构来说，组播路由传输中，数据源只有一个，而今后随着用户数量的增加，只需要分配特定的组播地址就可以对用户进行传输管理，这样一来能够避免网络拥塞、节约带宽。

4. 电视机顶盒技术

用户在使用IPTV技术时、电脑端和移动手机端都可以通过相应的软件安装后收看IPTV，但是电视端必须要通过一个电视机顶盒才能使用IPTV技术。这里电视机顶盒的主要作用就是将传输的IP数据流转换为电视机能接受和播放的视频信号。电视机顶盒技术是IPTV向TV电视普及的重要技术，它能够对数据进行转码、压缩、协议支持等多种功能。此外，现如今的电视机顶盒中更要包括数字版权管理、视频缓存、视频点播等多种业务来满足日益增长的用户需求。

5. EPG技术

IPTV中EPG技术，能够为使用者提供一套友好的使用界面以及快速访问用户感兴趣频道的方式。EPG技术能够为用户提供数字电视节目的预约、快进、个性节目定制编排、电视节目的总览，可以说EPG是用户使用数字电视的一个门户界面，能够提供最全的IPTV的节目信息。最近，基于EPG技术的IPTV业务更加丰富，甚至可以基于用户历史浏览，推荐用户感兴趣的节目，这也为IPTV今后更加智能化的发展提供新的思路。

6. 内容分发网络技术研究

CDN的全称是Content Deliver Network，即内容分发网络。其目的是通过在现有的互联网中增加一层新的网络架构，将内容复制并发布到最接近用户的网络“边缘”处，使用户可以就近取得所需的内容，解决Internet网络拥挤的状况，提高用户访问的响应速度。在IPTV中是通过边缘服务来实现最终用户的点播服务，要把内容从中心服务器有效地分发到边缘服务器，使用户尽可能就近访问边缘服务器。

第三节　数字网络电视发展

一、业务分析与发展

IPTV产业主要参与者包括通信运营商、设备提供商、集成播控方、内容（应用）提供商、前向用户（家庭）、行业用户（企业、政府、机构），各方需要通力合作，共同发展，才能带来产业的持续繁荣，实现各方价值诉求。

（一）IPTV主要业务

IPTV标准化组织将IPTV业务划分为以下四大类。

1. 基础视听类

基础视听类提供包括直播频道、基础视频点播在内的基本服务，等同于广电数字电视的基本收视服务，按月租费模式单独或与其他业务组合收取。通信运营商正是利用组合策略大幅降低了基本收视费的价格，使得IPTV的性价比大大超过了有线电视，赢得了市场的高度认可，促进了规模快速增长。有的电信运营商将IPTV作为基础业务放在宽带、移动的前面，坚定执行三网融合＋全光网络策略。

2. 增值视听类

增值视听类提供直播时移回看、付费内容点播在内的互动视听类服务，用户根据需求订购使用，选择包时段、单次点播（PPV）等付费方式。IPTV借助运营商的双向光纤网络，采取先进、灵活技术体系，视频类内容的传输效率和品质得到了大幅提升，不断推出杜比、3D、高清、4K等差异化影音功能，短短几年实现了从追赶者到领先者的跨越。

3. 增值应用类

增值应用类提供信息服务、互动娱乐、空间存储、手机ITV在内的新型应用类服务，用户根据需求订购使用，选择包时段、下载、单次点播（PPV）等付费方式。通过大力引入应用服务类业务，通信运营商成功地将IPTV从电视产品升级为智慧家庭的门户。

4. 后向服务类

后向服务类面向政府、企业或者内容供应方提供内容接入、内容存储、内容定制、内容推送等个性化服务并收取相应的开发、平台、存储和维护方面的费用。比如广告业务、行业IPTV、直（轮）播频道接入。其中互动广告业务在OTT领域已经大规模商用，商业价值巨大；行业IPTV定制业务在政务、校园、酒店、企业等领域不但具有广阔的空间和急迫的需求，而且有利于发挥通信运营商在行业市场的优势，打造差异化服务；实时直播服务虽然政策性较强，但是有助于满足购物、音乐、游戏等细分市场需求，一旦破冰，前景广阔。

（二）IPTV业务发展现状

1. IPTV用户规模

光纤接入的普及推动IPTV业务快速发展。2016年，我国IPTV用户迎来爆发式增长，增幅高达89%。截至2017年10月，IPTV用户总数达1.15亿户，其中2017年1—10月净增2839万户。增速由高速增长转入中高速增长，在家庭宽带用户中的渗透率不断提升，预计到2020年，渗透率将达到70%。

2. IPTV产业链

IPTV产业链由内容提供服务单位、集成播控服务单位、传输分发服务单位和用户组成。内容提供方通过集成播控平台与运营商合作，在渠道商的推广下将视频内容送达用户，如图4-11所示。

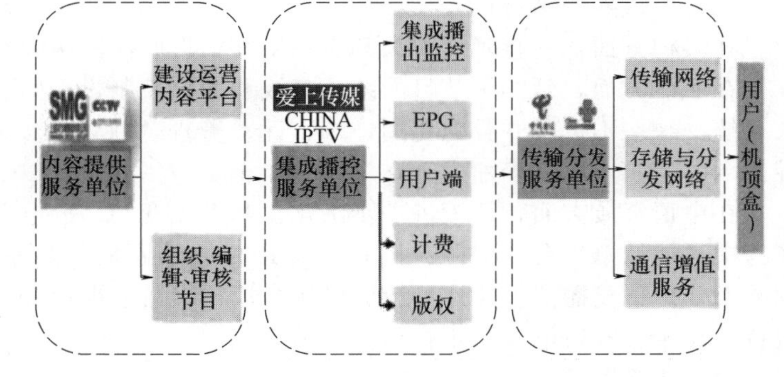

图4-11　IPTV产业链

3. IPTV政策监管

（1）政策监管

自2010年起，总局发布了一系列条例，旨在促使IPTV行业健康发展，如图4-12所示。

三网融合工作的纲领性文件。国发〔2010〕5号文件和国办发〔2010〕35号文件对推进三网融合的重要意义、指导思想、基本原则、主要任务、工作措施、实施步骤等提出了明确要求。

IPTV建设的纲领性文件。广局〔2010〕344号文件和广局〔2012〕43号文件明确我国IPTV集成播控平台开展平台建设、统一规划管理、运营模式、内容管理、安全监管和进度等方面做出了具体指示和要求。2015年5月，广电总局正式下发了97号文：《关于当前阶段IPTV集成播控平台建设管理有关问题的通知》。在重申344号和43号文的基础上，又提出了推动IPTV集成播控总平台与IPTV传输系统加快对接的指示，同时落实属地管理责任，同步加快IPTV监管体系建设。

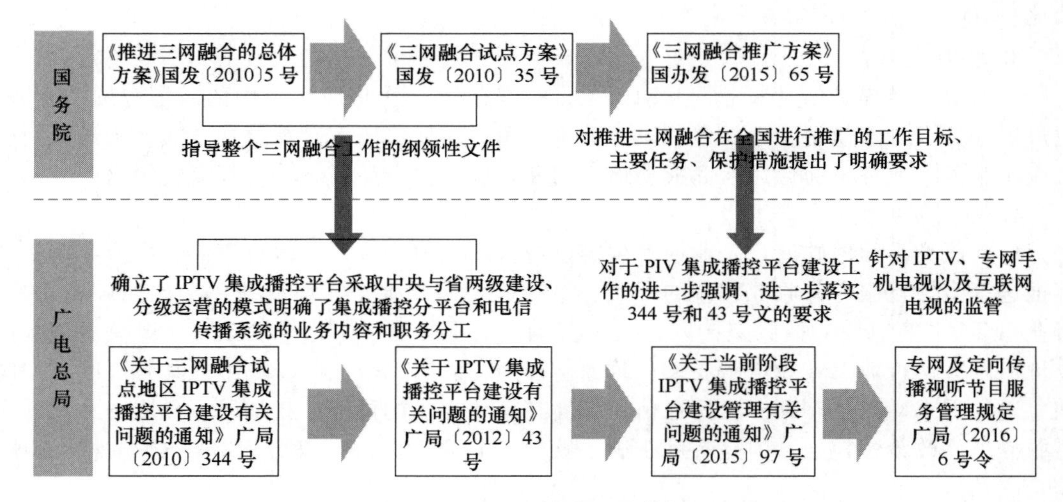

图 4-12　IPTV 政策监管条例

（2）内容服务平台

在架构方面，一直延续全国和地区 IPTV 内容平台两级架构。

在职能方面，主要变动是增加了对于内容平台建设、运营的把控，EPG 条目制作和版权，内容平台的控制有逐渐加强的趋势。

在申请资质方面，政策进一步细化，为地市级以上广电播出机构或中央新闻单位，且对节目储备和配备人员提出了要求，申请门槛进一步提高。全国 IPTV 内容服务许可持证机构为中央电视台、上海广播电视台。

（3）集成播控平台

在架构方面，一直延续中央和省级 IPTV 集成播控两级架构。

在职能方面，延续了节目的统一集成和播出控制、EPG、用户端、计费和版权管理五大系统，缺一不可。并且强化用户端、计费管理“双认证、双计费”，可见广电对集成播控平台的控制力度逐步加大。

在申请资质方面，政策进一步细化，基本无变动。广电总局进一步强化了中央电视台作为中央播控总平台的地位。目前全国 IPTV 集成播控服务许可持证机构为中央电视台，地方 IPTV 集成播控服务许可持证机构为辽宁广播电视台、广东广播电视台和湖南广播电视台。其余各省级电视台正在积极申请。

（4）传输服务

在职能方面，主要变动是由“IPTV 传输网络为 IPTV 集成播控平台提供代收费等服务”修改为“IPTV 用户端与计费管理，可采取由合作方‘双认证、双计费’的方式进行”。由于广电技术原因，目前一直由电信运营商独立进行用户管理及计费管理。未来广电集成播控平台可能会逐步落实“双认证、双计费”。

在申请资质方面，变动主要体现在允许中国移动申请传输牌照上，范围进一步扩大。目前牌照持有单位为中国电信和中国联通。

二、内容运营管理

（一）概述

一般而言，内容运营指内容营销管理者，即利用付费的、拥有的、赢得的和分享的沟通渠道与顾客一起或在顾客之间创造、激发和分享品牌信息与对话，具体工作包括基于产品的内容进行内容策划、内容创意、内容编辑、内容发布、内容优化、内容营销等一系列与内容相关的工作。

从 IPTV 内容运营来看，运营工作还应涵盖内容的加工、封装和运营等视频产品服务的全流程。内容加工包括内容的制作、原始版权采买、内容加工形成产品等工作，内容封装包括业务平台支撑、服务器提供、CDN 注入、产品设计与封装、产品审核和适配上线等流程，内容运营则包括内容的日常运营管理、渠道营销推广、计费结算和客户服务等工作。

（二）IPTV 内容运营模式分析

在 IPTV 发展的初始阶段，运营商缺乏有经验的内容运营团队，主要精力均在用户规模发展，内容承载平台和计收费通道提供上，内容运营的主要工作都交给了具有独立平台和运营能力的内容提供商（俗称 SP）。在以 SP 为主的内容运营模式下，IPTV 就像一家百货商场，商场管理方（运营商）提供营业场地、统一宣传、统一收银及基础服务设施，SP 就像品牌专区（柜），负责专区（柜）的商品组织、店面展陈、营销推广。这种模式下 SP 的自主权较大，积极性较高，容易吸引有实力的 SP 加入，在 IPTV 运营初期发挥了非常重要的作用。

但随着 IPTV 规模扩大以及 OTT 产品崛起，SP 模式带来的问题也渐渐浮出水面：从用户感知看，SP 各自为营，风格界面各异，计费点多，内容同质严重，用户使用体验较差；从运营管理看，运营数据被 SP 牢牢掌握，运营商难以对用户行为进行大数据分析，开展精准营销推广；从信息安全看，服务器由 SP 提供，运营商无法全面保障服务器与内容的安全，具有较大的风险；从合作门槛看，SP 模式要求较为严格，将部分优质内容拒之门外。为了提升用户体验，IPTV 运营商们不约而同开始思考以下问题：除了 SP 模式外，还有没有其他的模式可以采用？对于不同属性的内容，是不是可以区别对待，采用差异化的运营模式？

在不断的思考和探索下，与 SP 模式相对应的 CP 模式应运而生。CP 模式，即运营商深度参与到内容封装、运营、销售和数据管理工作中，实现统一业务流程、统一产品设计、统一运营管理、全面掌握行为数据，整合资源提升品质，最大限度确保业务安全可控；对用户而言，CP 模式打破了 SP 业务界线，用户界面更加友好、方便、简洁，有助于提升用户消费意愿和使用活性；对合作商来说，CP 模式减轻了合作商驻地团队工作负担，使其专注于优质内容的提供和专题活动的策划。

尽管运营商采取 CP 运营模式会在用户体验、统一管理方面带来提升，但同时也面临着新的挑战和困难，不仅需要投入更多的资源到不熟悉、不擅长的领域，还将在合作、流程、结算和支撑等方面带来巨大的转变。下面笔者就结合四川电信 IPTV 内容运营模式优化实践，谈谈对这一工作的认识和思考。

三、IPTV 发展面临的问题

（一）政策对 IPTV 发展的挑战

IPTV 是三网融合的产物，是广电、运营商、互联网相互融合产生的新兴媒体，所以也这几大产业也受到了政策的影响。2003 年，由于传统电信运营商涉及广电业务、广电系统介入语音业务，为加强管理，国务院办公厅颁布了《关于进一步加强电信市场监管工作的意见》，禁止广电、电信两大行业相互渗透。2004 年 7 月，广电总局颁发 39 号文，要求已领取《网上传播视听节目许可证》的机构申请更换许可证，这次又将电信运营商们挡在门外。IPTV 成为行业关注热点的最大理由还是因为电信运营商的积极介入，因为 IPTV 是广电系统数字电视市场的有力争夺者。由此可见，在影响 IPTV 发展的众多政策因素中，广电和运营商这两大因素是打破政策壁垒的关键。中国的 IPTV 市场尚处于导入期，商业环境还远未成熟，产业链还没有形成，产业链中的各个环节处于互相交叉的状态。广电系统和电信企业的博弈态势对整个行业的发展将产生重大影响，协调好广电部门和电信部门的利益冲突、有线数字电视和 IPTV 的竞争关系成为促进 IPTV 发展的重要因素。

一方面 IPTV 的合法性得到了政策的支持。2015 年 5 月，国务院办公厅印发了《三网融合推广方案》（国办发［2015］65 号），该《方案》提出总结试点地区经验，将三网融合全面推进，扩大到全国范围。

另一方面 IPTV 内容平台和 IPTV 集成播控平台的管制政策逐渐加强，显示出广电希望保持对电视屏的绝对控制。三网融合相关政策中曾对 IPTV 业务提出“双认证、双计费”的要求，但多地的 IPTV 业务并未完成这个对接要求，而是一直由电信运营商独立进行用户管理及计费管理。2016 年 4 月印发的《专网及定向传播视听节目服务管理规定》（广局〔2016〕6 号令），预示着广电可能重夺用户管理与计费管理权力，至少落实“双认证、双计费”。

（二）IPTV 版权内容保护有待强化

IPTV 运营牌照的获得者大部分还是属于广电系统，电视内容播出的审核标准与网络有很大区别，所以 IPTV 运营内容的安全性就显得尤为重要。到目前为止，在 IPTV 的版权保护上还没有一个具体的标准，因此产生了谁来实施新的准入制度、谁来负责节目内容的安全审查等新的问题，如果疏于版权管理不力，就会扭曲市场法则、影响版权所有者和内容提供商的积极性，进而影响 IPTV 业务市场，因此 IPTV 的业务特点决定了其在版权保护方面的迫切性和特殊性。在数字内容版权方面由于 IPTV 内容来源较广，而我国目前对知识产权还缺乏有力的保护，知识产权可能成为阻碍企业自身发展的绊脚石，但也可能成为一块国际化的敲门砖。加强数字版权管理是保护内容提供者合法利益必须采取的措施。

（三）有线电视对 IPTV 的阻碍

三网融合涉及的是广电、电信、互联网三大网络的融合，它不仅仅是网络和技术的融合，更多的是各系统间业务和管理的融合。但是各方的行政管理、市场运作等各种模式都不一致，这就给三网融合带来巨大的阻力。在其发展的过程中，有线电视无疑是 IPTV 最大的竞争对手。有线电视和 IPTV 所经营的视频业务有着高度的相似性，目前只是内容的多少、内容的品质等方面存在着差异，但这些差异随着时间的推进是在逐步淡化的。从发展的方向上和趋势上来看，如果将电信的核心业务——宽带接入和有线电视的核心业务——数字电视相比，前者对用户的黏性会更高一些。如果广电媒体、特别是地方广电媒体全方位地向 IPTV 开放内容资源，使 IPTV 的资源无论是在数量上、还是在品质上都和有线电视达到同一水平的话，这无疑将会对有线电视的用户产生巨大的分流作用。因此，

IPTV 要想利用好三网融合这个大背景，与有线电视的艰难合作与竞争将会是不可避免的。

三网融合的背景下，IPTV 的发展方向包括以下几个方面。

1. 主动适应政策环境，提升业务优势

在巨大的市场竞争环境中，融合媒体作为行业发展的趋势，为媒体创新服务提供了非常好的平台。正因为如此，IPTV 在其发展过程中的优势也开始慢慢显现出来。与有线电视、数字电视不同的是，IPTV 不仅聚合了众多优秀的资源，也开发了更多适应市场发展，适应用户需求的点播、时移、回看等功能，提升了在感官上的认知度。近年来，人民群众文化需求日益增长，在国家大力提倡和支持下，文化产业呈现出蓬勃发展的势头，人们的媒介消费行为也在不断发生着变化。用户对文化产业的消费与体验越来越呈现出个性化、主动化的特点，其消费行为不能再单纯地以传统的地理、人口统计特征等因素来划分，而应该转而关注他们的生活形态和个人品味等。在运营的过程中，可以针对不同的用户人群，将内容进行合理的规划和分类，形成专题、专辑等形式在首页进行推荐，方便用户查找观看，提升用户体验，提高用户黏性。

2. 加强数字版权保护是重中之重

融合媒体不仅是一个将传统媒体和新兴媒体融合的概念，它更是集合了多平台丰富内容资源的“百宝箱”。而 IPTV 作为融合媒体的产物，更是将众多的优秀内容聚合在了一起。也正是因为它的融合性，造成了给 IPTV 内容版权作界定的时候一直没有办法形成一个统一的审核标准。其造成的结果就是，平台上的内容繁杂，而且有很多可能都没有拿到 IPTV 的版权。所以，加强数字版权管理是保护内容提供者合法利益必须采取的措施。数字版权管理的标准包括设计加密标准、语言标准、密钥管理标准和架构等，鉴于目前数字版权的管理权尚未明晰，我国还未形成适合运营商采用的统一标准，但在技术上已经完全可以做到商用化和实用化。不管是广电、运营商还是互联网，运营好内容都是其发展的根本。所以，IPTV 要想成为融合媒体中最重要的存在，必须要保证内容的安全性。

3. 依托 IPTV 业务，拓展智慧家庭市场

固网宽带的竞争将触顶，IPTV 的渗透率也不断提升，而智慧家庭时代赋予了 IPTV 新的机会。

如图 4-13 所示，以 TV 视频为引领，强化内容经营，拉动宽带提速和流量释放。以内容拉动宽带提速和家庭网络构建，促进家庭高速网络环境构建；持续丰富家庭娱乐内容，以内容填充家庭业务内涵，细分家庭特性，精细经营；关注 VR、AR 技术演进和内容资源整合，推动宽带向千兆、移动向 5G 进一步提速，适时创造领先机会。

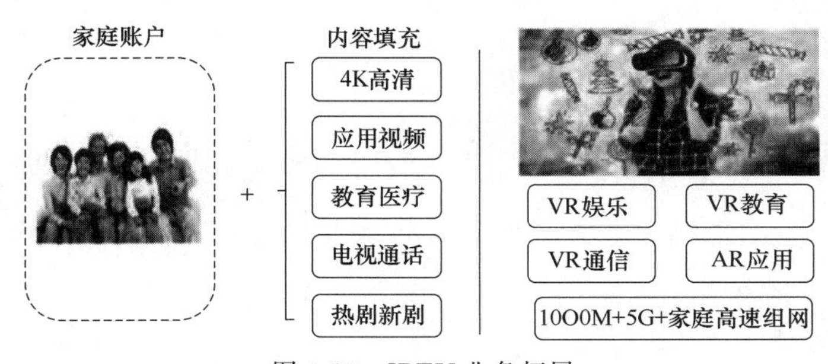

图 4-13　IPTV 业务拓展

依托智能网关，建立家庭核心平台，丰富应用，向综合信息服务转型。掌控家庭网关平台及接入标准，开放硬件终端和内容应用，实现家庭组网、应用商城。

参考文献

[1] 令狐建波. IPTV关键技术的研究与应用 [D]. 北京邮电大学，2011.
[2] 李庆，郑战. IPTV关键技术研究及应用 [J]. 电子技术与软件工程，2018，09：17.
[3] 薛竞等. IPTV业务发展剖析 [J]. 中国电信业，2018，04：75-77.
[4] 许益章. IPTV业务运营浅谈 [J]. 通信与信息技术，2018，02：21-23.
[5] 李燕. IPTV业务转型下的关键技术研究 [J]. 数字通信世界，2017，09：154.
[6] 许益章，刘丹. 关于IPTV内容运营模式的思考 [J]. 通信与信息技术，2018，04：68-70.
[7] 卢立学. 探析IPTV的实现方法及关键技术 [J]. 电视指南，2017，04：200.
[8] 郑培炜. 基于IPTV技术的业务分析与研究 [J]. 数字技术与应用，2019，02：15-16.
[9] 苏衡. 三网融合下IPTV_数字电视_网络电视的发展研究 [J]. 邮电设计技术，2013，03：85-88.
[10] 赵睿. 网络电视的优势和发展趋势 [J]. 中国传媒科技，2017，10：73-74.
[11] 沙克沆. 网络电视和数字电视的现状与发展趋势 [J]. 西部广播电视，2015，06：252-253.
[12] 黄穗禧. 新媒体环境下如何实现传统数字电视与网络电视技术的融合 [J]. 科技传播，2015，10：133-134.
[13] 余为. 基于校园网络电视的创新运用模式及应用 [J]. 电视技术，2018，11：98-102.
[14] https：//wenku. baidu. com/view/6929b357590216fc700abb68a98271fe900eaf47. html.
[15] https：//wenku. baidu. com/view/2a7309a6185f312b3169a45177232f60ddcce7b1. html.
[16] https：//baike. baidu. com/item/IPTV%E6%B8%B8%E6%88%8F/4292026？fr=aladdin.
[17] http：//www. sohu. com/a/148116253_683129.

第五章　融合数字新媒体

第一节　数字图书馆

一、概　　述

（一）定义

数字图书馆（Digital Library）是用数字技术处理和存储各种图文并茂文献的图书馆，实质上是一种多媒体制作的分布式信息系统。它把各种不同载体、不同地理位置的信息资源用数字技术存贮，以便于跨越区域、面向对象的网络查询和传播。它涉及信息资源加工、存储、检索、传输和利用的全过程。通俗地说，数字图书馆就是虚拟的、没有围墙的图书馆，是基于网络环境下共建共享的可扩展的知识网络系统，是超大规模的、分布式的、便于使用的、没有时空限制的、可以实现跨库无缝链接与智能检索的知识中心。数字图书馆具有信息查阅检索方便、远程迅速传递信息和同一信息可多人同时使用等特点，如图 5-1 所示。

图 5-1　数字图书馆登录界面

“数字图书馆”从概念上讲可以理解为两个范畴：数字化图书馆和数字图书馆系统，涉及两个工作内容：一是将纸质图书转化为电子版的数字图书；二是电子版图书的存储，交换，流通。

（二）数字图书馆的特征

（1）数字图书馆应用基于全文的、智能化检索技术。读者可以用自然语言，通过人机交互利用模糊集合理论中的模糊推理以及人工智能中自适应算法和学习，在分布式数据库中检索和查询信息，获得一致性的、连贯的文献资源。

（2）数字图书馆的文献资源具有多种语言、多种媒体的特征，数字图书馆还具有多种语言编译和转换的能力。

（3）数字图书馆是一个由网络连接的信息空间互连空间。

（4）数字图书馆具有强大的知识与信息收集、发布和传播功能，使图书馆由“被动式”的服务转向“主动式”的服务。

二、表现形式

随着近年来研究和建设工作的不断进行，数字图书馆的含义和表现形式不断地得到深入和拓展，数字图书馆越来越以缤纷的姿态呈现在人们面前。

目前比较流行的数字图书馆主要有两种表现形式。

1. 由馆藏资源数字化建成的数字图书馆

以传统图书馆为基础，经馆藏资源的数字化和重新组织而建成的数字图书馆是目前最常见的一种形式。根据跨越空间和涵盖资源范围的不同，这种数字图书馆还可以区分为单馆、国家、地区以及全球规模的数字图书馆。

（1）单馆规模的数字图书馆。单馆规模的数字图书馆是由一家图书馆通过馆内资源的数字化建成的，其实质就是传统图书馆的数字化。图书馆工作人员或专职技术人员，利用现代化的设备和手段，为馆内的原有馆藏制作出数字拷贝，并在网上建立门户网站，供用户对本馆的数字资源进行访问和查检。

这种单馆规模的数字图书馆其特点是开销相对小，资源组织比较容易，缺陷是资源有限，还不能实现真正意义的资源共享，最终必然要向更大规模的跨国和跨地区的方向发展。

（2）国家、地区规模的数字图书馆。这种数字图书馆理论上将囊括全国或全地区各图书馆信息中心有查询价值的信息资源，并通过资源的再组织和再加工提供给用户。

国家、地区级数字图书馆的建设方式目前主要有两种。第一种方式是由组织机构统一负责资源的收集和处理，将全国或全地区范围内有访向价值的信息以统一的模式进行数字化处理，并将其存储在本地。由美国国会承担的“国家数字图书馆项目”是以此种方式建立的数字图书馆的杰出代表。该类型数字图书馆优点是其资源组织系统，用户访问方便快捷，缺陷是开销巨大，重复工作严重，不易保证资源的完整性，如图 5-2 所示。

图 5-2　美国国会图书馆新 Logo

另一种方式是采取分布式建设方式，即由多个图书馆或研究机构遵循统一的标准和模式联合开发。这种数字图书馆提供给用户的或者是一个单独建立的指引型图书馆界面，或者是多个节点各自立站，但无论是采取哪一种方式，它所提供给用户的资源都是一致的、透明的。例如，美国国家科学基金会，国防部高级研究署等单位资助的“数字图书馆研究计划 2”。这种数字图书馆的优点是避免了重复性劳作，保证了资源的完整，是数字图书馆未来的发展趋势之一。

（3）全球规模的数字图书馆。全球数字图书馆可以看作是国家数字图书馆在全球范围内的扩展。全球数字图书馆的建设，要求世界各国图书馆领域的共同参与，各国要遵循国际制定的统一规范和标准，具体负责本国内有价值资源的收集、加工与处理，所有资源采取统一的标引方式，组成一个逻辑上的大型知识库，最后在各国或在几个国家建立门户网站。

西方发达国家早在 20 世纪 90 年代中期就开始倡议开发建立全球数字图书馆，并已着手规划、设计与研究。1995 年西方 7 个主要发达国家确定的“G7 信息社会计划小型试验项目”中就包括 G7 电子图书馆项目。

2. 直接利用现代信息技术构建的网上图书馆

直接利用现代信息技术构建起来的网上图书馆是数字图书馆的另一种重要的存在模式。它的资料来源并非基于某一个或某几个传统图书馆，面是直接利用现代技术获取、加工、整理，并通过网络提供给用户。

目前存在的网络图书馆主要有两种类型。第一种类型的网络图书馆实际上就是一个运行于网络环境下的图书馆管理信息系统。它将传统的图书馆和电子出版物有机地结合在一起，并将从传统的图书馆借阅书刊资料的方法扩展为在电子的环境下借阅虚拟的书刊馆藏资料。

目前网络图书馆中运作和建设比较成功的是美国科罗拉多州博尔德的网络图书馆——NetLibrary。

除此之外，还有一类同样是基于现代信息技术建成，但却不提供传统图书控制的网络图书馆，这种类型的网络图书馆通常是由图书出版、经营或数据库生产部门建立起来的。从事图书出版的机构或商家，将出版与网络发行相结合，通过建立自己的主页提供图书信息并开展网上售书服务。另外，一些重要的数据库生产商也直接建立自己的网站，为用户提供查询的接口，进行面向用户的直接服务，如 Eric、EI 等大型数据库目前都已提供网络版，如图 5-3、图 5-4 所示。

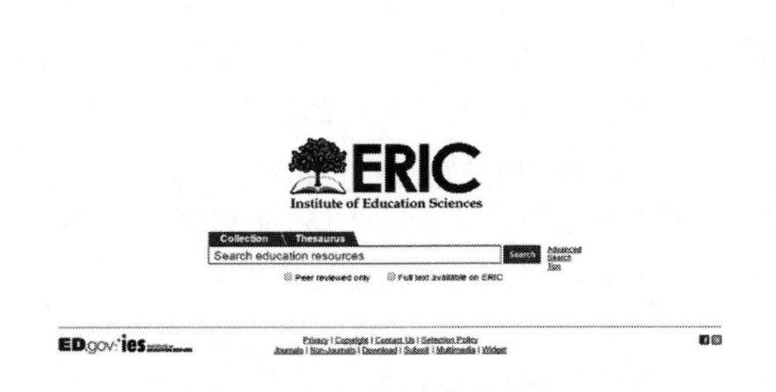

图 5-3　Eric 数据库检索入口

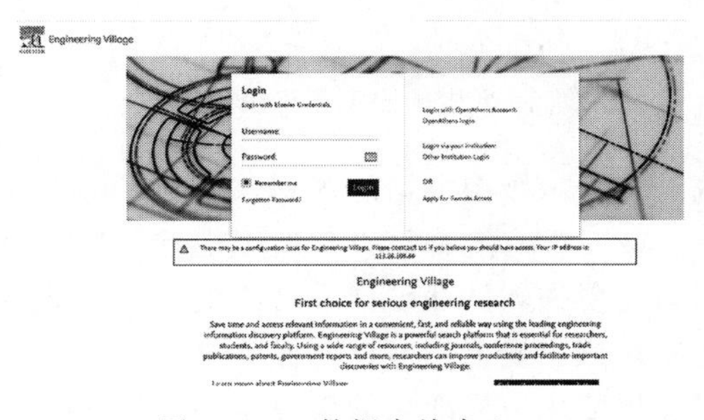

图 5-4　EI 数据库检索入口

三、市场发展分析

（一）我国数字图书馆建设现状

1. 我国数字图书馆的发展历程

1996 年国际图联（IFLA）第 62 届大会讨论的一个专题就是数字图书馆。清华大学图书馆和 IBM 公司联手展示了“IBM 数字图书馆方案”。

1997 年 7 月，我国正式提出数字图书馆的概念并开始了大规模研发工作。由国家图书馆、上海图书馆等 6 家公共图书馆参与该项目的研究，拉开了中国数字图书馆建设序幕。

1998 年以后数字图书馆在我国开始升温，在科技部的协调和支持下，设立了数字图书馆重点项目——“中国数字图书馆示范工程”，并于 1999 年启动。

1999 年初，国家图书馆完成了“数字图书馆试验演示系统”的开发；3 月，成立了“国家图书馆文献数字化中心”，使扫描年产量达到 3000 万页以上。同时，开展了部分省、市数字图书馆的研究项目。

2000 年底，由文化部讨论制定了《中国数字图书馆工程期规划（2000—2005 年）》，并推荐了使用资源加工的标准规范。

2001 年初，北京大学、东北师范大学等多所院校先后成立了数字图书馆研究所，进一步助推了中国数字图书馆的研究与建设工作。

2001 年 5 月 23 日，经专家技术鉴定国家重点科技项目“中国试验型数字式图书馆”

获得成功。中国数字图书馆进入了初步实用阶段。

2. 我国数字图书馆建设现状

我国数字图书馆的发展至今已经历了 23 年的历程，在发展的过程中取得了宝贵的经验和丰硕的成果，已拥有 100 多个数据库，并有部分数据库向社会提供服务。但在发展和建设过程中还存在许多问题，影响了我国数字图书馆的健康发展，如图 5-5 所示。

图 5-5　中国国家数字图书馆

（1）重复建设问题突出。我国数字图书馆的建设缺乏统一规划和协调，数字图书馆的建设彼此孤立，每个数字图书馆都在向着大而全的规模发展，使不少数字资源利用和建设出现重复。

对策：统筹规划以避免重复建设。

多部门统一协调，制定出中国数字图书馆建设的全国性规划方案。在科学论证、专家把关的基础上，在全国大规划的前提下，制定出区域和下一级图书馆的规划，做到大局上的统一部署、协调一致。

（2）没有统一标准和通用规范。我国的数字图书馆建设没有统一的标准和规范，各图书馆使用的软件和硬件规格不统一，很难形成资源共享，造成资源浪费。

对策：规范管理统一标准。

规范化与标准化的实现需要主管部门协调，多单位和部门共同参与合作，专家组织论证，制定统一的标准，让数字图书馆之间实现信息共享、数据库兼容，做到用户界面、检索语言等方面的统一。当然，在制定标准的过程中还要考虑到与全球互联网衔接的问题，尽量做到与国际标准兼容。

（3）缺少版权意识。我国目前的法律对数字图书馆中的“知识产权”问题还没有清晰完善的解释。数字图书馆作为文化系统组成的一部分，每种信息都与版权有关。且电子形式的数据很容易被修改、复制和分发，所以电子信息传输的许可和版权保护问题就显得特别重要。

对策：加速完善著作权集体管理制度。

版权法采取集体授权的模式，集体授权的模式既维护了著作权人的合法权益，同时也为使用作品的人提供了方便畅通的渠道，便于作品的迅速广泛传播。

（4）读者的个人信息得不到保护。数字图书馆技术人员的技术参差不齐，水平差的技术人员很难保证读者个人信息的安全，另外，用户的安全意识不强。

对策：加强信息安全的宣传，以提高用户的信息安全意识。

（5）缺乏高素质的管理人才。大部分数字图书馆的建设依然局限于本身网络服务和馆藏资源的数字化上，缺少开展图书馆之间资源共享和全球信息资源一体化发展的意识，缺乏高层次的复合型信息化人才。

对策：培养复合型人才。

要多渠道培养熟悉网络知识、法律知识、图书馆业务知识和国际公约条例知识的专业技术人才，参与数字图书馆标准的制定和知识产权法律条文的制定，尽可能达到既保护了知识产权人的权益，又为数字图书馆的发展创造宽松的环境。

（6）数字图书馆信息安全存在问题。数字图书馆的信息安全是指数字图书馆信息网络的软件、硬件、系统的正常运作及其中的信息不受侵犯。数字图书馆“信息安全”包括两个方面，即信息传输安全和信息存储安全（主要问题）。信息安全产生的原因主要来自网络黑客和计算机病毒。

对策：加强管理人员和用户的信息安全意识。

图书馆一方面要重视系统安全，对安全软件做到熟练操作，定时升级安全软件，及时为系统打补丁；另一方面，应适量引进“信息安全管理”方面的专业人才，对现有的管理人员进行系统、科学、全面的安全管理培训，使图书馆整体的信息安全管理水平得到提升。

第二节　移动短视频

一、概　　述

不同于视频网站官方出品的几分钟到几十分钟的资讯类短视频，移动短视频是一种基于智能手机、Paid 等移动终端的全新社交应用，依托于微视、秒拍、美拍等短视频应用，以 UGC（User Generated Content，用户生成内容）形式为主，视频贡献者主要为使用该应用的用户，它允许用户利用智能手机等移动终端设备拍摄时长一般 10 秒左右的极短视频，并支持快速编辑美化，主要用于社交应用上的分享。

2013 年 8 月 28 日，新浪发布基于手机终端的“秒拍”应用，实时分享长度为 10 秒的短视频。腾讯的“微视”于 2013 年 9 月 28 日上线，它的定位是基于开放关系链接的 8 秒视频分享社区，能够实现在微信朋友圈已有社交平台上的同步更新。美图秀秀紧随于 2014 年 4 月发布了“美拍”。2016 年是短视频行业爆发式井喷的一年，期间各大公司合力完成了超过 30 笔的资金运作，短视频市场的融资金额更是高达 50 多亿元。各类短视频 APP 数量激增，用户媒介习惯已经形成，平台和用户对优质内容的需求增大。2018 年，快手、抖音、美拍相继推出商业平台。短视频产业链条逐步发展起来，平台方和内容方不断丰富细分，用户数大增的同时商业化也成为短视频平台追逐的目标。

二、案 例 分 析

（一）抖音

抖音是一款音乐创意短视频社交软件，是一个专注年轻人的 15 秒音乐短视频社区。用户可以通过这款软件选择歌曲，拍摄 15 秒的音乐短视频，形成自己的作品。此 App 已在 Android 各大应用商店和 APP Store 均有上线，如图 5-6 所示。

图 5-6　抖音

抖音于2016年9月上线。2017年11月10日，今日头条10亿美元购北美音乐短视频社交平台Musica.ly，将之与抖音合并。2018年3月19日，抖音确定新slogan“记录美好生活”。2018年4月10日，今日头条旗下短视频平台抖音表示，抖音正式上线防沉迷系统。4月11日，抖音对系统进行全面升级。2018年6月首批25家央企集体入驻抖音。2019年5月，抖音再次升级“向日葵计划”，上线亲子平台功能，以协助家长对未成年子女的抖音账号进行健康使用管理。

（二）快手

快手是由快手科技开发的一款短视频应用APP，前身叫GIF快手（诞生于2011年，一款将视频转化为GIF格式图片的工具）。用户可以通过它制作并分享短视频，还可以在快手上面浏览、点赞他人的作品，与其他短视频作者互动，如图5-7所示。

图5-7 快手

2017年3月23日，快手宣布完成新一轮3.5亿美元的融资，此次融资由腾讯领投，4月29日，快手注册用户超过5亿。2018年1月，快手进行新一轮10亿美元的融资，投后估值在180亿美元，腾讯、红杉将继续跟进。2018年4月1日，央视点名短视频平台低龄孕妈炒作炫耀，快手清查并封停账号；2018年6月6日，公司与中文在线签订了《战略合作协议》。2018年7月，首席内容官曾光明离职。

2018年6月5日，快手确认已完成对Acfun的整体收购。12月24日，由北京弹幕网络科技有限公司和北京快手科技有限公司变更为快手公司100%全资控股。2019年《快手MCN发展报告》显示，自2018年底至今，已有超过600家机构密集入驻快手，覆盖多数头部机构，涉足20+垂类细分领域，已发布作品80万+，总播放量超过2000亿。

（三）火山小视频

火山小视频是一款15秒原创生活小视频社区，由今日头条孵化，通过小视频帮助用户迅速获取内容，展示自我，获得粉丝，发现同好。属于猎奇类短视频APP。

2017年6月，腾讯应用宝“星APP”5月榜单发布，火山小视频APP登顶新锐应用。2018年4月5日，被央视点名的火山小视频APP在安卓手机各大应用商店内下架。4月13日，火山小视频进行整改。8月，根据《互联网视听节目服务管理规定》被广电总局作出警告和罚款的行政处罚，如图5-8所示。

图5-8 火山小视频

伴随着直播行业进入深水区，2018年最明显的趋势是探索“直播+”的生态化发展已经成为更多玩家的选择。而火山紧跟行业步伐，以“+直播”模式积极拓展社交、音乐等几大典型领域，以新模式探索行业新高度。

火山扎根直播领域，融合线上线下渠道，在内容生态上自成一脉。火山集丰富UGC内容与专业优质的PGC内容于一体，有效覆盖更广泛的用户群体。火山逐渐形成UGC+PGC协同发展的内容生态。其先后联合北京新东方烹饪学校发起了“上山吧！厨神”挑战赛，与《致富经》联合出品《三农种养殖小课堂》，与果壳网合作推出《妙招真假大揭秘》，使得其PGC内容也愈发更多元化。火山尝试的“泛娱乐+直播”模式，主播明星线上齐玩“真人版大富翁”，拓展娱乐直播的全新玩法，如图5-9所示。

（四）梨视频

梨视频是原澎湃新闻 CEO 邱兵创始的一个资讯类视频平台，于 2016 年 11 月 3 日上线，是一款新闻短视频 APP，致力于打造“用讲故事的方式传递中国声音”的资讯平台。2017 年 10 月 28 日，梨视频荣获“2017 中国应用新闻传播十大创新案例”。

图 5-9　真人版大富翁

梨视频在继承了传统媒体严格内部审核与发布机制的同时，配合由全球最大拍客网络为核心的 PUCG 内容生产模式，能以最快的速度产出“多而好”的内容。与此同时，无论是站内广告收入、视频版权收入还是与互联网大厂合作探索新的电商之路，梨视频都以最大限度，多方位挖掘优质内容的商业价值，形成一条“好内容”生产与变现的良性循环，如图 5-10 所示。

梨视频创造了独特的内容生产机制并将其概括为“PUGC 模式”，即注重内容高品质生产（PGC）和强调用户关系（UGC）的结合。此模式的核心在于：拍客不能直接在平台发布视频，除了部分生活类视频由 AI 自动化系统进行识别外，其余内容素材必须通过梨视频的专业编辑团队进行审核与剪辑。

图 5-10　梨视频

梨视频是目前唯一比照传统媒体，建立“三审机制”的短视频平台。各地拍客主管为责任人，负责对素材的真实性进行核实，此为“一审”；统筹主编与责任编辑为责任人，判断素材有无传播价值，导向是否正确，视频内容是否符合主流价值观要求，并对视频的细节进行审核，此为“二审”；总监、副总编辑、总编辑为责任人，对完成剪辑的素材进行全盘核查，对视频是否客观中立，会不会造成曲解等进行判断，此为“三审”。经过以上审核无误，视频才会最终发布。

虽然与流量型短视频平台相比，梨视频的站内变现能力稍弱一些，但作为一家成立仅三年的互联网企业，梨视频已具备自主造血的能力，并连续两年收入增长达到 300%。

三、市场发展分析

QuestMobile 发布的《中国移动互联网 2019 春季大报告》显示，2019 年 3 月，短视频行业月活跃用户规模达到 8 亿，同比增长 42.2%，环比下滑 2.4%。2019 年 2 月，短视频行业月活跃用户规模为 8.2 亿，首次突破 8 亿大关。短视频行业月人均使用时长为 22 小时，去年同期为 17.6 小时。用户月人均打开短视频 APP 的个数从去年的 1.5 个涨至 1.7 个，这说明用户还在多个平台之间徘徊，行业竞争依然激烈。

目前短视频领域有四大阵营，分别是头条系、快手、百度系和腾讯系。其中，头条系还是该领域的老大，2019 年 3 月，头条系去重后用户规模超过 5 亿，快手增长至 3.6 亿，百度借春节营销活动跻身亿级俱乐部，腾讯系去重后用户规模达到 8267 万，较去年同期的 690 万增长 1098%。今后短视频市场发展趋势如下。

1. 行业巨头优势在内容分发端优势得到最大展现

行业巨头拥有巨大的资本、用户资源，MCN 更青睐于和他们合作，保证了优质内容的源源不断和专业化的内容运营、变现。其次，依靠巨头的平台在内容精准推荐分发算法的技术实现方面拥有天然优势。巨头系利用其多元化的产品为其短视频平台进行多渠道内容分发，最大化吸纳用户。

2. 垂直领域进行内容分发成为趋势

资本纷纷进入市场，综合型平台已经形成了一定的竞争格局，而内容的垂直领域很多，每个领域都有不小量级的目标用户，而像 BAT 这样的庞大资本不大可能进入细分市场，他们更愿意抢占综合性大市场，收购或者投资做得好的垂直细分平台。

3. 行业垂直细分成为未来的热度

综合性短视频平台已是一片红海，BAT 纷纷入局竞争，与其竞争难上加难。已经有一批团队进行垂直细分市场的探索，如何仙姑夫、二更等，但以内容题材为划分的三级市场范围很广，科技、军事、天文等，随着市场的格局定调和成熟化，行业垂直化细分是必然趋势。

市场的两极分化愈加严重，综合平台终究只会有少数几个出现在用户的手机中，腰部和长尾平台都会被整合，最终留下头部的综合性平台和垂直领域细分市场的专题内容平台。

4. 专业内容付费短视频平台在一二线城市更有空间

一二线城市是社会精英阶层的聚集地。专业性内容比如几分钟学语言、几分钟商业模式解读、职场短视频等有利于提升自我的内容结合短视频，更加符合他们的碎片时间需求。而这样的专业性价值比较大的内容一定会采取内容付费的模式，受众消费能力很高，完全可以接受。这样基于内容自身变现的模式比流量变现更加高级、健康、持久。

5. 内容质量审核、监管在算法、机制方面仍需探索、完善

各平台相继出现内容言论不当被监管部门点名批评、约谈、处罚的情况，各大平台也加强这方面的审核力度，但是算法审核、拦截不当言论大多是依靠关键字等显性元素，并不能有效拦截，结合人工审核会更有效，新增的成本又成为一大负担，有效机制如何制定还需探索。

6. 商业变现多元化

目前市场还主要是依靠广告、用户打赏、电商合作变现，商业变现还比较低级、粗糙，依靠其他主体合作变现分成。拓展新的变现模式，实现深入变现、建立立足市场自身的变现模式成为市场参与者要思考和探索的事情。

第三节 视频直播

一、概 述

（一）概念

网络视频直播是依托移动互联的网络环境基础，以手机等移动终端设备和直播应用程序为软硬件支撑，基于兴趣形成的网络视频信息实时呈现和交互传播模式。与传统的视频直播相比，网络视频直播表现出突出的互动性、多样性、自主性、效益性和真实性特点，如图 5-11 所示。

（二）网络直播分类

从直播渠道分类，平台主要包括两类：PC 端与移动端。PC 端直播平台的代表有斗

图 5-11　视频直播

图 5-12　花椒直播

鱼直播、熊猫直播，移动端直播平台代表有一直播、映客直播、花椒直播，如图 5-12 所示。

两类平台的不同主要体现在其推荐观看的方式中，PC 端直播平台进入网页后就能立即观看首页直播或点击热门直播，移动端直播平台进入网页后首先出现的是 APP 下载页面，促使用户下载 APP 观看。这也导致了直播平台的主打方向、主播类型、观众喜好等有着巨大的差异性。

从主打内容分类，平台可以分为如下 3 类：以斗鱼直播、虎牙直播为代表的涵盖游戏、帅哥美女、户外、御宅文化等多个项目的泛娱乐直播平台，以淘宝直播为代表的电商直播平台以及教育、财经、体育等垂直领域直播平台。

泛娱乐直播平台是目前发展态势良好、商业模式成熟、观众群体稳定的一类直播平台。电商直播平台商业目的性强，最重要的任务是卖出商品，利用明星、网红的号召力直接变现流量。

（三）网络直播传播特点

1. 低门槛易理解

视频直播发布的门槛极低，用户可轻松进入直播状态，随意切换场景。降低了技术门槛和成本要求，让主播们能够自由和便捷地制作、发布直播视频。

直播的内容非常碎片化，打开电脑或手机的直播平台，随时有各种各样的直播场景供人们选择观看。视频直播真正做到去中心化，让任何人都能自由地表达自己。直播视频是人与人连接最有效途径之一，在传达更丰富情感的同时，让沟通更有效率。

2. 真实性与丰富性

直播有助于确保透明度，随时随地直播生活片段，让真实场景出现在眼前。现在已然进入“有图有真相”的时代，但相比于视频直播声画兼备、动态及时、品类丰富的特点，展现在观众面前的永远是实时的、新鲜的内容，观赏体验更佳。

3. 即时互动

与社交软件类似，直播软件使得粉丝与主播之间实时互动。这样的双向即时互动是其他的文字、视频交流方式难以匹敌的。不论是微博还是优酷视频，发布者与接受者之间的交流量少，时效性低。在热门博主与热门视频发布者身上，这种现象更明显。而网络直播中，不论主播的名气大小，都是在与观众实时交流经验。

4. 弹幕文化

弹幕文化作为一种亚文化，在网络直播中实现了文化生产消费的有机循环。观众不仅把弹幕作为表达惊喜、惊讶、愤怒、悲伤等感情的一个工具，更是形成了一系列独特的弹幕文化，并进一步强化了观众的群体认同心理。特别是一些短语，如“666”表示赞赏主播打得不错。

5. 分享快捷

在自己享受网络直播带来的愉悦时，观众也能通过发送链接或二维码的方式便捷地将直播间分享到朋友圈、微博等社交软件，被分享者不需要进行额外操作也能准确、迅速地进入对应的直播间。

6. 无标度分布

观众并不是被平均分配给每个主播的，而是以一种幂律分布的方式聚集。马太效应促使已经知名的主播占据了大部分的观众资源，而不知名的主播，其观众甚至不及知名主播的百分之一。

二、案例分析

（一）斗鱼直播

斗鱼 TV 是一家弹幕式直播分享网站，是国内直播分享网站中的一员。斗鱼 TV 的前身为 ACFUN 生放送直播，于 2014 年 1 月 1 日起正式更名为斗鱼 TV。斗鱼 TV 以游戏直播为主，涵盖了体育、综艺、娱乐等多种直播内容。此外，斗鱼举办“公益主播团”助力扶贫，如图 5-13 所示。

图 5-13　斗鱼

2016 年 3 月 15 日，斗鱼 TV 宣布获得腾讯领投的 B 轮超一亿美元融资。8 月 15 日，斗鱼直播完成 C 轮 15 亿元人民币融资，由凤凰资本与腾讯领投。2018 年 3 月，斗鱼获得新一轮 6.3 亿美元融资，是腾讯独家投资。

2016 年 11 月，斗鱼 TV 荣登 2016 中国泛娱乐指数盛典“中国文娱创新企业榜 TOP30”。2019 年 2 月，游戏直播平台斗鱼秘密申请在美国 IPO，拟融资约 5 亿美元。

2019 年 4 月 22 日，斗鱼向纽约证券交易所提交 IPO 申请，计划最高融资 5 亿美元，股票代码为“DOYU”。2019 年 5 月 6 日开始路演，7 月 17 日在纳斯达克上市。

（二）抖音直播

目前，虽然抖音上依然没有固定的直播入口，但基本上从早到晚，页面顶端“正在直播”的图标都闪个不停。

给主播打赏礼物的名字也非常符合抖音的文化，像“抖音”“仙女棒”等，都十分满足抖音的社区氛围。这些与快手的“老铁”、“双击 666”形成了鲜明的对比，这也是不同社区之间强烈的风格差别。

此前，抖音的收入主要依赖于广告收入，因此收入模式比较单一。进一步深入直播领域可以增加其收入的方式。直播平台已经被验证可以通过精准投放广告，主播打赏抽成等方式来获得收入。

2019 年 2 月抖音对外公布称国内日活用户达到 1.5 亿，月活用户达 3 亿。抖音目前宣布全球月活用户已经突破 5 亿，但媒体报道中活跃用户增长速度还是在不可避免地放缓。直播也许是刺激用户增长的下一个有效方式，如图 5-14 所示。

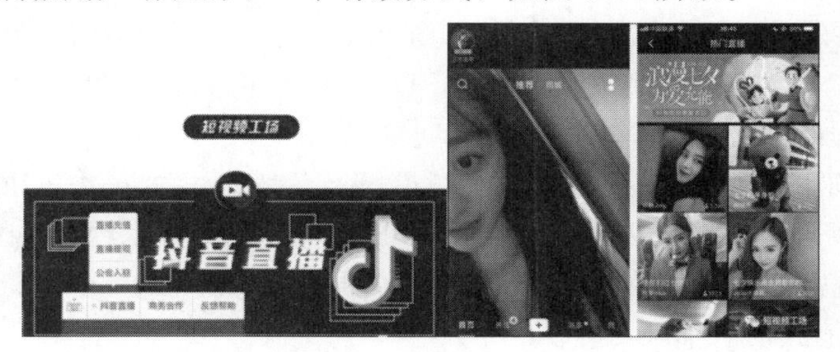

图 5-14　抖音直播

（三）快手直播

截至 2018 年 12 月底，快手的日活跃用户数突破 1.6 亿。在 2019 年 1 月 5 日不到半年的时间，快手的日活跃用户实现了超过 20%的增长。这里估算快手直播人均营收约为 300 元左右，如图 5-15 所示。

快手直播在最近的网红 PK 也好，或者网红的日常直播，排名前 3 基本上都是电商，有的快手老铁已经戏称现在的快手直播就是个“百货商场”。

图 5-15　快手直播

快手平台也提供给玩家多样的变现方式，例如开设更多的实验室功能，我的小店，快手课堂，这些都是变现的切入口。其中有的商家在做直播时，不会像淘宝那样有商品的链接可以直接点开交易，而是采用把选好的商品截图，加商家的微信号，发红包给商家这样的交易方式。

三、市场发展分析

（一）发展趋势

据前瞻产业研究院发布的《中国网络直播行业商业模式创新与投资机会深度研究报告》统计数据显示，截至 2018 年 12 月，中国网络直播用户规模达 3.97 亿，预计 2019 年用户规模将突破 5 亿，如图 5-16 所示。

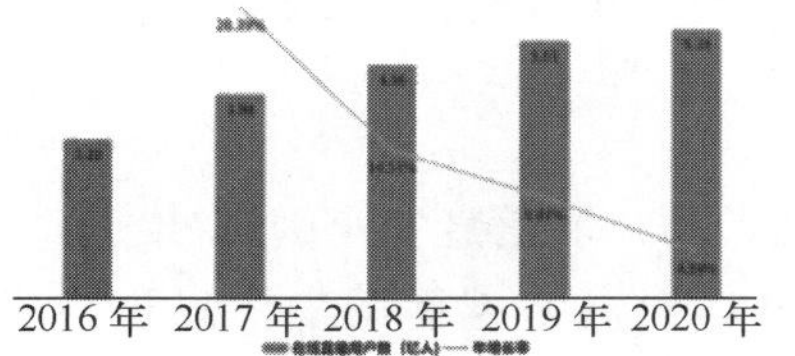

图 5-16　中国在线网络直播用户预测

相比短视频、共享经济、人工智能等风口，直播行业逐渐步入稳步前行的阶段，直播行业资源越发集中，呈现以下四大发展趋势。

1. 5G 发展或将催生技术变革

随着我国 5G 将正式走向商用，将给直播行业带来更多的发展空间。对于直播行业来说，5G 不只是可以消除卡顿，也可以让直播画质更好，画面传送能力更强，同时也会大大提高运营和变现的效率，提升观众体验。

2. 渠道和市场下沉，“走到海外”成为潮流三四线的这些用户更晚接触移动互联网，有着更多的闲暇娱乐时间，近两年逐步培养起来的消费习惯，也让行业看到未来下沉市场更大的潜力和想象空间。另一方面，更多直播平台都已瞄准全球市场以获取更大增长空间，同时不少地区都在积极推进数字化政策。

3. 变现能力加强，差异化模式下内容多点开花

随着直播行业进入了转型、调整期，对直播平台的商业模式、内容生产、主播培育和吸流能力等方面提出了更高的要求。差异化模式下，更加专业化、精细化、个性化的内容制作，将会提升整个直播平台的内容质量和直播间氛围，给观众带来全新的视听体验。

4. 短视频和直播融合加强

当前众多短视频平台开设了直播功能，直播具有即时互动性、沟通性强的特点，而短视频具有内容精细化、碎片化的特点，短视频与直播融合，将使得双方优势互补，共享用户流量池，推动内容差异化发展。

报告分析认为，对于直播行业的未来来说，两个非常重要的节点是5G和人工智能。其中，5G将在2020年迎来商用时代，这对于整个视频内容产业来说都是一个在流量、技术上的非常重要的突破；人工智能则是未来会改变各行各业的重要发展趋势，据了解，目前YY已经开始在人工智能领域上做更多的尝试，譬如智能分发等。

（二）存在问题

随着直播平台的发展，网络视频直播领域呈现百家争鸣的景象，然而，在这愈演愈烈的市场竞争背后，也存在着不可忽视的隐患和问题。

1. 同质化严重，盈利模式单一

很多网络直播平台都只是名字上的区别，主播的内容、形式等都大同小异，无法带来更新的感官体验。以用户充值来购买虚拟礼物打赏主播，然后平台从中抽成，形成了盈利闭环，沿用至今仍是绝大部分平台的主要盈利模式。

对策：平台提高创新能力，抓取发展突破点，发展求异，形成自身特点。寻求新型盈利模式。

2. 监管体制不健全

直播平台的监管局限于行业自律，没有完善的监管体制，导致行业内造假，不正当的经营与竞争方式成风。网络直播的内容难以实现智能内容监管，只能依赖人工监管。一系列的漏洞所导致的问题就是，直播内容中“擦边球”的现象增多。另外，有些直播内容还涉及版权问题，由于缺乏严格的监管机制，盗播录播他人成果的主播也不在少数。

对策：相关部门应出台法律法规，建立监管机构，设立触发措施，深入查处并严厉打击违规网络直播。

3. 用户信息安全受到威胁

直播信息量的不断加大，网络直播的安全性降低，用户的信息安全受到威胁。

对策：借助技术手段来维护网络直播运行的正常，对网络直播用户信息进行安全管理，如对信息进行实时监控，建立应急机制应对突发事件等。

4. 直播内容过度娱乐化和低俗化

直播门槛过低，主播素质良莠不齐，为了吸引观众，尝试了一些偏极端的手段，部分主播甚至突破了行业底线和规则，直播一些存在分级问题的内容。另一方面，观众的个人欲望也潜移默化地驱动着直播内容的逐渐低俗化。

对策：提高社会的管理能力，加强对社会成员的管理，建立公开透明的社会参与机制。

第四节　楼宇电视

一、概　　述

楼宇电视是指采用数字电视机为接收终端，把楼、场、堂、馆、所等公共场所作为传播空间，播放各种信息的新兴电视传播形态，如图 5-17 所示。

图 5-17　楼宇电视

由于出发点不同，其分类和称呼也有差异，又被称为楼宇液晶电视、城市电视、楼宇广告电视、楼宇数字电视等。楼宇电视利用标准液晶显示器或液晶电视机，通过硬盘、CF 卡、路由器、光缆、电话网、地面广播等形式，实现局域网、广域网、互联网的信息发布，通过联网和多媒体系统控制等方式，实现信息显示和视频广告播放。以播出电视广告和其他节目为表现手段，在商业楼宇、卖场超市、校园、会所等场所内设置新媒介形式终端接收系统，实现户外楼宇广告媒体发布。

楼宇电视系统的组成通常为：①多媒体信息机；②控制台计算机；③服务器；④网络设备和电缆。多媒体信息机是一体化的专用嵌入式计算机，用作多媒体信息发布系统终端，包括：实时的音视频解码，音视频播放，兼容多种图像、动画、音视频格式。服务器架构采用通用流服务体系，实现分布式域管理技术和负载均衡技术，既可对众多播放器进行集中式管理，也可以分级、分区分布式管理。系统在播放器端采用智能管理模块，实现对播放器的远程管理和控制，对远程终端实现灵活的管理。

二、案例分析与特点

（一）案例分析

1. 分众传媒

分众传媒是中国最大的楼宇电视公司，诞生于 2003 年，在全球范围首创电梯媒体，创始人江南春。2005 年成为首家在美国纳斯达克上市的中国广告传媒股并于 2007 年入选纳斯达克 100 指数，如图 5-18 所示。

图 5-18　分众传媒

分众电梯电视拥有直营城市超过 90 个，含加盟城市覆盖超 120 个，截至 2016 年 6 月 30 日，有 19 万块电梯电视及办公楼数码海报，每天精准到达超过 2 亿白领、金领及商务人士，占据中国电梯电视市场超 95%。

电梯电视主要安放在电梯口，滚动循环播出，覆盖超过 90%的中高端办公楼，日均触达 5 亿人次城市主流人群，覆盖 70%～80%都市消费力。电梯电视 71%的受众年龄在 20～45 岁，68%的受众家庭收入在 1 万元以上，是中国财富最主要的创造者和消费者。电梯电视单一频道到达率与各大电视频道和各大视频网站相比排名第一。分众电梯电视在

图 5-19　分众电梯电视

屏幕上加装 wifi 和 ibeacon，推动分众屏幕与用户手机端的互动，如图 5-19 所示。

2017 年起，分众传媒开启新一轮的屏幕改造，新的电梯电视屏幕支持智能广告监测，建立了云端实时收视率数据、同源跨屏优化系统和精准人群投放系统。未来，分众传媒还将进一步推动屏幕的数字化改造，对分众电梯电视的精准性和互动性进行持续的提升，以下介绍分众传媒广告经典案例。

（1）神州租车下注电梯电视，从屈居第三到全球租车领导品牌。

神州租车决定将 75％广告费用投向分众电梯媒体。广告投放后，租车业务在主流人群带动下迅速被点燃，神州租车仅用半年反超对手。

此后 7 年，神州租车继续加码分众投放，遥遥领先对手，市值高达 170 亿元，成为中国汽车租赁第一股。

图 5-20　飞鹤乳业电梯电视

（2）飞鹤乳业聚焦分众，强势破局，销售额突破百亿，如图 5-20 所示。

飞鹤乳业确定了在中国消费者心中的精准定位："更适合中国宝宝体质"，进而聚焦高端产品线，线下专注分众传媒电梯媒体，进行亿元级投放，直面一、二线城市消费者打造品牌，破局国产奶粉价格血战。投放分众期间，飞鹤乳业百度指数增长一倍以上。

2017 年，飞鹤乳业整体销售增长超过 60％，高端销售增长超 200％。

2018 年，飞鹤乳业销售额突破一百亿元，成为中国婴幼儿奶粉行业首个营收破百亿的企业。

2. 华视传媒

华视传媒是中国最大的公共交通电视＋wifi 网络运营商，成立于 2005 年 4 月，拥有中国最大的户外数字电视广告联播网。联播网采用数字移动电视技术，支持移动接收，播出实时的丰富精彩的电视节目，让随时随地看电视成为现实。覆盖中国最具经济辐射力的 30 余个城市，拥有电视终端 16 万个，占据中国车载无线数字信号发射电视终端总量的 76.8％；覆盖国内已开通地铁电视终端总量接近 100％，并延伸至香港；覆盖受众接近 4 亿，成为中国户外数字移动电视行业的推动者和领导者，如图 5-21 所示。

图 5-21　华视传媒

华视传媒公交移动电视覆盖 91 个最具经济辐射力城市及地方区域核心城市，拥有 6506 条公交线路，134260 辆公交车，213923 个终端，每天超过 17 小时不间断地播出。华视传媒地铁电视覆盖 16 个经济最发达、地铁线网最成熟的城市，拥有 53 条地铁线路，1209 个站点，1681 台列车，94466 个终端，每天超过 16 小时不间断地播出。

《开心消消乐》手机版自 2014 年上线以来，迅速成为下载用户最多的"国民游戏"，

2015 年《开心消消乐》已经占据消除类游戏 NO.1，拥有 5 亿用户的市场规模。为保持该游戏在游戏市场的领先地位，选择移动电视为其游戏产品推广的媒体主战场。在华视投放的整个暑期广告档期，“开心消消乐”的 DAU（日活跃用户数）增幅达 29%。7 月，移动端各个版本 WNU（周新增用户数）均快速增长，连续三周增幅超 10%；仅用了 19 天，WNU 增长达 33%。圣诞至春节两季投放效应叠加，“开心消消乐”DAU（日活跃用户数）累计增幅达 10%；WNU（周新增用户数）连续 3 周超过 10%，如图 5-22 所示。

图 5-22　开心消消乐移动电视广告

（二）特点

楼宇电视的接收终端通常设在商业楼宇、高档住宅、办公大楼等场所的大厅和电梯口，针对特定环境下处于等候状态的人群，抓住有效时间，满足这部分受众需求，重复播出内容，强化播放效率，其传播特点总结如下：

（1）楼宇电视的传播具有强制性。从空间上看，楼宇电视通常设置在电梯口，相对于户外环境来说，环境更为安静，同时，人群被动地集结于一个较为封闭的空间，有利于“强制”受众接受信息播放。从时间上看，在等候电梯这样的特定时空里，人们产生一种特别的“等候经济”需求，而楼宇电视正好符合也能满足这种特别需求。另一方面，楼宇电视的传播渠道通常只有一个或几个，并且用户只能被动接收、无法自由选择这种传播，进一步构成了收视内容上的强制性。

（2）楼宇电视传播的分众性特点。楼宇电视的目标受众明确，有效锁定企业主、经理人和白领受众人群，其终端设置区域充分覆盖都市高学历、高收入、高消费的青年人群，能够带来较高的广告效益。楼宇电视同时具有强烈的电视社区终端渗透能力，根据楼宇性质细分联播网区划，日渐形成涵盖高尔夫会所、机场贵宾厅的传媒联播网；以写字楼、商务楼为核心的商务白领人士联播网；由航班电视、机场巴士和机场安检、候机厅、宾馆组成的商旅白领人士的联播网系统等。

（3）楼宇电视的网络性特征，为其带来低廉的传播成本，形成较大的网络范围经济。目前，楼宇电视在国内的一线及二线城市已经基本覆盖，楼宇电视不仅覆盖面大，且能精确命中目标，广告投放效率高。这种低成本、高关注度的传播方式，具备很好的宣传效果，受到广告商的青睐。

（4）楼宇电视内容的生动性。楼宇电视以数字科技与液晶电视相结合，集合了传统户外媒体（路牌、海报、灯箱等）和传统电视媒体的优点，不仅有着户外媒体反复诉求、环境适应性强的特点，同时又兼具电视媒体图文并茂的冲击力，生动强烈的说服力等特点，强化了受众的感知。

（5）楼宇电视在内容与渠道上具有高度统一的特性。楼宇电视打造的是一个电视广告发布平台，受众就是广告商品信息的接收者，媒体和广告信息合二为一，内容与渠道合二为一。一旦渠道扩大，其受众（广告信息接收者）数量就会相应增加，广告信息的传播率、影响率和有效率就会提高，最终广告客户也会增加，形成一个完善的媒体产业链。

(6) 垄断性经营也是楼宇电视的一大特征。从目前的实际情况看，楼宇电视依靠快速的资本聚集进行业务扩张，抢占市场上最多的渠道网络资源，形成具有垄断性质的传播网。在大大降低了经营成本的同时，也在产业价值链中占据了中枢主干位置，掌握着最终价值获取的主动权。

(7) 楼宇电视还具有实时传播的特点。其有能力承担城市应急系统的功能，及时发布政府权威信息，正确引导公众的舆论和行为。这主要体现在对突发事件的紧急播报，及时播报政府信息，对重大事件的全程播报等。

(8) 楼宇电视克服了传统电视目标受众不明确，广告播出时间不能保证的缺点，具有受众目标明确、内容上高度重复、时间充分等特点。

三、市场发展分析

1995年，加拿大 Captivate Network Inc。公司在北美首次成功地创立了高档场所电视显示媒体，并与很多知名企业建立了长期合作关系，业务覆盖数千商务楼宇，拥有数百万收视人群。

2002年末，楼宇电视传入中国，并迅速在上海形成商务楼宇液晶电视网。采用17英寸多功能高清超薄液晶电视机，安置于消费能力较高的白领聚集办公楼宇，以及人流量密集的商厦电梯或等候厅处，自动循环播放高品位的商业广告、娱乐信息、公益宣传片等。大多采用DVD机循环多频次播放广告。商务楼宇液晶电视网在上海初步成形，以在高端商业楼宇和大卖场中安装液晶显示屏，为广告主提供集中化影像宣传为盈利点。

2003年初，中国最大的楼宇电视公司分众传媒（Focus Media）创建，迅速获得创业投资青睐，创造出国内传媒私募融资新纪录，推动分众的中国商业楼宇联播网的建设与运营。2005年，分众传媒收购框架传媒，并在纳斯达克成功上市，成为我国楼宇电视发展史上标志性事件。

2005年7月，上海公共视频信息平台、北广传媒城市电视信息平台也开始进入楼宇电视领域，依托传统电视媒体资源和数字技术，通过无线数字信号发射，播放空间选择楼宇内的公共场所，以大尺寸液晶电视屏为终端，实时播放信息资讯。目标受众为城市流动人群，传播内容由电视台和专业制作公司提供，除了转播电视台新闻节目，还辅以日常实用信息。传播技术上则采用了先进的DVB-T数字电视地面广播技术。

2006年1月，分众传媒高价收购“聚众传媒”，占领了楼宇液晶广告市场最大份额，国内楼宇电视产业被高度垄断，销售业绩一路看涨。分众传媒已经拥有商业楼宇视频媒体、公寓电梯媒体、户外大型LED彩屏媒体、电影院线广告媒体、网络广告媒体等多个针对特征受众、并可以相互有机整合的媒体网络。

目前，楼宇电视在国内的一线及二线城市已经基本覆盖，逐渐向三线城市蔓延。中国大部分的楼宇电视除了设置在城市的高级写字楼、高级酒店、高级公寓、高尔夫球场、机场等人群聚集的场所，以中国都市人群为核心目标人群，覆盖中国最广泛的高收入群体。现在覆盖范围已逐渐扩大到超市、医院等人群聚集的场所，甚至延伸到普通居民楼，利用人们等待（等电梯）的时间创造经济价值。楼宇电视的受众从具有高收入、高学历、高职位的“三高”特征，逐步走向普通化、平民化，争取更多的受众群，锁定并精确细化目标受众群，必将成为楼宇电视扩大影响力和实现目标价值的途径。

第五节　户外媒体（触控屏与大屏）

一、概　　述

户外媒体的概念，传统认为是设置在户外的一些媒体表现形式。这个概念是狭义且不准确的，随着广告业的繁荣发展，户外媒体应该有更准确的定义：是存在于公共空间的一种传播介质。

户外媒体必须具备两个基本要素，一是户外媒体存在的空间问题，二是属于一种传播介质，也就是有其传播的特定人群。这个概念应该更为准确。考察户外媒体，这两个基本要素具备了，可以界定是否为户外媒体。比如，餐厅内、楼宇的一些新的媒体形式，均属于户外媒体范畴。

户外媒体简称为OSM媒体。根据介质的不同，户外媒体还可以进一步分类，如平面户外铜字、铁字、有机玻璃字、实木牌匾、霓虹灯、公共空间的企业形象雕塑、LED电子户外屏，户外LCD广告机，户外电子阅报栏，户外触摸LCD等。

户外媒体是21世纪广告业发展的趋势，是具有音视频功能的户内外广告展示设备，属国际领先的高科技产品。该设备外观新颖独特，其面积可随意调整，不仅能播放音视频广告节目，而且四面还可装固定灯箱广告位，现各地政府都鼓励推行使用户外LED屏，如图5-23所示。

图5-23　户外LED屏

户外LED屏是帆布广告、灯箱广告的理想替代产品。LED电子屏媒体分为图文显示媒体和视频显示媒体，均由LED矩阵块组成。图文显示媒体可与计算机同步显示汉字、英文文本和图形；视频显示媒体采用微型计算机进行控制，图文、图像并茂，以实时、同步、清晰的信息传播方式播放各种信息，还可显示二维、三维动画、录像、电视、VCD节目以及现场实况。

二、表现形式与特点

（一）户外媒体类型

户外媒体有多种媒体表现形式，以下为一些常见的户外媒体类型：

（1）公交车候车亭广告是设置于公共汽车候车亭的户外媒体，以灯箱为主要表现形式。在这类媒体上安排的广告以大众消费品为主，如图5-24所示。

（2）大型灯箱广告牌一般设置于建筑物外墙、楼顶或裙楼等位置。白天是彩色广告牌，晚上亮灯则成为“内打灯”的灯箱广告。灯箱广告照明效果较佳，但维修却比射灯广告牌困难，且所用灯管较易耗损，如图5-25所示。

（3）户外LED广告是近年来比较新颖的户外广告牌形式，可以用电脑控制，将广告图文或电视广告片输入程序，轮番地在画面上显示色彩纷呈的图形与文字，能在较短的时间里展示多个不同厂家、不同牌号的商品，如图5-26所示。

图 5-24　公交车候车亭广告

图 5-25　大型灯箱广告牌

图 5-26　LED 广告

（4）单立柱广告牌又叫擎天柱，单立柱广告牌一般分为两面牌及三面牌两种主要的牌面形式，其中的两面牌由两个基本平行的牌面组成，主要适合于单条道路的两侧，有的考虑到车辆行驶的视觉效果，部分两面牌的牌面设置成小幅度的角度。而三面牌主要用于道路交叉位置处。一般设立在高速公路、主要交通干道等地方，面向密集的车流和人流，如图 5-27 所示。

（5）射灯广告牌是在广告牌四周装有射灯或其他照明设备，在夜间照明效果极佳，并且能清晰地看到广告信息，如图 5-28 所示。

（6）由霓虹管弯曲成文字或图案，配上不同颜色的霓虹管制成的是霓虹灯广告牌，还可以配合电子控制其闪动模式以增加动感，在夜间具有很强的视觉冲击力，如图 5-29 所示。

图 5-27　单立柱广告牌

图 5-28　射灯广告牌

图 5-29　霓虹管广告牌

（7）充气物造型广告多用于产品的促销及宣传。可分为长期型和临时型，在展览场地、大型集会、公关活动、体育活动等户外场所都可运用。

（8）其他的户外广告牌形式还有飞艇、升空气球、墙面广告等。

（二）户外媒体的优势

相较于传统广告形式，户外媒体能够很好地发展且经久不衰得益于其无与伦比的优势条件。

1. 空间资源的独占性

户外媒体附着在特定的城镇空间中，地理位置的唯一性、不可再生性，决定了每一处户外媒体的独占性。各地政府对设置户外媒体制订了严格的规划，并据规划予以审批或监控，这从法规上确保了空间位置的稀缺性和户外媒体的独占性。

2. 生活轨迹的粘连性

户外媒体主要依据市民出行及家外生活的轨迹而巧妙设置，具有很强的粘连性和伴随性。在不浪费市民空余时间、不负担任何费用、不动用家电装备的情况下，户外广告给市民在家外经历的时空增添趣味，或者提供某种便利，增添市民外处时的附加值，为市民排忧解难。

3. 信息传播的直白性

人在户外的注意力漂移不定，现代人更是一心多用，若不能在一秒内一见钟情、一听就明，就很难被关注。户外媒体是单纯的广告媒体，是快速与受众展开沟通的情感媒体。

4. 城市功能的匹配性

户外媒体主要以城市为载体，户外广告是所在城市的公开表情。户外媒体先于城市而存在，促进城市的形成和繁荣，并形象解读、个性烘托城市的品位，户外媒体与所在城市是相生共荣、互相促进的伙伴关系。在宜居城市建设中，户外媒体在树立城市形象、提振市场经济、便利市民生活等方面更应着力扮演人性化的公共服务功能。多数户外媒体本身就是街道家具或景观小品。

5. 多维兼容的平台性

传播技术日新月异，新型媒体层出不穷，媒体的边界在消融，超媒体在孕育。在随时随地、因人而异的即刻互动需求面前，户外媒体依托其独占的稀缺空间资源，可以兼容一切，也可以推倒重建，其传播地位不仅无可替代，而且历久弥新。

超媒体（后媒体）时代，一切都将是媒介。占据空间与位置优势的户外媒体，完全可以成为整合各种媒介的平台，成为特定区域内传播的基站。

三、市场发展分析

据前瞻产业研究院发布的《2015—2020年中国户外广告行业市场前瞻与投资战略规划分析报告》显示，2015年上半年，中国大陆户外广告总体投放额达615亿元，与2014年上半年同期比较，上涨11.6%。全球户外广告市场预计2020年将达到507亿美元。

不难看出，户外媒体将继续获得市场的认可与使用，实现其进一步的增长。伴随数字化技术的飞速发展，户外媒体也有了新的发展趋势。

1. 资源整合

2018年全球户外市场交易额据悉达到45亿美元，催化了媒体主办方的急剧合并，这一趋势在2019年全球范围内将很可能持续增长。

在新的市场格局下，竞争者们也应该会有所作为，市场资源整合是否饱和还有待观察，但毫无疑问，2019年将成为户外市场的重大创新之年。

2. 优质数据、优化结果

2019年将会出现更多以数据驱动的户外广告，除了人口基础数据以外，超过50%的户外广告策划将会利用更丰富的数据维度，例如通过小程序或者网站的线上行为、线上交易来决策户外广告的选址。

3. 动态广告内容

在多个因素的推动下，户外数字媒体中的动态内容将成为常态。

户外数字媒体形式已经出现在全球所有主要城市，并将占2019年全球户外支出的40%。广告主现在可以通过时间、受众和天气等关键因素来触发创意内容，大规模解锁户外数字媒体的灵活功能。

户外数字媒体的灵活性所带来的规模，便捷以及效果，使得其承载的动态内容广告形式成为2019年品牌主的必投放清单之一。

4. 异型更具冲击力

在户外做异型媒体，不管在线上还是线下帮助品牌提升品牌声誉都有着巨大的作用。

5. 地理位置数据集

位置对于商业成功是至关重要的。每一种行为，都有它发生的位置。在那个位置，会产生很多行为数据，但是这些数据集往往是互不关联的散点。位置能够将多个数据集连接在一起，从而清晰地描绘出各个位置所对应的行为。而户外媒体可以看成某个位置的标识。

6. 视觉搜索颠覆互动

当“搜索你所看到的事物”变得更加便捷，并且被大力推广，可以预见视觉搜索给户外媒体带来的颠覆性影响。当户外广告进入相机镜头，通过视觉搜索将会直接导流销售页面，以及沉浸式的AR体验等。品牌将配合视觉搜索，优化户外广告内容，让户外搜索转化为品牌效益，如图5-30所示为户外媒体互动设计的新颖案例。

图5-30　户外媒体互动设计案例

7. 广告的社会责任

对社会的积极贡献将使户外媒体成为一股正能量。媒体主们长期致力于为地方居委会提供一系列宣传计划。因为消费者希望品牌和企业肩负社会责任，品牌广告将更多地具备这种效应。

这些举措为户外行业提供了独特的机会，它们不但能巩固户外广告在社会中的重要地位，还使广告主能够将媒体与长期的企业社会责任目标保持一致。预计未来将会看到“会呼吸”的生物技术广告牌、塑料回收和空气质量监测计划等成为公民公益事业发展的标志。

8. 城市智慧化

随着城市智慧化的推进，先行者品牌们要么处于转型的关头，要么已经完成转型。这意味着接下来他们将通过与人们的日常生活同步的方式，开始重塑品牌。

户外媒体强调自身价值属性的同时还要把握媒体潮流，多方联合，不再是单一媒体，而是将自身纳入到更大的局面，并视为可融合媒体之一，视为品牌和消费者联结中不可或缺的纽带以及新生态中的重要角色，并在日常主动将在这一点上的探索深入进去并且延展出来。户外媒体的融合之路既融合传统与数字，又融合场景与消费，还融合社交与科技，以及城市和社区也恰恰是户外媒体发展看好的重要依据。

第六节　3D打印

一、概　　述

（一）概念

3D打印（3D printing，又称三维打印）是一种快速成形技术，它运用3D建模软件、计算机辅助设计工具、计算机辅助断层摄影技术（CAT）和X射线结晶学，将三维数字内容建构成为实际物品。3D打印机以电子文件为基础创建实体模型或原型，通过挤压法处理塑料和其他柔性材料，或使用喷墨法将黏合剂喷涂在一层很薄的凝固粉末上，一次创建一层。打印机生成的沉淀材料可精准地用于自下而上逐层构建物体，其分辨率非常之高，对于大量细节的展示绰绰有余。这种方法甚至适用于物体内部的移动部件。采用不同材料和黏合剂，可以为物体上色，并可提供塑料、树脂、金属、纸质、甚至是食物材质的部件。这项技术普遍应用于制造业，几乎可以构建出任何物体的3D实物雏形（当然，需要缩放到适合打印机的比例）。由于其在制造工艺方面的创新，被认为是“第三次工业革命的重要生产工具”。

3D打印技术早在20世纪90年代中期就已出现，但由于价格昂贵，技术不成熟，早期并没有得到推广普及。经过20多年的发展，该技术已更加娴熟、精确，且价格有所降低。目前，3D打印技术已经应用到许多学科领域，工程师和工业设计师利用3D打印将设计方案转换为原型并测试；外科医生使用3D打印制作器官模型以协助策划复杂的手术方案；考古学家和博物馆的技师利用3D打印制作珍贵文物的复制品，并在此基础上开展研究，这样的创新应用正不断进入大众的视野。该技术的普及也引起了教育工作者的关注，如图5-31所示。

图5-31　3D打印机

（二）原理

3D打印使用特制的设备将材料一层层地喷涂或熔结到三维空间中，最后形成所需的对象，所用设备即3D打印机。3D打印机的精确度相当高，即便是低档廉价的型号，也可以打印出模型中的大量细节，而且它比起铸造、冲压、蚀刻等传统方法能更快速地创建原型，特别是传统方法难以制作的特殊结构模型。一般来说，通过3D打印获得一件物品需要经历建模、分层、打印和后期处理四个主要阶段，如图5-32所示。

CAD软件基材 → 3D虚拟模型 →（分割）→ 二维图形信息 →（喷头）→ 三维模型 → 后期处理 → 成品

图5-32　3D打印的设计和制作流程

1. 三维建模

通过goSCAN之类的专业3D扫描仪或是Kinect之类的DIY扫描设备获取对象的三维数据，并且以数字化方式生成三维模型。也可以使用Blender、SketchUp、AutoCAD等三维建模软件从零开始建立三维数字化模型，或是直接使用其他人已做好的3D模型。

2. 分层切割

由于描述方式的差异，3D打印机并不能直接操作3D模型。当3D模型输入到电脑中以后，需要通过打印机配备的专业软件来进一步处理，即将模型切分成一层层的薄片，每个薄片的厚度由喷涂材料的属性和打印机的规格决定。

3. 打印喷涂

由打印机将打印耗材逐层喷涂或熔结到三维空间中，根据工作原理的不同，有多种实现方式。比较流行的做法是先喷一层胶水，然后在上面撒一层粉末，如此反复；或是通过高能激光融化合金材料，一层一层地熔结成模型。整个过程根据模型大小、复杂程度、打印材质和工艺耗时几分钟到数天不等。

4. 后期处理

模型打印完成后一般都会有毛刺或是粗糙的截面。这时需要对模型进行后期加工，如固化处理、剥离、修整、上色等，才能最终完成所需要的模型的制作。

目前，3D打印领域在具体实现打印的关键技术方面处于百花齐放的状态，各种技术相互竞争，它们之间的差异主要体现在打印机分层创建部件和应用材料方式上。例如，选择性激光烧结技术（SLS）和混合沉积建模技术（FDM）可以归为一类，它们是利用熔点较低的可塑性材料作为打印的“墨水”，通过热熔的方法来制造物品；还有一类打印技术是直接用液体材料作为打印耗材，包括立体平板印刷技术（SLA）和分层实体制造技术（LOM），通过光敏等方法使材料固化。以上的这些技术各自都有优势和不足，其适用领域有所不同，在实际应用中应该综合考虑打印的速度、成本、打印机价格等因素选择合适的解决方案。

（三）应用领域

目前，3D打印技术已在工业设计、文化艺术、机械制造（汽车、摩托车）、航空航天、军事、建筑、影视、家电、轻工、医学、考古、雕刻、首饰等领域都得到了应用。随着技术自身的发展，其应用领域将不断拓展。

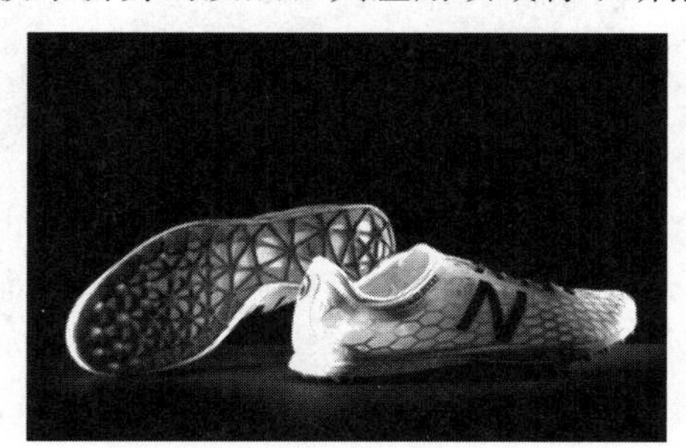

图 5-33　3D打印的耐克跑鞋

1. 设计方案评审

借助于3D打印的实体模型，不同专业领域（设计、制造、市场、客户）的人员可以对产品实现方案、外观、人机功效等进行实物评价，如图5-33所示。

2. 制造工艺与装配检验

3D打印可以较精确地制造出产品零件中的任意结构细节，借助3D打印的实体模型结合设计文件，就可有效指导零件和模具的工艺设计，或进行产品装配检验，避免结构和工艺设计，如图5-34所示。

3. 功能样件制造与性能测试

3D打印的实体原型本身具有一定的结构性能，同时利用3D打印技术可直接制造金属零件，或制造出熔（蜡）模；再通过熔模铸造金属零件，甚至可以打印制造出特殊要求的功能零件和样件等。

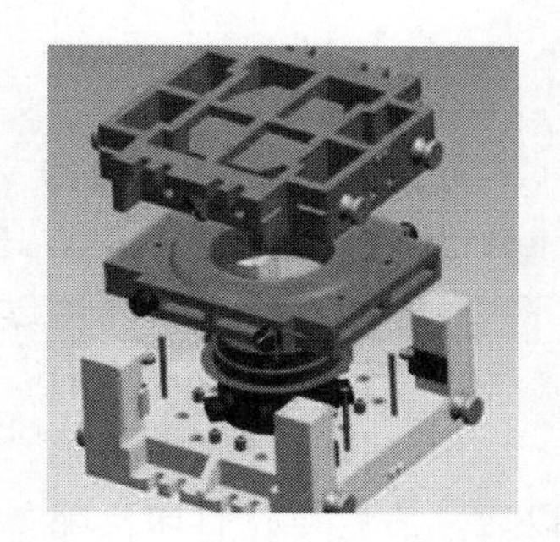

图 5-34　3D打印零件

4. 快速模具小批量制造

以3D打印制造的原型作为模板，制作硅胶、树脂、低熔点合金等快速模具，可便捷地实现几十件到数百件数量零件的小批量制造，如图5-35所示。

5. 建筑总体与装修展示评价

利用3D打印技术可实现模型真彩及纹理打印的特点，可快速制造出建筑的设计模型，进行建筑总体布局、结构方案的展示和评价，如图 5-36 所示。

图 5-35　3D 打印的机械模具

图 5-36　3D 打印建筑模型

6. 科学计算数据实体可视化

计算机辅助工程、地理地形信息等科学计算数据可通过 3D 彩色打印，实现几何结构与分析数据的实体可视化。

7. 医学与医疗工程

通过医学 CT 数据的三维重建技术，利用 3D 打印技术制造器官、骨骼等实体模型，可指导手术方案设计，也可打印制作组织工程和定向药物输送骨架等，如图 5-37 所示。

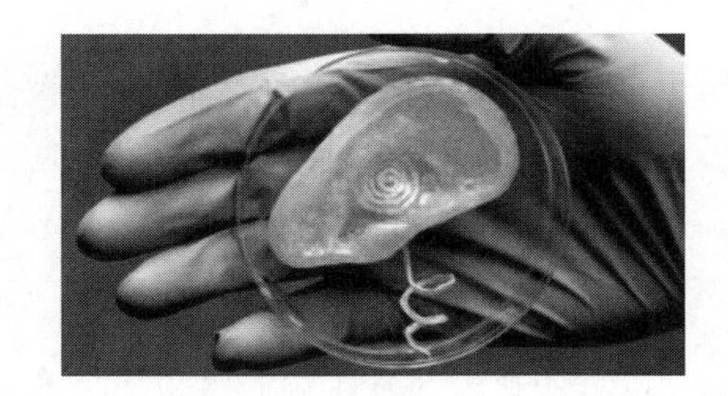

图 5-37　3D 打印人工耳

图 5-38　3D 打印水龙头

8. 首饰及日用品快速开发与个性化定制

利用 3D 打印制作蜡模，通过精密铸造实现首饰和工艺品的快速开发和个性化定制，如图 5-38 所示。

9. 动漫造型评价

借助于动漫造型评价可实现动漫等模型的快速制造，指导评价动漫造型设计。

10. 电子器件的设计与制作

利用 3D 打印可在玻璃、柔性透明树脂等基板上，设计制作电子器件和光学器件，如 RFID、太阳能光伏器件、OLED 等。

11. 3D 打印的教育应用

3D 打印也为教育行业打开了一扇新窗口，一些教育机构和组织正在研究、探索如何将该技术应用到教学和学习中。学生不仅可以享受到这种最新潮技术辅助教学的便利以及各种创新用法，还可以此作为促进他们学习设计技能的推动力。

二、特　　点

和传统模型加工制造相比，3D 打印具有传统模型加工制造所不具备的特点。

1. 打印的零件精度高

经过 20 多年发展，3D 打印的精度有了很大的提高。目前市面上的主流 3D 打印机的精度基本都可以控制在 0.3mm 以下。这种精度对于一般产品需求来说是足够的。

2. 产品制造周期短，制造流程简单

传统工艺往往需要模具的设计、模具的制作等工序，并且通常需要在机床上进行二次加工，制造周期长。作为快速成型的典型代表，3D 打印无需制模过程，直接从 CAD 软件的三维模型数据得到实体零件，生产周期大大缩短，也简化了制造流程，节约制模成本。

3. 可实现个性化制造

理论上，只要计算机建模出的造型，3D 打印机都可以打印出来。一方面，计算机建模不同于实体制作，很容易在尺寸、形状、比例上做修改，并且这些修改都是实时的，极大方便于制作个性化产品。另一方面，利用计算机建模能得到一些传统工艺不能得到的曲线，这将使 3D 打印产品拥有更加个性的外观。

4. 制造材料的多样性

通常一个 3D 打印系统可以使用不同材料打印，而材料的多样性则可以满足不同领域的需要。比如金属、石料、塑料都可以应用于 3D 打印。

5. 制造复杂的一体成型零件

有些形状特殊的零件用传统加工工艺难以实现，而使用 3D 打印技术则可以很容易制造，并且难度相对于打印简单物品不会增加太多。

三、市场发展分析

（一）发展过程

第一台商用的 3D 打印机出现在 1986 年，但 3D 打印技术的真正确立是以美国麻省理工学院的 Scans E. M. 和 Cima M. J. 等人于 1991 年申报的关于三维打印专利为标志的。目前，在 3D 打印领域比较著名的公司有 3D System、Object Geometries 等。经历十多年的探索和发展后，3D 打印无论在技术、造价，还是应用领域方面都有了长足的进步。

在打印技术方面，目前，主流打印机能够在 0.01mm 的单层厚度上实现 600dpi 分辨率的打印精度，较先进的产品已经具备每小时 1 英寸以上的垂直打印速率，并可实现 24 位色彩的彩色打印。用于打印的材料涵盖从石料、金属到目前占主流地位的高分子材料，甚至是面粉、蛋白粉等食品原料。目前已经开发出的打印材料约为 14 类，可混搭出一百多种耗材。

在造价方面，3D 打印机的售价正在迅速降低，MakerBot 公司新推出的低端打印机 Replicator 2 的售价已经下降到 2199 美元，高端的 Replicator 2X 也仅售 2799 美元，预计几年后家用型的 3D 打印机会降价到 100 美元以内。

3D 打印的应用领域正在迅速扩张。在消费电子、航空和汽车制造等行业，3D 打印可以以较低的成本和较高的效率生产小批量的定制部件，完成复杂而精细的造型。在医疗领域，3D 打印被用于制作人体器官的替换材料。2013 年初，欧洲的医生和工程师利用 3D 打印定制出一个人造下颚以替换病人的受损骨骼，成功地使病人得以康复。在建筑领域，意大利发明家恩里科·迪尼发明了一台可以用沙子直接打印立体建筑的巨型 3D 打印机。此外，全球第一家 3D 打印照相馆也于 2013 年初在日本开业，用户经过拍照、建模、打印三个阶段，就可以为自己制作一个三维头像。

（二）市场分析

随着3D打印技术的进步及产品持续创新，近年来全球3D打印市场快速扩张。目前，全球3D打印技术已发展至陶瓷3D打印、高分子3D打印、金属3D打印以及生物3D打印等，并在各种领域进行应用。

全球3D打印市场迎来快速发展阶段，3D打印机出货量持续增长。据数据显示，2018年全球3D打印机出货量超50万台，较上年增长近三成。随着3D打印技术在各行业的进一步渗透，全球3D打印行业将保持快速增长的势头，预计2019年3D打印机出货量将超60万台。

全球3D打印正火热，由于中国引进3D打印技术较晚，与国外有一定差距，但近年来也得到快速发展，目前，中国的3D打印应用主要集中在家电及电子消费品、模具检测、医疗及牙科正畸、汽车及其他交通工具、航空航天等领域。

据数据显示，2018年中国3D打印市场规模达到23.6亿元，同比增长近42%，伴随着中国3D打印技术的相应成熟，在航天航空、汽车等行业需求将持续增加，预计2019年中国3D打印市场规模将近30亿元。

3D打印机主要分为消费级和工业级。工业级3D打印机速度更快、精度更高，应用在航空航天、汽车制造、医疗等。

（三）3D打印技术存在的问题

虽然3D打印技术在短短20年间发展非常迅速，但是目前还有许多困难没有得到完美解决。目前的问题主要体现在：

（1）成本偏高。对于民用来说，现在虽不像几年前高不可攀，但是制造成本相对于传统工艺优势不明显，今年虽然多家公司推出了廉价3D家用打印机（1000美元以下），但是苦于打印材料价格高居不下，导致总体成本偏高。

（2）打印零件的尺寸局限。对于工业，特别是军工、航空航天领域来说，某些零件需要较大尺寸来实现，而目前的3D打印机不能打印大尺寸零件。

（3）材料限制。虽然3D打印可以使用多种材料，但是某些特殊材料还是较难打印，比如像衣服等纤维制品就不能很好地打印。

（4）精度和速度的限制。虽然目前3D打印技术拥有了一定的精度和速度，但是对于某些特殊领域还是不够，比如照相机镜头等需要超高精度的零件则不能生产。

所以，未来3D打印的发展趋势将是朝着成本低廉、零件适应性广、材料适应性广的方向发展，并且在打印速度和打印质量方面提高。

第七节　虚拟增强现实

一、概　　述

虚拟现实（Virtual Reality，简称VR），又译为临境、灵境等。

从应用上看，它是一种综合计算机图形技术、多媒体技术、人机交互技术、网络技术、立体显示技术及仿真技术等多种科学技术综合发展起来的计算机领域的最新技术，也是力学、数学、光学、机构运动学等各种学科的综合应用。

这种计算机领域最新技术的特点在于以模仿的方式为用户创造一种虚拟的环境，通过视、听、触等感知行为使得用户产生一种沉浸于虚拟环境的感觉，并与虚拟环境相互作用从而引起虚拟环境的实时变化。

增强现实（Augmented Reality，简称 AR），是通过计算机系统产生的三维信息增加用户对现实世界感知的技术，将虚拟的信息应用到真实世界，并将计算机生成的虚拟物体、场景或系统提示信息叠加到真实场景中，从而实现对现实的增强。在视觉化的增强现实中，用户利用头盔显示器，把真实世界与电脑图形多重合成在一起，便可以看到真实的世界围绕着它。

二、表现形式与特点

《Virtual Reality Technology》一书中，Grigore C. Burdea 与 Philippe Coiffet 指出虚拟现实具有三大本质特征：沉浸感（Immersion）、交互性（Interactivity）以及想象力（Imagination）。

1. 沉浸感

虚拟现实最重要的特征之一就是沉浸感，指用户在虚拟现实设备的辅助下进入虚拟世界后的所处世界真实程度的认同。沉浸感是建立在五感之上的，除了视觉，听觉、触觉甚至嗅觉等各方面的感觉都不可忽视。

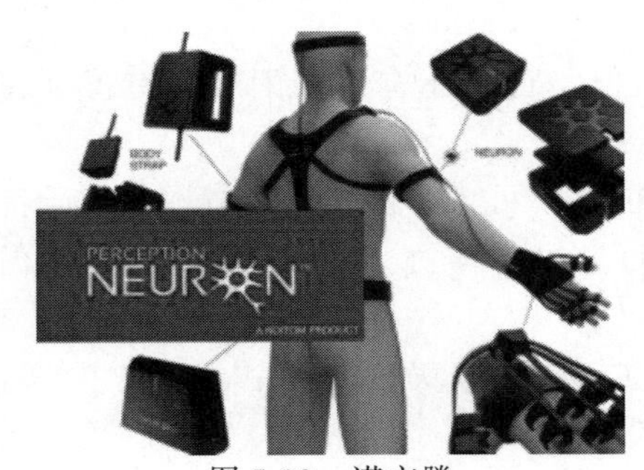

图 5-39　诺亦腾（Noitom）的动捕系统

2. 交互性

通过虚拟现实输入输出设备使用户在虚拟环境中获得与真实世界中别无二致的自然反馈。虚拟现实可以通过手势追踪、眼球追踪、动作捕捉等技术更加自然地实现交互。比如诺亦腾（Noitom）的动捕系统可以实现精确到毫米的动作捕捉，如图 5-39 所示。

3. 想象力

虚拟现实具有虚拟和现实的双重属性，而其虚拟属性则与想象力紧密相连。如何才能实现沉浸感和交互性，都需要设计人员拥有足够的想象力。比如在虚拟现实 6D 体验中，设计人员将飞行的剧情与蛋椅的摇动角度、风力的方向大小、音效的环绕融合，便能让人产生身处异度空间的临场感，这都建立在设计者的想象力之上。

三、市场发展分析

近年来，我国高度重视虚拟现实、增强现实的技术产业发展，并在国家层面积极规划和重点布局，工信部、发改委、科技部、文化部、商务部出台相关政策。各省市地方政府从政策方面积极推进产业布局，已有十余地市相继发布针对虚拟现实领域的专项政策。

目前，中国虚拟现实仍处于初级阶段，市场规模处在较小的水平，但市场规模增速非常快。数据显示，2015 年以来中国虚拟现实市场规模快速发展，三年间从 15.8 亿元增长至 52.8 亿元，增长了 37 亿元，年均复合增长率为 82.8%。用户规模从 2015 年的 52 万人增长至 2017 年的 499.9 万人，三年间增长了 447.9 万人，如图 5-40 所示。

1. 云化虚拟现实加速

在虚拟现实终端无绳化的情况下，实现业务内容上云、渲染上云，成为贯通采集、传输、播放全流程的云控平台解决方案。其中，渲染上云是指将计算复杂度高的渲染设置在云端处理。

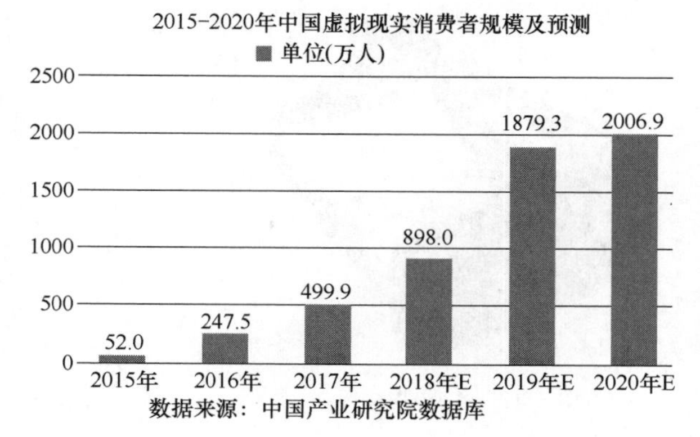

图 5-40　2015-2020 年中国虚拟现实消费规模及预测

2. “虚拟现实＋”释放传统行业创新活力

虚拟现实业务形态丰富，产业潜力大、社会效益强，以虚拟现实为代表的新一轮科技和产业革命蓄势待发，虚拟经济与实体经济的结合，将给人们的生产方式和生活方式带来革命性变化。

3. 内容制作热度提升，衍生模式日渐活跃

硬件设备的迭代步伐逐步放缓和 VR 商业模式的进一步成熟，内容制作作为虚拟现实价值实现的核心环节，投资呈现出增长态势。衍生出体验场馆、主题公园等线上线下结合模式，受到资本市场关注。

4. 硬件领域将成为主战场

目前国内的虚拟现实产业还处于起步阶段，尚未形成明确领跑者，参与到虚拟现实领域的企业大幅增加，主要集中于硬件研发及应用配套领域。

第八节　智能穿戴

一、概　　述

（一）定义

智能穿戴设备是能直接穿戴在身上或整合进用户的衣服、鞋帽等其他配件中，集成了软硬件而具备一定计算能力的新形态终端设备。目前，移动智能穿戴设备多以可通过低功耗蓝牙、wifi、NFC 等短距离通信技术连接智能手机等终端的便携式配件形式存在，主流的产品形态包括以手腕为支撑的智能手表、腕带、手环等产品，以头部为支撑的智能眼镜、头盔、头带等产品以及智能服装、配饰等各类非主流产品形态，如图 5-41 所示。

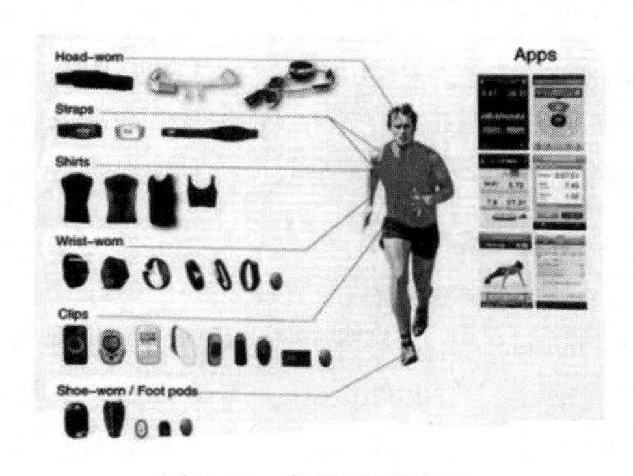

图 5-41　智能穿戴产品

（二）设备分类

（1）头戴类：眼镜（VR 眼镜）、头盔（VR 头盔），如图 5-42 所示。

（2）身着类：上衣（触感背心、触感衣）、内衣、裤子（触感衣），如图 5-43 所示。

（3）手戴类：手表、手环、手套（触感手套）、手柄，如图 5-44 所示。

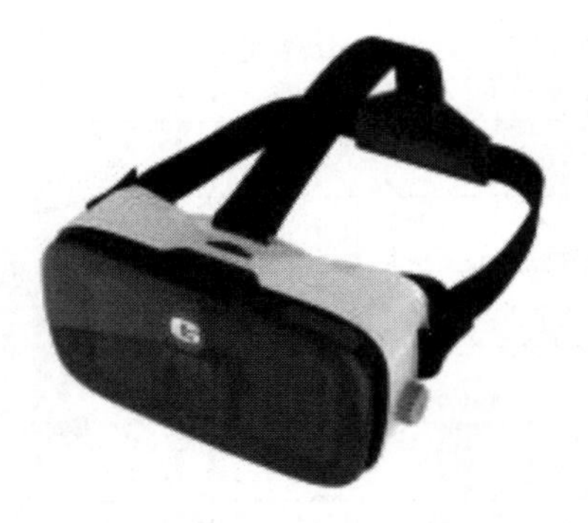

图 5-42　头戴类设备

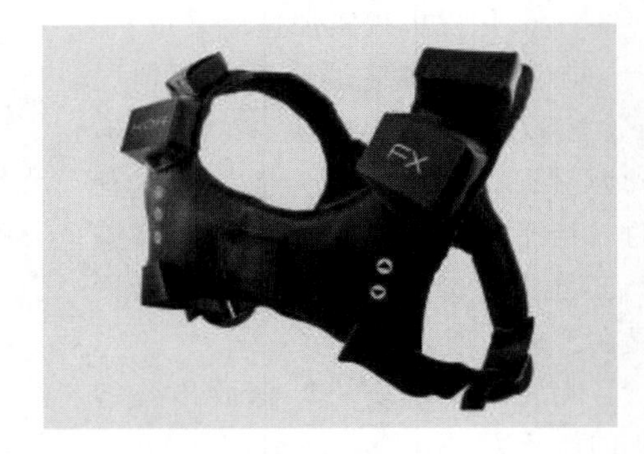

图 5-43　触感背心

Apple Watch苹果智能手表

触感手套

图 5-44　手戴类设备

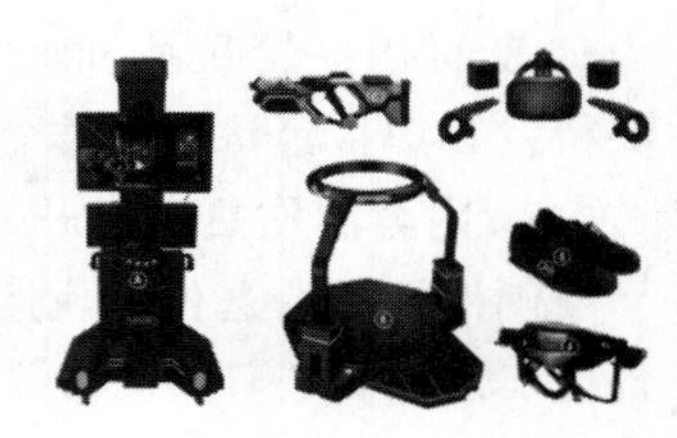

图 5-45　VR 跑步机

（4）脚穿类：鞋、袜子。

（5）辅助配套装备：VR 跑步机、触觉椅以及情绪控制器，如图 5-45 所示。

（三）相关技术

智能可穿戴设备的发展离不开关键技术的支持，这些技术可划分为感知层、个人服务层以及后台服务层等，所涉及的关键技术主要包括语音识别、眼球追踪、骨传导技术、低功耗互联技术、裸眼 3D 技术、高速互联网和云计算以及人体芯片等。

1. 技术层次

（1）感知层

通过各种类型感知设备获取人体相关信息，交由数据预处理模块处理。预处理包括：A/D 转换、标示、封装等。由于人体相关生理参数和运动状态密切相关，因此监测用户的生理参数、并且“知道”用户处在何种运动状态下，可以区分人体是由于剧烈运动引起的生理异常或疾病引起的病理性生理异常，对准确判断用户的身体健康情况具有重要意义。由此，感知层应包括生理参数传感器、运动状态传感器。

（2）个人服务层

个人服务层是智能可穿戴设备的数据处理中心，面向的人员是穿戴者，包括：生理信息诊断模块、运动状态与危险动作识别模块、历史运动状态与事件队列、决策模块、报警模块、人机交互模块。生理和运动监测模块对应不同的分类器，执行相应的分类算法，然后将该分类结果放入历史运动状态与事件队列中。决策模块从该队列中取出生理状态和运动状态进行判断。感知层和个人服务层的处理单元之间连接用短距离通信方式，如 Blue Tooth、Zigbee；个人服务层和后台服务层之间的互联采用远距离通信技术，如 wifi、3G 或 4G。

（3）后台服务层

后台服务层是系统的数据处理和分析中心，面向的人员主要有系统管理者和医生。功能单元主要有系统管理模块、服务响应模块、数据存储与分析模块。服务相应模块对多用户数据进行分析、统计服务、个人用户的既定服务；系统管理模块对多个警报信息进行分类、识别、优先级处理，以便用户能得到实时的救助；数据存储与分析模块负责为各个功能模块提供数据支持。

2. 关键技术

（1）语音识别

语音识别常见于一些移动操作系统、软件和部分网站，智能可穿戴设备中的语音识别技术，可以在输入上和人机交互时取代键盘和手写，真正“解放人类的双手”，提高效率。

（2）眼球追踪

眼球追踪技术早已广泛应用于科学研究领域，尤其是心理学领域。眼球追踪技术在智能可穿戴设备中的出现，将有可能催生出比触屏操作更“直观”，比语音操作更“快捷”的操作方法。

（3）骨传导技术

骨传导技术一直以来是一项军用技术，通过震动人类面部的骨骼来传递声音，是一种高效的降噪技术。

（4）低功耗互联技术

现已成功商用的蓝牙 4.0 可以很好地解决智能可穿戴设备的能耗问题。蓝牙 4.0 技术的应用，使得智能可穿戴设备成本更低、速度更快、距离更远。

（5）裸眼 3D 技术

裸眼 3D 摒弃了笨拙的 3D 眼镜，使得人们可以直接看到立体的画面。通过时差障壁技术、柱状透镜技术和 MLD 技术，用户可以在液晶屏幕上感受清晰的 3D 显示效果。

（6）高速互联网和云计算

当宽带或移动互联网速度接近甚至超过硬盘读写速度的时候，通过终端访问云数据就像读取自己硬盘里的东西一样容易。较大运算量的任务将在云端处理，再将处理结果发送到终端呈现在用户眼前。这样可大大降低智能可穿戴设备的成本并减少它的体积。

（7）人体芯片

人体芯片已经广泛应用于军事和医疗领域，但目前因为体积和安全的原因，人体芯片技术未能得到广泛应用。

二、表现形式与特点

智能穿戴设备最为显著的特征是：可穿戴性、应用功能性、产品的复合性。

1. 可穿戴性

智能穿戴设备与其他智能设备相比最突出的特点就是可穿戴在用户身体的其他部位、解放双手的便携性。

目前，市场上已经有可穿戴在身体多个部位的智能硬件，如表 5-1 所示。

2. 应用功能性

智能穿戴设备不仅具有时尚和科技感的标签价值，而且正在并且未来更加会对消费者生活带来颠覆性的正向改变，它将会重新定义我们的生活方式以及沟通方式和内容，也会让我们的工作生活更有效率、更便利、更丰富、更健康、更安全。

表 5-1　当前市场上智能穿戴设备种类

身体部位	智能穿戴设备	身体部位	智能穿戴设备
头	智能头盔	手指	智能戒指
眼睛	智能眼镜	腰	智能皮带
耳朵	智能耳机	臀部	智能坐垫
牙齿	智能牙套	膝关节	智能护膝
脖颈	智能项链	脚	智能鞋子
手	智能手套	全身	智能衣服
手腕	智能手表、智能手环	随身	智能名片、智能钱包、智能钥匙扣等

从目前来看，智能穿戴设备主要市场在2C端，其在医疗、运动健康、影音娱乐、安全定位等领域的功能应用方兴未艾。

3. 产品复合型

在智能穿戴设备的智能化阶段，单一的智能穿戴设备终端智能功能的实现必须依赖于信息的无线传输、海量信息的存储与计算分析，这需要庞大的云管端产业生态圈作为依托。

智能穿戴设备的信息的无线传输则需要面向移动互联网的网络传输平台，即："管"端应用服务；海量信息的存储与计算分析则需要基于移动互联网的网络应用服务平台，即："云"端应用服务，而智能穿戴设备在此系统中只作为信息采集接收终端的"端"应用。在未来智能穿戴设备＋的时代，智能穿戴设备将在功能应用层面与传统行业融合。

从某种意义上来讲，产品的形态将演变为用户享有的某种权益，即用户购买的不仅是一两种硬件，也是多种硬件和服务所构成的组合，在这一组合中，智能穿戴设备只是产品的构成要件之一，其功能应用的实现则需要应用生态圈的搭建。

由此不难看出，智能穿戴设备在发展与演变过程中，其功能应用实现需要较强地依托于产业生态圈或应用生态圈，在此我们称之为产品的复合性。

三、市场发展分析

1. 智能可穿戴设备市场规模进一步扩大

根据智能穿戴市场分析可得，2017 年全球智能可穿戴设备出货量达 1.33 亿只，市场规模达 208 亿美元，预计智能可穿戴设备未来几年仍将保持快速发展，中国报告大厅预测到 2021 年智能可穿戴设备的出货量达 2.82 亿只，市场规模达 462 亿美元，如图 5-46 所示。

2. 产业链各方进一步加强合作

可穿戴设备市场产业链主要包括硬件、行业应用、社交平台、运营服务、大数据、云计算等环节。目前可穿戴设备产业还不够成熟。未来智能穿戴设备产业链上各方将会加强合作，共同促进该行业的发展。

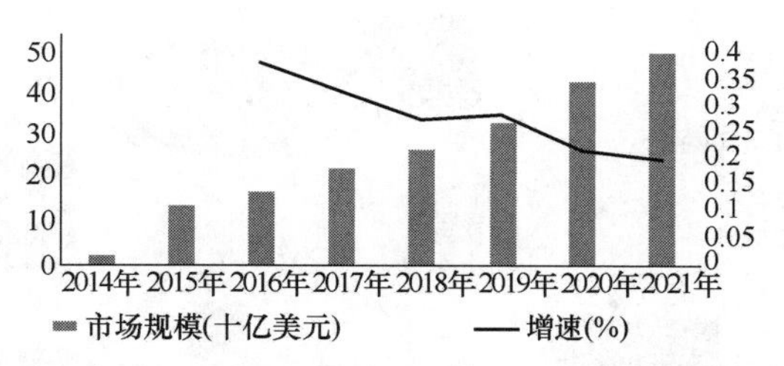

图 5-46　2014—2021 年全球可穿戴设备市场规模及增长情况预测

3. 智能穿戴设备与相关技术进一步融合并标准化

可穿戴设备与手机的数据管理和应用接口标准化，便于实现多种可穿戴设备整合，降低第三方开发应用的复杂度，多数据融合和共享标准化，便于用户统一管理和拓展生态链。在低功耗与高效能的微处理器、智能人机交互、柔性可拉伸器件、微型化供能等关键技术得到进一步突破之后，智能穿戴设备的市场将进一步扩大。

4. 智能穿戴设备安全性

现阶段产品开发更多注重的是功能的实现，对于设备本身安全性关注并不高，导致存在诸多安全风险。智能穿戴设备面临的主要信息安全风险来自于两个方面：内部漏洞和外部攻击。部分具备虚拟现实功能的智能穿戴设备使用户在使用时会分散注意力，影响用户人身安全。部分与皮肤长期接触的可穿戴设备造成使用者皮肤产生不适或过敏反应，需要防止可穿戴设备对身体造成的伤害。随着智能穿戴设备的普及，智能穿戴设备的安全性将会受到更多关注，其安全性将会得到逐步提高。

5. 相关应用越来越丰富

目前，面向智能穿戴设备开发的应用较少。各类智能穿戴产品面向不同的细分市场，所以智能穿戴应用的生态系统碎片化严重。开发人员为这些环境开发应用变得非常困难，时间和精力成本大大提升，而应用正是智能穿戴设备发展的关键。

另外，一些杀手级应用对于可穿戴设备的普及必不可少。而目前很多可穿戴应用仍然像是智能手机和平板电脑应用的扩展，可穿戴应用需要打破这种模式。未来占据智能穿戴设备重要市场份额的腕带类设备在健康和健身类别将产生杀手级应用，一款原生于智能穿戴设备的广泛应用，将有助于推动智能穿戴设备的普及和应用开发。

6. 医疗健康穿戴产品是主要发展点

根据最新的调查数据显示，2018 年中国移动医疗健康市场规模将达到 184.3 亿，而可穿戴产品将是其中主要细分市场之一。运动健康监测功能是催生可穿戴行业高速增长的关键。根据 BDC 公布的数据，超过 80％的消费者认为可穿戴技术的重要作用之一是能让医疗保健变得更加便利，71％的美国人相信可穿戴技术可以帮助其改善健康与健身。纵观产业现状，可穿戴产品产业几乎都是受到运动健康需求推动，在几乎所有的可穿戴设备中，包括手环、手表、智能鞋、衣帽，健康功能不可或缺。

可穿戴健康体征信号包括血压、血氧、运动、体脂、体温，特定的场景还有呼吸率、运动员的状况以及呼吸的监测等，越来越多的指标丰富了体征信号的采集，而要将具体的指标功能在可穿戴设备中采集并处理，则需要借助最新传感器、模拟混合信号处理及相应的数字处理算法来实现，如图 5-47 所示。

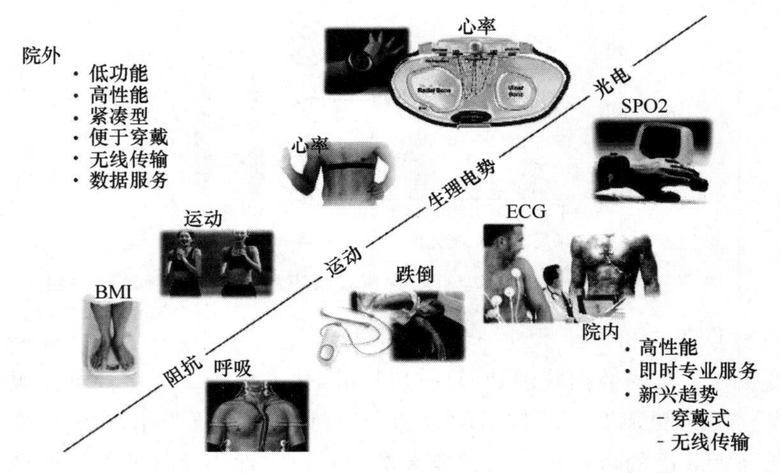

图 5-47 智能可穿戴设备体征监测功能

参 考 文 献

[1] 搜狗百科：https：//baike. so. com/doc/7001601-7224483. html.

[2] 2017 年中国网络直播市场研究及发展趋势预测.

[3] 百度百科：https：//baike. so. com/doc/1106939-1171237. html.

[4] 搜狗百科：https：//baike. sogou. com/v73038901. htm？fromTitle＝楼宇电视.

[5] 百度百科：https：//baike. so. com/doc/5387377-5623907. html.

[6] 肖征荣，张丽云. 智能穿戴设备技术及其发展趋势［J］. 移动通信，2015，05：9-12.

[7] 谢俊祥，张琳. 智能可穿戴设备及其应用［J］. 中国医疗器械信息，2015，03：18-23.

[8] 李青，王青. 3D 打印：一种新兴的学习技术［J］. 远程教育杂志，2013，04：29-35.

[9] 李小丽，马剑雄，李萍，陈琪，周伟民. 3D 打印技术及应用趋势［J］. 自动化仪表，2014，01：1-5.

[10] 吕东旭. 3D 打印的特点及应用简析［J］. 才智，2013（20）：247.

[11] 李艳菊，李艳秋. 论数字图书馆的表现形式［J］. 情报理论与实践，2001（01）：66-68.

[12] 金雅茹. 我国数字图书馆发展状况分析［J］. 科技情报开发与经济，2014，24（20）：151-153.

[13] 2018 中国移动短视频行业发展概述.
http：//www. chyxx. com/industry/201806/646711. html.

[14] 罗懿. 我国短视频发展现状及趋势［J］. 电子技术与软件工程，2018（22）：4.

[15] 2016 年我国视频直播行业市场发展特点分析.
http：//www. chinaidr. com/tradenews/2016-11/107073. html.

[16] 周斌. 户外媒体的数字化 2019［J］. 中国广告，2019（05）：79-82.

[17] 网络直播行业发展现状分析：后劲十足但仍需深度调整.
https：//mp. m. ofweek. com/iot/a845673129326.

[18] 网络视频直播的魅力到底何在.
http：//www. 199it. com/archives/419931. html.

[19] 2019 年中国网络直播行业市场现状及发展趋势分析.
https：//bg. qianzhan. com/report/detail/458/190416-d9188f12. html.

[20] 艾瑞：中国短视频行业研究报告 2017 年.

第六章　数字新媒体技术

第一节　大数据技术

一、基 本 概 念

（一）定义

大数据（big data，mega data）或称巨量资料，指的是无法在一定时间范围内用常规软件工具进行捕捉、管理和处理的数据集合，需要新处理模式才能具有更强的决策力、洞察力和流程优化能力的海量、高增长率和多样化的信息资产。在维克托·迈尔-舍恩伯格及肯尼斯·库克耶编写的《大数据时代》中大数据指不用随机分析法（抽样调查）这样的捷径，而采用所有数据进行分析处理，如图 6-1 所示。

图 6-1　大数据

（二）大数据特点

业界通常用 4 个 V（即 Volume、Variety、Value、Velocity）来概括大数据的特征，如图 6-2 所示。

第一，数据体量巨大（Volume）。从 TB 级别，跃升到 PB 级别，而一些大企业的数据量已经接近 EB 量级。

第二，数据类型繁多（Variety）。这种类型的多样性也让数据被分为结构化数据和非结构化数据。相对于以往便于存储的以文本为主的结构化数据，非结构化数据越来越多，包括网络日志、音频、视频、图片、地理位置信息等，这些多类型的数据对数据的处理能力提出了更高要求。

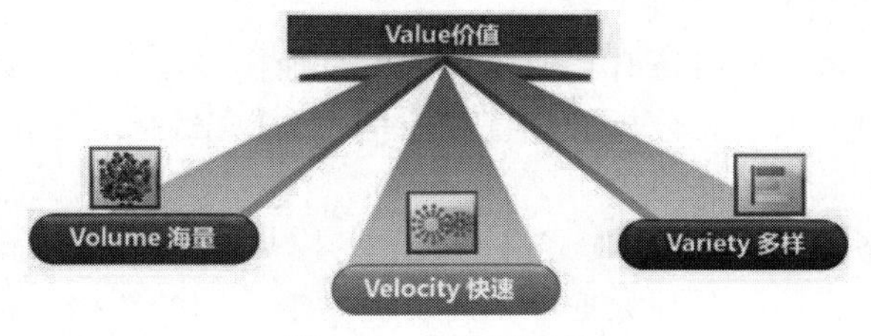

图 6-2　大数据特点

第三，价值密度低（Value）。价值密度的高低与数据总量的大小成反比。以视频为例，连续不间断监控过程中，可能有用的数据仅仅有一两秒。

第四，处理速度快（Velocity）。1 秒定律，和传统的数据挖掘技术有着本质的不同。物联网、云计算、移动互联网、车联网、手机、平板电脑、PC 以及遍布地球各个角落的各种各样的传感器，无一不是数据来源或者承载的方式。

二、技 术 原 理

（一）大数据技术

解决大数据问题的核心是大数据技术。目前所说的“大数据”不仅指数据本身的规模，也包括采集数据的工具、平台和数据分析系统。大数据研发目的是发展大数据技术并将其应用到相关领域，通过解决巨量数据处理问题促进其突破性发展。因此，大数据时代带来的挑战不仅体现在如何处理巨量数据从中获取有价值的信息，也体现在如何加强大数据技术研发，抢占时代发展的前沿。

数据采集：ETL 工具负责将分布的、异构数据源中的数据如关系数据、平面数据文件等抽取到临时中间层后进行清洗、转换、集成，最后加载到数据仓库或数据集市中，成为联机分析处理、数据挖掘的基础。

数据存取：关系数据库、NOSQL、SQL 等。

基础架构：云存储、分布式文件存储等。

数据处理：自然语言处理（NLP，Natural Language Processing）是研究人与计算机交互的语言问题的一门学科。处理自然语言的关键是要让计算机“理解”自然语言，所以自然语言处理又叫作自然语言理解（NLU，Natural Language Understanding），也称为计算语言学（Computational Linguistics）。

统计分析：假设检验、显著性检验、差异分析、相关分析、T 检验、方差分析、卡方分析、偏相关分析、距离分析、回归分析、简单回归分析、多元回归分析、逐步回归、回归预测与残差分析、logistic 回归分析、曲线估计、因子分析、聚类分析、主成分分析、因子分析、快速聚类法与聚类法、判别分析、对应分析、多元对应分析（最优尺度分析）、bootstrap 技术等。

数据挖掘：分类（Classification）、估计（Estimation）、预测（Prediction）、相关性分组或关联规则（Affinity grouping or association rules）、聚类（Clustering）、描述和可视化（Description and Visualization）、复杂数据类型挖掘（Text，Web，图形图像，视频，音频等）

模型预测：预测模型、机器学习、建模仿真。

结果呈现：云计算、标签云、关系图等。

（二）大数据分析

大数据分析的五个基本方面如下。

1. Analytic Visualizations（可视化分析）

大数据分析的使用者有大数据分析专家，同时还有普通用户，但是他们二者对于大数据分析最基本的要求就是可视化分析，因为可视化分析能够直观地呈现大数据特点，同时能够非常容易被读者所接受，就如同看图说话一样简单明了。

2. Data Mining Algorithms（数据挖掘算法）

大数据分析的理论核心就是数据挖掘算法，各种数据挖掘的算法基于不同的数据类型和格式才能更加科学的呈现出数据本身具备的特点，也正是因为这些被全世界统计学家所公认的各种统计方法（可以称之为真理）才能深入数据内部，挖掘出公认的价值。另外一个方面也是因为有这些数据挖掘的算法才能更快速地处理大数据。

3. Predictive Analytic Capabilities（预测性分析能力）

大数据分析最重要的应用领域之一就是预测性分析，从大数据中挖掘出特点，通过科学的建立模型，之后便可以通过模型带入新的数据，从而预测未来的数据。

4. Semantic Engines（语义引擎）

大数据分析广泛应用于网络数据挖掘，可从用户的搜索关键词、标签关键词或其他输入语义，分析，判断用户需求，从而实现更好的用户体验和广告匹配。

5. Data Quality and Master Data Management（数据质量和数据管理）

大数据分析离不开数据质量和数据管理，高质量的数据和有效的数据管理，无论是在学术研究还是在商业应用领域，都能够保证分析结果的真实和有价值。

大数据分析的基础就是以上五个方面，当然更加深入大数据分析的话，还有很多更加有特点的、更加深入的、更加专业的大数据分析方法。

三、解 决 方 案

1. 阿里云

数加是阿里云为企业大数据实施提供的一套完整的一站式大数据解决方案，覆盖了企业数仓、商业智能、机器学习、数据可视化等领域，助力企业在 DT 时代更敏捷、更智能、更具洞察力。阿里集团 99.99%的数据和计算运行在阿里云数加平台上。

数加从数据导入、查找、开发、ETL、调度、部署、建模、BI 报表、机器学习，到服务开发、发布，以及外部数据交换的完整大数据链路，一站式集成开发环境，降低数据创新与创业成本，如图6-3所示。

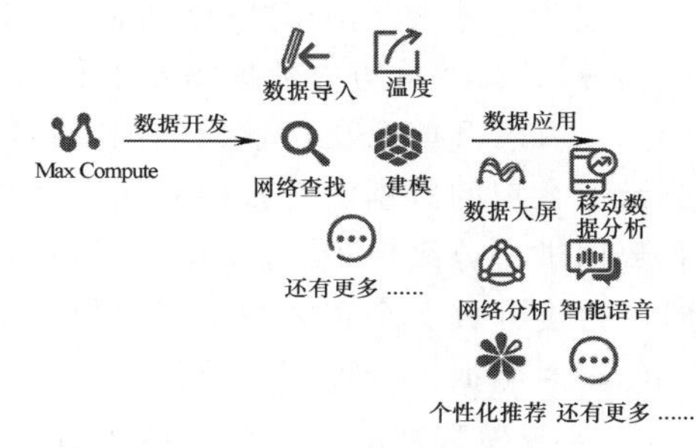

图 6-3　数加大数据链路

阿里云数加平台构建在阿里云云计算基础设施之上，简单快速接入 MaxCompute 等计算引擎，支持 ECS、RDS、OCS、AnalyticDB 等云设施下的数据同步。多种可视化和 BI 报表模板、图形化的开发界面使得使用较少的投入获取大数据最大的好处。为企业获得在大数据时代最重要的竞争力——智能化。

此外，数加平台建立在安全性在业界领先的阿里云上，并集成了最新的阿里云大数据产品，这些大数据产品的性能和安全性在阿里巴巴集团内部已经得到多年的锤炼。数加平台采用了先进的“可用不可见”的数据合作方式，并对数据所有者提供全方位的数据安全服务，数据安全体系包括：数据业务安全、数据产品安全、底层数据安全、云平台安全、接入& 网络安全、运维管理安全。

2. 腾讯云

腾讯云是腾讯公司倾力打造的面向广大企业和个人的公有云平台；提供云服务器、云数据库、云存储和 CDN 等基础云计算服务，以及提供游戏、视频、移动应用等行业解决方案。

2013 年 9 月，腾讯云面向全社会开放，开启了腾讯云走向市场的新步伐。

2016 年 7 月，腾讯云推出大数据解决方案——数智方略。

数智为企业提供从大数据开发、分析到治理和管理的一站式数据处理及挖掘平台。让数据从采集、存储、计算到挖掘、展示变得更易用、更安全、更稳定、更高效。方略基于海量业务的用户洞察分析、区域人流分析和开放通用推荐为用户提供开放通用的数据应用及分析服务。

腾讯云大数据解决方案通过挖掘数据深层次价值，共享行业经验，帮助各中小企业挖掘数据价值，激发数据价值，带来产业效能提升，在各行业中充分激发大数据价值。

从腾讯云的官网我们可以看到以下几个企业在使用腾讯大数据解决方案：E袋洗、广点通、汇通天下、微众银行、深圳南山公安分局、饿了么、滴滴出行、广东旅游局。

3. 百度开放云

百度开放云大数据分析解决方案，是基于百度搜索和百度推广多年的使用经验，提供数据分析和数据挖掘等高品质的技术，帮助用户快速发现大数据的价值。如图6-4所示。

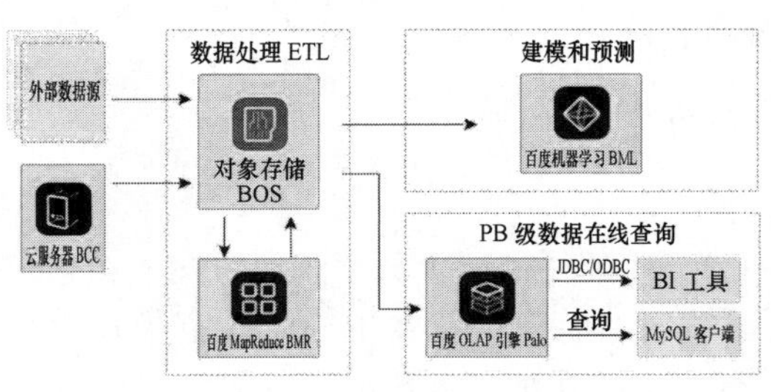

图6-4　百度开放云架构图

（1）百度开放云提供如下几种数据收集方式将数据轻松地收集到云中：

① 无论系统是否部署在百度开放云上，都可以使用实时的数据收集工具，把数据实时传输到云中。

② 直接上传数据到对象存储服务 BOS 中。

③ 针对有大量历史数据需要上传的情景，可以选择硬盘邮寄服务。

（2）百度开放云支持数据的加密存储，有一套严格的权限控制体系，任何运行在百度开放云上客户的数据所有权绝对属于客户本身。百度内部有严格的审计流程和安全规范，所有数据进行分级保护。所有用户敏感信息，将以最高安全等级“机密”级别进行管理。同时，百度开放云会跟客户签署《保密协议》，对客户的信息进行全方位的保护。

（3）对数据进行处理和分析。

① 大规模数据的预处理。使用百度 MapReduce BMR 服务来进行数据的清洗、转换和处理。BMR 与 Hadoop 生态完全兼容，经过百度推广等系统的锤炼，具有极高的性能。同时，BMR 按需计费，大大降低成本。

② 大规模数据的在线查询。Palo 是百度自主研发性能卓越的 PB 级联机分析处理引擎。Palo 完全兼容 MySQL 协议，可以直接使用 MySQ 客户端方便地进行查询。也可以通过 JDBC/ODBC 直接与 BI 分析工具进行集成，实现报表展现和可视化。

③ 数据建模和预测。使用百度机器学习 BML 服务来进行数据的建模和预测。BML 是国内首个提供机器学习服务的云产品，集成了多个百度核心的算法库，同时，提供界面化操作，上手简单。

第二节　云　计　算

一、基 本 概 念

云计算技术是指通过互联网，从专门的数据中心，向用户提供可扩展的定制性服务和工具。这一技术几乎无需本地进行数据处理，也不消耗本地存储资源。云计算支持协作、文件存储、虚拟化，并可定制使用时长。

云计算是一种按量付费的模式。这种模式能够提供快捷、按需使用以及无线扩展的网络访问进入可配置计算机的资源共享池；资源共享池中包含了五大重要元素：网络，服务器，存储，应用软件和服务。因此，使用者只需投入很少的管理工作，或与服务提供商进行很少的交互就能实现资源的快速提供，如图 6-5 所示。

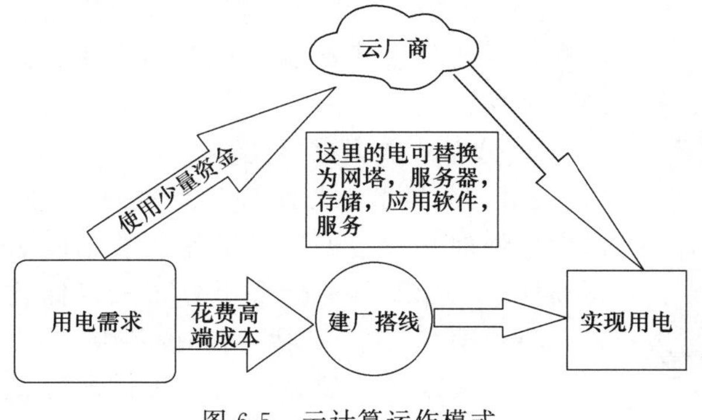

图 6-5　云计算运作模式

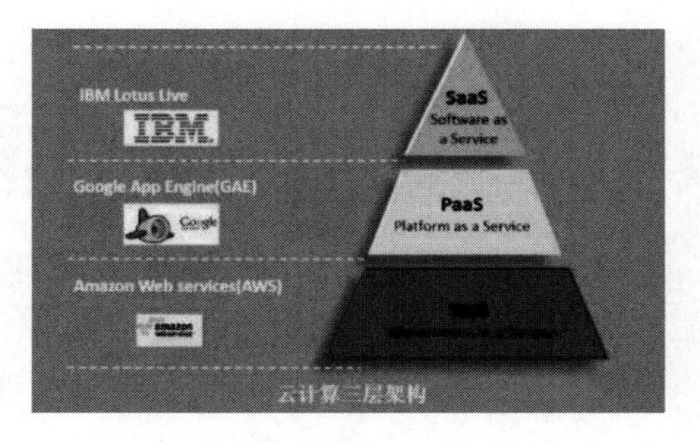

图 6-6　云计算三层架构

目前云计算还处于基础阶段，现在的云计算被分为三层：基础设施即服务（IaaS），平台即服务（PaaS）和软件即服务（SaaS）。基础设施可以看做我们的电脑主机，其实质是大规模的主机集群。平台的地位大致相当于我们的计算机系统，类似于 Windos，是开发和运行程序的基础。软件服务，微信、游戏客户端、美图秀秀这样的都是软件，如图 6-6 所示。

云计算环境具有以下特点：数据安全可靠、客户端需求低、高灵活度、超大计算能力等，如图 6-7 和图 6-8 所示。

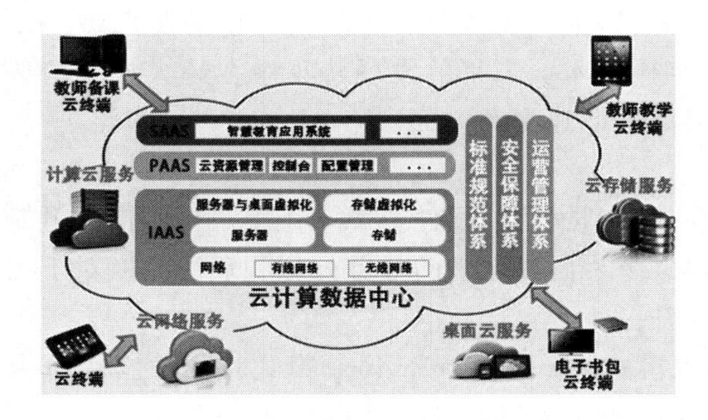

图 6-7　云计算数据中心与终端关系

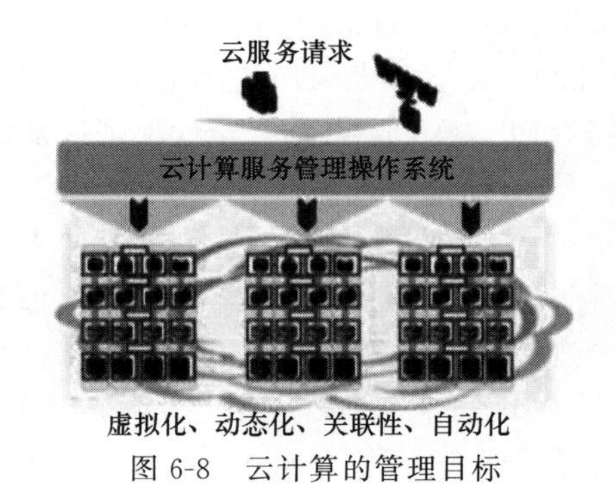

图 6-8　云计算的管理目标

二、技术原理

1. 虚拟化技术

虚拟化是云计算最重要的核心技术之一，它为云计算服务提供基础架构层面的支撑，是 ICT 服务快速走向云计算的最主要驱动力。可以说，没有虚拟化技术也就没有云计算服务的落地与成功。虚拟化是云计算的重要组成部分但不是全部。

从技术上讲，虚拟化是一种在软件中仿真计算机硬件，以虚拟资源为用户提供服务的计算形式。旨在合理调配计算机资源，使其更高效地提供服务。它把应用系统各硬件间的物理划分打破，从而实现架构的动态化，实现物理资源的集中管理和使用。虚拟化的最大好处是增强系统的弹性和灵活性，降低成本、改进服务、提高资源利用效率。

从表现形式上看，虚拟化又分两种应用模式。一是将一台性能强大的服务器虚拟成多个独立的小服务器，服务不同的用户。二是将多个服务器虚拟成一个强大的服务器，完成特定的功能。这两种模式的核心都是统一管理，动态分配资源，提高资源利用率。在云计算中，这两种模式都有比较多的应用，如图 6-9 所示。

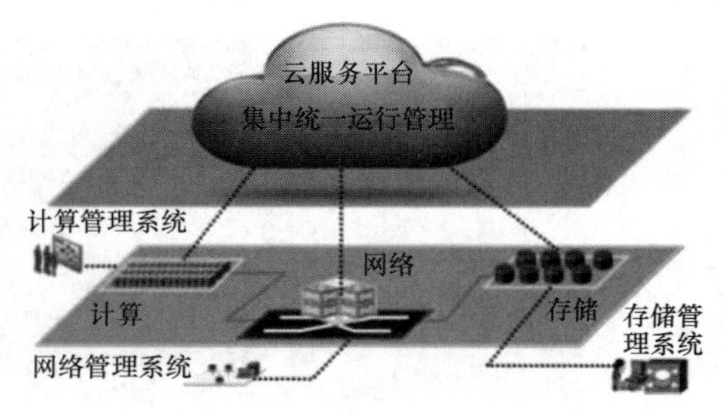

图 6-9　云服务平台统一运行管理

2. 分布式数据存储技术

云计算的另一大优势就是能够快速、高效地处理海量数据。为了保证数据的高可靠性，云计算通常会采用分布式存储技术，将数据存储在不同的物理设备中。

分布式网络存储系统采用可扩展的系统结构，利用多台存储服务器分担存储负荷，利用位置服务器定位存储信息，它不但提高了系统的可靠性、可用性和存取效率，还易于扩展。

在当前的云计算领域，Google 的 GFS 和 Hadoop 开发的开源系统 HDFS 是比较流行的两种云计算分布式存储系统。

GFS（Google File System）技术：谷歌的非开源的 GFS 云计算平台满足大量用户的需求，并行地为大量用户提供服务。使得云计算的数据存储技术具有了高吞吐率和高传输率的特点。

HDFS（Hadoop Distributed File System）技术：大部分 ICT 厂商，包括 Yahoo、Intel 的“云”计划采用的都是 HDFS 的数据存储技术。未来的发展将集中在超大规模的数据存储、数据加密和安全性保证以及继续提高 I/O 速率等方面。

3. 编程模式

分布式并行编程模式创立的初衷是更高效地利用软、硬件资源，让用户更快速、更简单地使用应用或服务。在分布式并行编程模式中，后台复杂的任务处理和资源调度对于用户来说是透明的，这样用户体验能够大大提升。

MapReduce 是当前云计算主流并行编程模式之一。MapReduce 模式将任务自动分成多个子任务，通过 Map 和 Reduce 两步实现任务在大规模计算节点中的高度与分配。如图 6-10 所示。

MapReduce 是 Google 开发的 java、Python、C++编程模型，主要用于大规模数据集（大于 1TB）的并行运算。MapReduce 模式的思想是将要执行问题分解成 Map（映射）和 Reduce（化简）的方式，先通过 Map 程序将数据切割成不相关的区块，分配（调度）给大量计算机处理，达到分布式运算的效果，再通过 Reduce 程序将结果汇整输出。

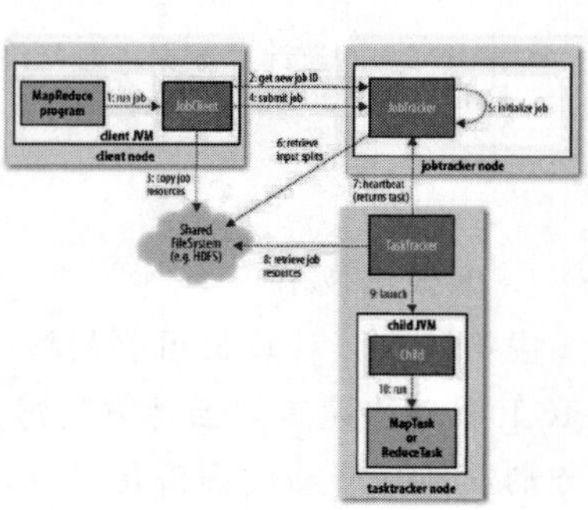

图 6-10　MapReduce

4. 大规模数据管理

对于云计算来说，数据管理面临巨大的挑战。云计算不仅要保证数据的存储和访问，还要能够对海量数据进行特定的检索和分析。由于云计算需要对海量的分布式数据进行处理、分析，因此，数据管理技术必需能够高效地管理大量的数据。

Google 的 BT（BigTable）数据管理技术和 Hadoop 团队开发的开源数据管理模块 HBase 是业界比较典型的大规模数据管理技术。

BT（BigTable）数据管理技术：BigTable 是非关系的数据库，是一个分布式的、持久化存储的多维度排序 Map。BigTable 建立在 GFS、Scheduler、LockService 和 MapReduce 之上，与传统的关系数据库不同，它把所有数据都作为对象来处理，形成一个巨大的表格，用来分布存储大规模结构化数据。Bigtable 的设计目的是可靠的处理 PB 级别的数据，并且能够部署到上千台机器上。

开源数据管理模块 HBase：HBase 是 Apache 的 Hadoop 项目的子项目，定位于分布式、面向列的开源数据库。HBase 不同于一般的关系数据库，它是一个适合于非结构化数据存储的数据库。另一个不同的是 HBase 基于列的而不是基于行的模式。作为高可靠性分布式存储系统，HBase 在性能和可伸缩方面都有比较好的表现。利用 HBase 技术可在廉价 PCServer 上搭建起大规模结构化存储集群，如图 6-11 所示。

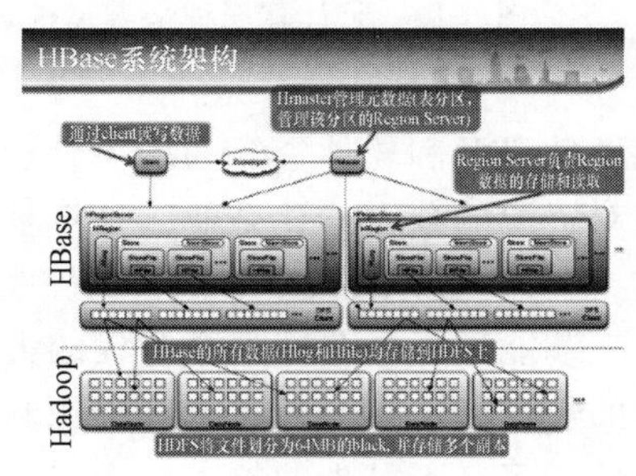

图 6-11　HBase

5. 分布式资源管理

在多节点的并发执行环境中，各个节点的状态需要同步，并且在单个节点出现故障时，系统需要有效的机制保证其他节点不受影响。而分布式资源管理系统恰是这样的技术，它是保证系统状态的关键。

另外，云计算系统所处理的资源往往非常庞大，少则几百台服务器，多则上万台，同时可能跨跃多个地域。且云平台中运行的应用也是数以千计，如何有效地管理这批资源，保证它们正常提供服务，需要强大的技术支撑。因此，分布式资源管理技术的重要性可想而知。

全球各大云计算方案/服务提供商们都在积极开展相关技术的研发工作。如 Google 内部使用的 Borg 技术。另外，微软、IBM、Oracle/Sun 等云计算巨头都有相应解决方案提出，如图 6-12 所示。

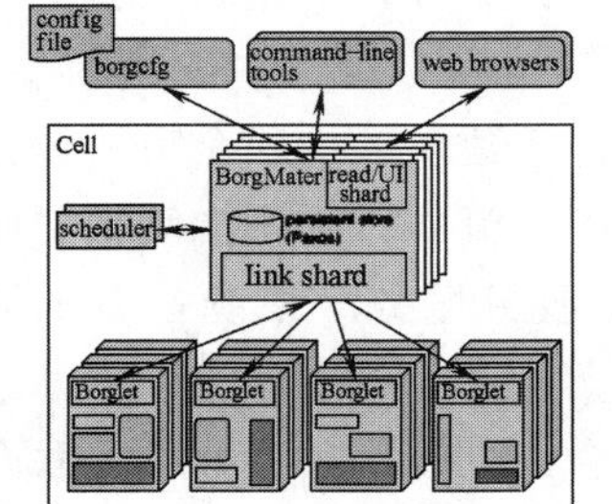

图 6-12　技术架构图

6. 信息安全调查

数据显示，32%已经使用云计算的组织和 45%尚未使用云计算的组织的 ICT 管理将云安全作为进一步部署云的最大障碍。因此，要想保证云计算能够长期稳定、快速发展，安全是首要需要解决的问题。

在云计算体系中，安全涉及很多层面，包括网络安全、服务器安全、软件安全、系统安全等。有分析师认为，云安全产业的发展，将把传统安全技术提到一个新的阶段。

现在，不管是软件安全厂商还是硬件安全厂商都在积极研发云计算安全产品和方案。包括传统杀毒软件厂商、软硬防火墙厂商、IDS/IPS 厂商在内的各个层面的安全供应商都已加入到云安全领域。

7. 云计算平台管理

云计算资源规模庞大，服务器数量众多并分布在不同的地点，同时运行着数百种应用，如何有效地管理这些服务器，保证整个系统提供不间断的服务是巨大的挑战。云计算系统的平台管理技术，需要具有高效调配大量服务器资源，使其更好协同工作的能力。其中，方便地部署和开通新业务、快速发现并且恢复系统故障、通过自动化、智能化手段实现大规模系统可靠的运营是云计算平台管理技术的关键。

对于提供者而言，云计算有三种部署模式，即公共云、私有云和混合云。三种模式对平台管理的要求大不相同。对于用户而言，由于企业对于ICT资源共享的控制、对系统效率的要求以及ICT成本投入预算不尽相同，企业所需要的云计算系统规模及可管理性能也大不相同。因此，云计算平台管理方案要更多地考虑到定制化需求，能够满足不同场景的应用需求，如图6-13所示。

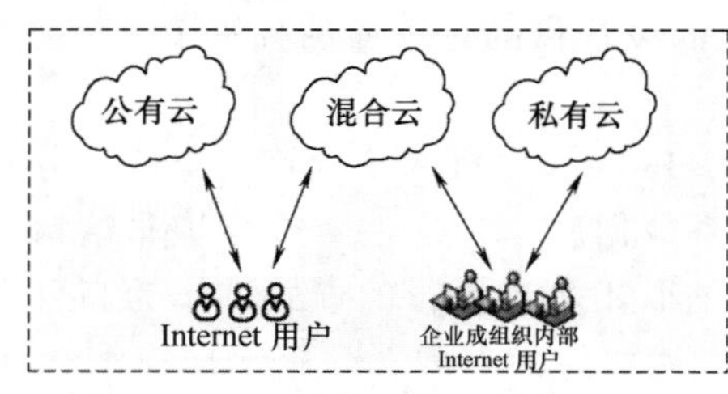

图 6-13　云计算三种部署结构

包括Google、IBM、微软、Oracle/Sun等在内的许多厂商都有云计算平台管理方案推出。这些方案能够帮助企业实现基础架构整合、实现企业硬件资源和软件资源的统一管理、统一分配、统一部署、统一监控和统一备份，打破应用对资源的独占，让企业云计算平台价值得以充分发挥。

8. 绿色节能技术

节能环保是全球整个时代的大主题。云计算也以低成本、高效率著称。云计算具有巨大的规模经济效益，在提高资源利用效率的同时，节省了大量能源。绿色节能技术已经成为云计算必不可少的技术，未来越来越多的节能技术还会被引入云计算中来。

三、解 决 方 案

云计算解决方案案例。

（一）政务云案例——津云

天津紧密结合政务服务和营商环境建设工作实际，在全国政务服务系统创新设立了智能政务推动处，是我国第一个智能政务机构。

智能政务推动处负责统筹推进全市“互联网＋政务服务”体系建设，构建全市一体化政务服务平台；组织拟订政务服务信息共享的种类、标准、范围、流程，协调推动部门政务服务联通共享、业务协同、网上办理；负责有关“互联网＋政务服务”系统平台的研发、维护、应用、监督等工作。

一是建设“政务一网通”平台。建成天津网上办事大厅，个人办事、法人办事、联合审批、企业设立、投资项目等服务全部上网，目前所有行政许可事项全部开通了网上申报功能，事项全程网上办达到86.96%。建立了全市统一的政务服务运行与监察考核系统，横向与41个市级部门的业务系统贯通，纵向覆盖16个区政务服务办、248个乡镇（街道）政务服务中心、3688个社区和村，构建起“三级中心四级服务”网络体系，切实做到让数据多跑路、群众少跑腿，如图6-14所示。

二是推进政务无人超市建设。推进实体政务大厅服务向计算机终端、自助服务终端延伸，实现线上线下无缝衔接。制定了《天津市24小时政务自助服务厅（无人超市）建设规范》《实施环境视觉形象建设VI手册》和《天津市“无人审批”项目实施方案》，做好全市政务无人超市建设顶层设计。目前已完成 139 个无人审批事项开发方案，46 个政务无人超市完成建设施工，开发完成具备上线条件无人审批共计 120 项，推进政务服务智能化、自助化、无人化、远程化。

图 6-14　天津网上办事大厅

三是建成集成智能监控中心。依托“政务一网通”平台、行政执法监督管理平台、信用天津平台、市场主体信用信息平台、便民专线平台和公共资源交易等平台，实现各个系统和信息数据集成，对信息公开、事项办理、执法监督、企业投诉、企业信用等进行全方位多角度监督管理。

（二）教育云

楼兰云云计算智慧教育解决方案具有以下特点。

1. 基于云计算的教育资源公共服务平台

楼兰云云计算智慧教育云总体架构由 Iaas、Paas 和 Saa 即 IT 基础设施层、支撑平台层、应用层和标准规范、安全保障及运营管理三大体系组成。

IT 基础设施包括主机、存储、网络以及虚拟化平台。应用层包括在数据中心构造的各种业务应用，主要包括智慧教育应用系统、教育资源公共服务平台和教育管理公共服务平台等。

2. 教学方案多样化，提升学生学习兴趣

借助楼兰云云计算“教育云”，让教师、学生具有更广阔的教学空间。借助电子白板、教师云终端、学生云终端、学生电子书包等，采用多样化的教学方案，易用高效，提升教师教学效率，激发学生主动学习的兴趣。

3. 利用信息技术实现校园管理、教学、生活的高效快捷

基于云计算的教育资源公共服务平台提供丰富的教学资源。宽带网络所到之处，老师、学生和家长可以方便、充分利用丰富的信息化教育资源。

4. 学习不受时间与空间的限制

楼兰云云计算智慧教育解决方案的解决思路之一即为“所到之处皆能学”，学生学习不再受地点与时间的限制，任何地方只要能接入互联网就能畅通无阻地学习与交流。

楼兰云云计算智慧教育解决方案，降低用户 IT 运营成本。楼兰云云计算智慧教育解决方案将非共享的教育专用“信息孤岛”转变为动态管理和集中可共享的 IT 资产，提高教育资源利用率，并对教育资源进行重新部署，满足不断变化的业务需求和降低 IT 成本。

楼兰云云计算智慧教育解决方案的亮点之一即为建立统一规范的智慧教育标准体系，注重智慧教育环境建设与应用过程中所涉及的信息系统、教学应用系统和各类软硬件环境的规划、建设、应用等方面的标准规范要求。

（三）医疗云

医疗行业迈入大数据时代，其发展呈现以下趋势。

1. 精准医疗成趋势

相比于传统的经验医学诊疗，精准医疗以个人基因组信息为基础，可以为患者量身设计出更佳治疗方案，让治疗效果最大化。在业界看来，精准医疗是系统工程，大数据是基础，基因测序是工具，只有软硬件有机结合，才可能实现技术上的精准医疗。

2. 远程医疗火爆

数字医疗旨在实现让消费者在没有医生帮助的情况下，自己通过技术做身体检测，此项技术涵盖五十种不同的身体症状。同时也可以收集病患的许多身体信息，帮助医生来作出诊断。

3. 整合资源建立生态

只有整合整个医疗行业的资源，才能彻底实现“互联网＋医疗”。按照医疗云的规划，云平台将前接第三方监测机构，后连医院，通过远程诊疗完成诊断。

在“2015 中华医院信息网络大会”上，阿里云就正式宣布推出医疗云。阿里云认为，随着互联网医疗应用的发展，包括挂号咨询用药等原来在线下做的事情现在要移到线上来做。医疗的本质是医生帮病人把病治好，随后进入到康复阶段。这个本质不是互联网可以颠覆或改变的。作为 IT 的技术平台，如何辅助医疗这个过程由繁入简，如何辅助医疗这个过程变得更加精准，如何让医生和患者的体验变得更好，这是阿里医疗云的关键切入点，如图 6-15 所示。

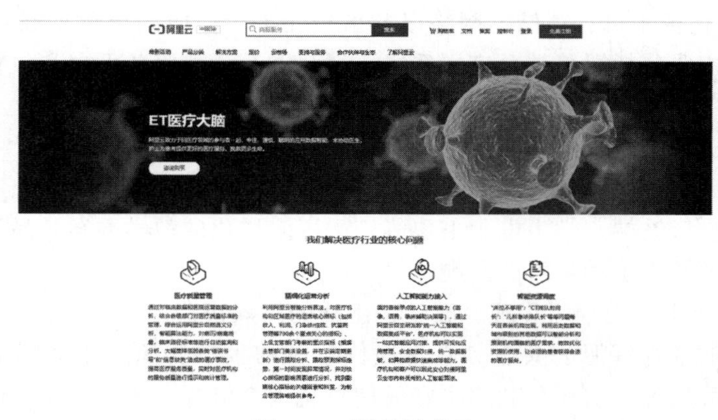

图 6-15　阿里医疗云

根据以上切入点，阿里医疗云的三大主要业务发展方向分别制定为：个人健康、医疗机构、公共卫生。而为了更好地切入医疗机构，阿里医疗云在与杭州一家拥有主营无线 wifi 的公司达成合作，后者通过免费为医院打造无线网络，已经成功服务国内 5000 家医院。

阿里医疗云的特点包括：数据体量巨大、处理速度够快、数据类型繁多、商业价值够高、随时随地可享、完成精准定位以及优化就医体验。

至于数据放在阿里云上是否会有安全隐患，大可不必担心，因为客户始终是数据的拥有者和使用者，阿里云未来会像数据银行一样具有保卫数据安全的义务。推出的“云盾”，结合阿里云云计算平台强大的数据分析能力能够为用户提供一站式安全服务。

第三节　物联网技术

一、基 本 概 念

（一）物联网的定义

真正的“物联网”概念最早由英国工程师凯文·艾什顿（Kevin Ashton）于1998年春在宝洁公司的一次演讲中首次提出。艾什顿对物联网的定义很简单：把所有物品通过射频识别等信息传感设备与因特网连接起来，实现智能化识别和管理。

物联网就是“物物相连的智能互联网”。其核心包含着三个层面的含义。

① 物联网的核心和基础仍然是互联网，是在互联网基础上的延伸和扩展的网络。

② 其用户端延伸和扩展到了任何物品与物品之间，进行信息交换和通信。

③ 该网络具有智能属性，可进行智能控制、自动监测与自动操作。

由上述三层含义而汇总为现在公认的定义：

物联网是通过射频识别（RFID）、红外感应器、全球定位系统、激光扫描器等信息传感设备，按约定的协议，把任何物品与互联网连接起来，进行信息交换和通信，以实现智能化识别、定位、跟踪、监控和管理的一种网络。

（二）物联网的特征及发展意义

1. 物联网的特征

（1）实时性。由于信息采集层的工作可以实时进行，所以，物联网能够保障所获得的信息是实时的真实信息，从而在最大限度上保证了决策处理的实时性和有效性。

（2）大范围。由于信息采集层设备相对廉价，物联网系统能够对现实世界中大范围内的信息进行采集分析和处理，从而提供足够的数据和信息以保障决策处理的有效性，随着Ad-hoc技术的引入，获得了无线自动组网能力的物联网进一步扩大了其传感范围。

（3）自动化。物联网的设计愿景是用自动化的设备代替人工，三个层次的全部设备都可以实现自动化控制，因此，物联网系统一经部署，一般不再需要人工干预，既提高了运作效率、减少出错几率，又能够在很大程度上降低维护成本。

（4）全天候。由于物联网系统部署之后自动化运转，无需人工干预，因此，其布设可以基本不受环境条件和气象变化的限制，实现全天候的运转和工作。从而使整套系统更为稳定而有效。

2. 物联网的发展意义

物联网拥有广阔市场前景，它是将新一代IT技术充分运用在各行各业之中，具体地说，就是把各种感应、传感器嵌入和装备到电网、铁路、桥梁、隧道、公路、建筑、供水系统、大坝、油气管道等各种物体中，然后将物联网与现有的互联网整合起来，实现人类社会与物理系统的整合，在这个整合的网络当中，存在能力超级强大的中心计算机群，能够对整合网络内的人员、机器、设备和基础设施实施实时的管理和控制。

3. 物联网的应用

物联网用途广泛，遍及智能交通、物流管理、环境保护、政府工作、公共安全、平安家居、智能消防、工业监测、老人护理、个人健康、花卉栽培、水系监测、食品溯源、敌情侦查和情报搜集等多个领域。

“物联网”与“互联网”的区别如下：

首先，“物联网”是在“互联网”的基础上，将其用户端延伸和扩展到任何物品与物品之间，进行信息交换和通信的一种概念。互联网着重信息的互联互通和共享，解决的是人与人的信息沟通问题；物联网则是通过人与人、人与物、物与物的相联，解决的是信息化的智能管理和决策控制问题。

互联网与物联网在终端系统接入方式上也不相同。互联网用户通过端系统的服务器、台式机、笔记本和移动终端访问互联网资源；物联网应用系统将根据需要选择无线传感器网络或 RFID 应用系统接入互联网。

互联网思维影响下的企业，会在与用户终端的交互上苦下功夫，这就是传统的入口思维，就是流量的思维。这也是我们现在手机热、手表热、手环热、APP 热、公众号热等热产生的一个很重要原因。

运用这样的思维方式发展到现在已经非常成熟了，其演变可形成全新的商业模式。往后就是互联网的 UGC（User Generated Content 指用户原创内容）应用兴起，Facebook、Twitter、天涯、知乎、人人、微博等。这一批 UGC 引领了互联网的一个时代，将人们线下的交流搬到线上，让人们能够更方便快捷地表达自己的思想。但是由于缺乏有效的管理机制，大量垃圾信息充斥了人们的生活。特别是一些你毫无兴趣的广告推送，你还不得不忍受。其实商家也很郁闷，花大价钱撒广告，结果只引起少数人关注。而物联网技术的发展，将改变这一现状，这背后其实是信息交换的问题。商家不能掌握用户喜好，用户也不知道商家到底有什么产品，两边一抓瞎，传统广告都是靠蒙。

除了这些，还有更重要的一点区别。直接讲比较抽象，我们不如举个例子：现在有某品牌智能空调，你到家之前可以先用手机开启它，它能保证你回家的时候家里室温刚好是你提前设定好的温度，而离家之后也不会因为忘了关空调而心疼电费，因为你随时可以在手机上把它关掉。同时，它还能自己除甲醛，控制空气湿度和氧含量，这种体验当然不赖。

但是这其中还有一些问题。第一是空调无法自动感知环境，就是说你需要自己关注空调的运行状态而且亲自去操作，这其实是你对“空调工作状态”及“家里空气状态”这样的信息进行了判断和处理；第二就是手机只能实现对空调的控制，而不能同时调节通风装置和窗户、空气净化器、加湿器等设备来让室内空气达到最好的状态。

物联网就是想改变这种现状，让空调里集成的很多类型的传感器，能够不间断地监测它周围室内的温度、湿度、光等环境的变化。比如它可以判断房间中是否有人及人是否有移动，并以此决定是否开启温度调节设备，如图 6-16 所示。

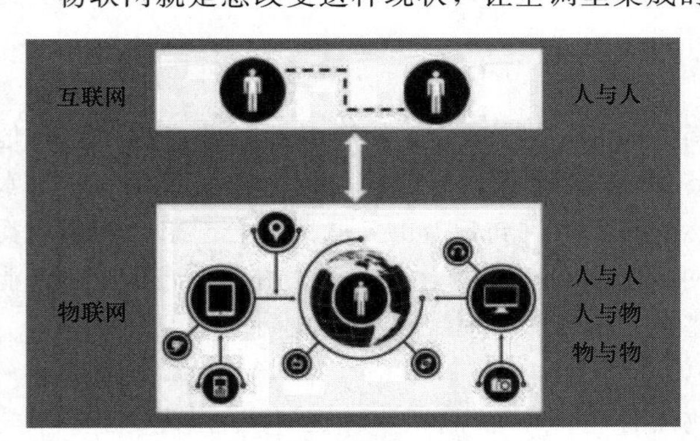

图 6-16　物联网与互联网的区别

这也是物联网对互联网的一个巨大优势：感知层的运用。而对物联网而言，这些信息的产生和传输很大程度上是主动的。人将更少地参与到信息的采集和分析，大量不必要亲自关注的信息交给设备和网络去处理，从而能够将人从信息爆炸的困局中解脱出来。

在物联网时代，需求表达这一过程将被弱化，信息传递方式的改变将会引领商业模式的变革。虽然在技术手段上，一系列“互联网＋”达到的效果与物联网已经接近了，但其思路还是存在差别的。未来会产生更多的终端并不是需要用户去互动，而是实现自动地、智能地直接为人服务。

物联网发展到一定阶段将实现由用户到制造商的逆向定制，这是智能制造技术和供应链发展的一大方向。大规模定制意味着更贴近用户需求，而且可根据市场反应实时调整产品策略。

二、技术原理

（一）原理

物联网是指通过各种信息传感设备，如传感器、射频识别（RFID）技术、全球定位系统、红外感应器、激光扫描器、气体感应器等各种装置与技术，实时采集任何需要监控、连接、互动的物体或过程，采集其声、光、热、电、力学、化学、生物、位置等各种需要的信息，与互联网结合形成的一个巨大网络。在这个网络中，物品（商品）能够彼此进行“交流”，而无需人的干预。其实质是利用射频自动识别（RFID）技术，通过计算机互联网实现物品（商品）的自动识别和信息的互联与共享。其目的是实现物与物、物与人，所有的物品与网络的连接，方便识别、管理和控制。

物联网中非常重要的技术是射频识别（RFID）技术。RFID是射频识别（Radio Frequency Identification）技术英文缩写，是20世纪90年代开始兴起的一种自动识别技术，是目前比较先进的一种非接触识别技术。以简单RFID系统为基础，结合已有的网络技术、数据库技术、中间件技术等，构筑由大量联网的阅读器和无数移动的标签组成的，比Internet更为庞大的物联网成为RFID技术发展的趋势。

而RFID，正是能够让物品“开口说话”的一种技术。在物联网的构想中，RFID标签中存储着规范而具有互用性的信息，通过无线数据通信网络把它们自动采集到中央信息系统，实现物品（商品）的识别，进而通过开放性的计算机网络实现信息交换共享，实现对物品的“透明”管理。

“物联网”概念的问世打破了之前的传统思维。过去的思路只是将物理基础设施和IT基础设施分开：一方面是机场、公路、建筑物，而另一方面是数据中心，个人电脑、宽带等。而在“物联网”时代，钢筋混凝土、电缆将与芯片、宽带整合为统一的基础设施，在此意义上，基础设施更像是一块新的地球工地，世界的运转就在它上面进行，其中包括经济管理、生产运行、社会管理乃至个人生活。

（二）物联网可分为三层：感知层、网络层和应用层

感知层是物联网的皮肤和五官识别物体，采集信息。感知层包括二维码标签和识读器、RFID标签和读写器、摄像头、GPS、传感器、终端、传感器网络等，主要是识别物体，采集信息，与人体结构中皮肤和五官的作用相似。

网络层是物联网的神经中枢和大脑信息传递和处理中心。网络层包括通信与互联网的融合网络、网络管理中心、信息中心和智能处理中心等。网络层将感知层获取的信息进行传递和处理，类似于人体结构中的神经中枢和大脑。

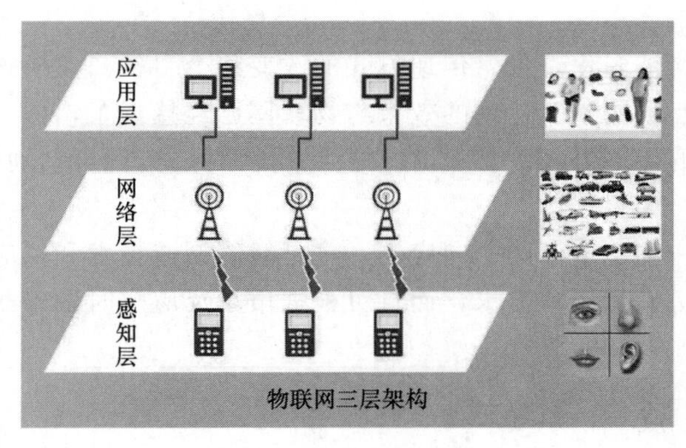

图 6-17　物联网的三层架构

应用层是物联网与行业专业技术的深度融合，与行业需求结合，实现行业智能化，这类似于人的社会分工，最终构成人类社会，如图 6-17 所示。

物联网注定要催化中国乃至世界生产力的变革。

（三）物联网的关键领域

(1) RFID：电子标签属于智能卡的一类，物联网概念是 1998 年 MIT Auto ID 中心主任 Ashton 教授提出来的，RFID 技术在物联网中主要起“使能”(Enable) 作用。

(2) 传感网：借助于各种传感器，探测和集成包括温度、湿度、压力、速度等物质现象的网络，也是温总理“感知中国”提法的主要依据之一。

(3) M2M：这个词国外用得较多，侧重于末端设备的互联和集控管理，X-Intemet，中国三大通讯营运商在推 M2M 这个理念。

(4) 两化融合：工业信息化也是物联网产业主要推动力之一，自动化和控制行业是主力，但目前来自这个行业的声音相对较少。

（四）物联网的鲜明特征

和传统的互联网相比，物联网有其鲜明的特征。

首先，它是各种感知技术的广泛应用。物联网上部署了海量的多种类型传感器，每个传感器都是一个信息源，不同类别的传感器所捕获的信息内容和信息格式不同。传感器获得的数据具有实时性，按一定的频率周期性的采集环境信息，不断更新数据。

其次，它是种建立在互联网上的泛在网络。物联网技术的重要基础和核心仍是互联网，通过各种有线和无线网络与互联网融合，将物体的信息实时准确地传递出去。在物联网上的传感器定时采集的信息需要通过网络传输，由于其数量极其庞大，形成了海量信息，在传输过程中，为了保障数据的正确性和及时性，必须适应各种异构网络和协议。

还有，物联网不仅仅提供了传感器的连接，其本身也具有智能处理的能力，能够对物体实施智能控制。物联网将传感器和智能处理相结合，利用云计算、模式识别等各种智能技术，扩允其应用领域。从传感器获得的海量信息中分析、加工和处理出有意义的数据，以适应不同用户的不同需求，发现新的应用领域和应用模式。

三、解 决 方 案

案例：高校的能耗平台——江南大学

江南大学应用物联网、通信、信息、控制、检测等前沿技术，自主研发了“数字化能源监管”平台，通过“数字化”的方式，将原来能源管理过程中的“模糊”概念变成清晰数据，为管理者提供更好、更科学的决策支持，打造低碳绿色校园。

进入位于江南大学内的能源监管中心，映入眼帘的是一幅整面墙壁大小的巨幕电子屏。屏幕上方显示“江南大学数字校园”字样，下方是各个院系的用电情况，如图 6-18 所示。

图 6-18　江南大学内的能源监管中心

江南大学节能研究所工作人员打开“计量设备实时在线图”，近万个各类计量传感监控点的布局和实时工作情况呈现眼前。散射图纵横交错，显示各计量监控点的位置和与网关相连的情况，屏幕左下方显示：总网关 433 个、在线网关 358 个，总设备 4471 个、在线设备 3676 个。

点开具体监控点，可看到该建筑的累计电量、有功电能、设备运行等情况，根据等级，分别显示为绿色正常、黄色异常和红色警报。江南大学校园各类传感监控点的布置，实现了对学校能源感知和全程能源管理。

第四节　移动技术（5G）

一、基 本 概 念

（一）定义

5G 即第五代移动电话行动通信标准，也称第五代移动通信技术，拥有每秒数十 GB 的数据传输速度，能够灵活地支持各种不同的智能设备。其中字母 G 代表 generation（代、际）。据 IMT-2020（5G）推进组，5G 可由标志性能力指标和一组关键技术来定义。其中，标志性能力指标指“Gbps 用户体验速率”，一组关键技术包括大规模天线阵列、超密集组网、新型多址、全频谱接入和新型网络架构。如图 6-19 所示。

5G 的特点可概括为高速率、短时延、低功耗、泛在网、可扩展。

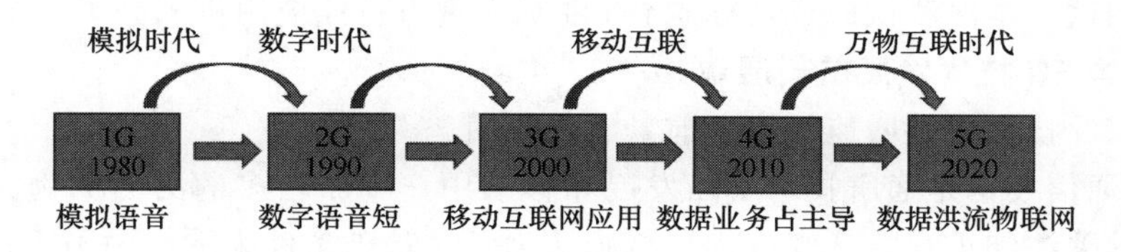

图 6-19　5G 变迁

（二）发展

由于 5G 技术将可能使用的频谱是 28GHz 及 60GHz，属极高频（EHF），比一般电信业现行使用的频谱（如 2.6GHz）高出许多。虽然 5G 能提供极快的传输速度，能达到 4G 网络的 40 倍，而且时延很低，但信号的衍射能力（即绕过障碍物的能力）十分有限，且发送距离很短，这便需要增建更多基站以增加覆盖。

2009 年，华为就已经展开了相关技术的研究，并在之后的几年里向外界展示了 5G 原型机基站。

2013 年 11 月 6 日，华为宣布将在 2018 年前投资 6 亿美元对 5G 的技术进行研发与创新，并预告在 2020 年用户会享受到 20Gbps 的商用 5G 移动网络。

2013 年初中国通信院组建 5G 移动通信技术研究小组，由通讯行业的顶级专家组成，对5G移动通信技术的关键技术及发展方向进行了探讨和明确，并制定了相关的研究框架。

2016年1月中国通信研究院正式启动5G技术试验，为保证实验工作的顺利开展，IMT-2020（SG）推进组在北京怀柔规划建设了30个站的5G外场。

2016年12月华为与英国电信方面宣布启动5G研究合作。双方将在英国电信实验室一起探索网络架构、新空口（用于连接终端和基站）“网络切片”（运营商将更有效地将网络资源分配给特定服务），物联网机器通信，安全技术等5G技术。

2017年6月中国移动5G北京试验网启动会召开，会议标志着由大唐电信集团建设的5G北京试验网正式启动。2017年在北京、上海、广州、苏州、宁波5个城市启动5G试验，验证3.56Hz相网关键性能。

2017年11月中国工信部发布通知，正式启动5G技术研发试验第三阶段工作，并力争于2018年年底前实现第三阶段试验基本目标。

2018年2月沃达丰和华为在西班牙合作采用非独立3GPP5G新无线标准和Sub6GHz频段完成了全球首个SG通话测试，华为方面表示测试结果表明基于3GPP标准的5G技术已经成熟。

2018年12月10日，工信部正式向中国联通、中国移动、中国电信发放了5G系统中低频段试验频率使用许可。

2018年12月18日，AT&T宣布，将于12月21日在全美12个城市率先开放5G网络服务。

2018年12月27日，在由IMT-2020（5G）推进组组织的中国5G技术研发试验第三阶段测试中，华为以100%通过率完成5G核心网安全技术测试。

2019年4月，华为与中国电信江苏公司、国网南京供电公司成功完成了业界首个基于真实电网环境的电力切片测试，这同时也是全球首个基于最新3GPP标准5G SA网络的电力切片测试。本次测试的成功标志着5G深入垂直行业应用进入到了一个新阶段。

（三）中国5G技术发展前景展望

1. 中国5G技术发展增速较快，前景一片光明

5G移动通信技术是通言技术不断发展和移动用户不断增多的必然产物，也受到了越来越多国家的关注和重视。艾媒咨询分析师认为，从基础条件来看，中国人口众多，资源丰富，近几年经济的发展更是带动了信息产业的超高速发展，整个数据处理能力正稳步提升，同时，中国发展5G还具有政策红利，国家早于2013年进行5G发展战略规划，另外华为等通信巨头频频完成技术突破，助力中国5G技术走在全球前列。

2. 5G在工业互联网领域的创新应用将是重要的经济增长点

智能制造的众多新兴领域如虚拟工厂将真正大规模投产使用，给整个制造业带来翻天覆地的格局改变。届时，5G网络将使得柔性制造实现高度个性化生产、驱动工厂维护模式全面升级、工业机器人将直接进行生产活动判断和决策。艾媒咨询分析师认为，5G与AI结合将在工业互联网领域中占据核心地位，届时人和机器人将在工厂共生，带来全新的岗位分配格局和显著的低成本优势。

3. 5G技术在用户端的应用将集中于视频社交领域

从2G到5G，用户的主要社交模式将经历从文字、图片、语音到视频的变革。目前，

社交类视频平台依托4G互联网技术和移动终端的普及，用户规模增长迅速。未来5G网络成功实现商用后，将吸引更多移动终端用户使用社交类视频平台。艾媒咨询分析师认为，5G技术条件的成熟，将为社交类视频平台发展提供契机，未来还可通过智能技术和VR技术应用，进一步提升视频内容丰富度和用户交互度。

4. 5G技术的应用——机遇与挑战并存

作为新一代高科技通信技术，其发展必将带动信息产业进入高速公路，整个产业链各个环节都将随之重构。从5G网络的建设来说，由于系统集成与服务涉及面众多，企业无法单独实现5G技术；5G发展将带来移动网络架构扁平化，这将促进存储设备在用户侧的部署，推动基站用存储设备需求增长。同时，移动通信运营商与互联网公司将从用户需求出发，深度结合。艾媒咨询分析师认为，为了在未来的5G市场持有竞争优势，各方需要通过深入的战略规划和利益权衡来抓住机遇、迎接挑战。

二、技术原理

三星电子通过研究和试验表明，在28GHz的超高频段，以每秒1Gb以上的速度，成功实现了传送距离在2km范围内的数据传输。此前，世界上没有一个企业或机构开发出在6GHz以上的超高频段实现每秒Gb级以上的数据传输技术，这是因为难以解决超高频波长段带来的数据损失大、传送距离短等难题。

三星电子利用64个天线单元的自适应阵列传输技术，使电波的远距离输送成为可能，并能实时追踪使用者终端的位置，实现数据的上下载交换。超高频段数据传输技术的成功，不仅保证了更高的数据传输速度，也有效解决了移动通信波段资源几近枯竭的问题。

要把握5G技术命脉，确保与时俱进，需要对5G关键技术进行剖析与解读。

1. 高频段传输

移动通信传统工作频段主要集中在3GHz以下，这使得频谱资源十分拥挤，而在高频段（如毫米波、厘米波频段）可用频谱资源丰富，能够有效缓解频谱资源紧张的现状，可以实现极高速短距离通信，支持5G容量和传输速率等方面的需求。

高频段在移动通信中的应用是未来的发展趋势，业界对此高度关注。足够量的可用带宽、小型化的天线和设备、较高的天线增益是高频段毫米波移动通信的主要优点，但也存在传输距离短、穿透和绕射能力差、容易受气候环境影响等缺点。射频器件、系统设计等方面的问题也有待进一步研究和解决。

监测中心目前正在积极开展高频段需求研究以及潜在候选频段的遴选工作。高频段资源虽然目前较为丰富，但是仍需要进行科学规划，统筹兼顾，从而使宝贵的频谱资源得到最优配置。

2. 新型多天线传输

多天线技术经历了从无源到有源，从二维（2D）到三维（3D），从高阶MIMO到大规模阵列的发展，将有望实现频谱效率提升数十倍甚至更高，是目前5G技术重要的研究方向之一。

由于引入了有源天线阵列，基站侧可支持的协作天线数量将达到128根。此外，原来的2D天线阵列拓展成为3D天线阵列，形成新颖的3D-MIMO技术，支持多用户波束智能赋型，减少用户间干扰，结合高频段毫米波技术，将进一步改善无线信号覆盖性能。

目前研究人员正在针对大规模天线信道测量与建模、阵列设计与校准、导频信道、码本及反馈机制等问题进行研究，未来将支持更多的用户空分多址（Sdma），显著降低发射功率，实现绿色节能，提升覆盖能力。

3. 同时同频全双工

最近几年，同时同频全双工技术吸引了业界的注意力。利用该技术，在相同的频谱上，通信的收发双方同时发射和接收信号，与传统的 TDD 和 FDD 双工方式相比，从理论上可使空口频谱效率提高 1 倍。

全双工技术能够突破 FDD 和 TDD 方式的频谱资源使用限制，使得频谱资源的使用更加灵活。然而，全双工技术需要具备极高的干扰消除能力，这对干扰消除技术提出了极大的挑战，同时还存在相邻小区同频干扰问题。在多天线及组网场景下，全双工技术的应用难度更大。

4. D2D

传统的蜂窝通信系统的组网方式是以基站为中心实现小区覆盖，而基站及中继站无法移动，其网络结构在灵活度上有一定的限制。随着无线多媒体业务不断增多，传统的以基站为中心的业务提供方式已无法满足海量用户在不同环境下的业务需求。

D2D 技术无需借助基站的帮助就能够实现通信终端之间的直接通信，拓展网络连接和接入方式。由于短距离直接通信，信道质量高，D2D 能够实现较高的数据速率、较低的时延和较低的功耗；通过广泛分布的终端，能够改善覆盖，实现频谱资源的高效利用；支持更灵活的网络架构和连接方法，提升链路灵活性和网络可靠性。

目前，D2D 采用广播、组播和单播技术方案，未来将发展其增强技术，包括基于 D2D 的中继技术、多天线技术和联合编码技术等。

5. 密集网络

在未来的 5G 通信中，无线通信网络正朝着网络多元化、宽带化、综合化、智能化的方向演进。随着各种智能终端的普及，数据流量将出现井喷式的增长。未来数据业务将主要分布在室内和热点地区，这使得超密集网络成为实现未来 5G 的 1000 倍流量需求的主要手段之一。

超密集网络能够改善网络覆盖，大幅度提升系统容量，并且对业务进行分流，具有更灵活的网络部署和更高效的频率复用。未来，面向高频段大带宽，将采用更加密集的网络方案，部署小小区/扇区将高达 100 个以上。

与此同时，愈发密集的网络部署也使得网络拓扑更加复杂，小区间干扰已经成为制约系统容量增长的主要因素，极大地降低了网络能效。干扰消除、小区快速发现、密集小区间协作、基于终端能力提升的移动性增强方案等，都是目前密集网络方面的研究热点。

6. 新型网络架构

目前，Lte 接入网采用网络扁平化架构，减小了系统时延，降低了建网成本和维护成本。未来 5G 可能采用 C-RAN 接入网架构。C-RAN 是基于集中化处理、协作式无线电和实时云计算构架的绿色无线接入网构架。

C-RAN 的基本思想是通过充分利用低成本高速光传输网络，直接在远端天线和集中化的中心节点间传送无线信号，以构建覆盖上百个基站服务区域，甚至上百平方公里的无线接入系统。C-RAN 架构适于采用协同技术，能够减小干扰，降低功耗，提升频谱效率，同时便于实现动态使用的智能化组网，集中处理有利于降低成本，便于维护，减少运营支出。

目前的研究内容包括 C-RAN 的架构和功能，如集中控制、基带池 RRU 接口定义、基于 C-RAN 的更紧密协作，如基站簇、虚拟小区等。

全面建设面向 5G 的技术测试评估平台能够为 5G 技术提供高效客观的评估机制，有利于加速 5G 研究和产业化进程。5G 测试评估平台将在现有认证体系要求的基础上平滑演进，从而加速测试平台的标准化及产业化，有利于我国参与未来国际 5G 认证体系，为 5G 技术的发展搭建腾飞的桥梁。

三、解决方案

（一）华为 5G 解决方案

华为发布的 5G 产品解决方案完全基于 3GPP 全球统一标准，具备“全系列、全场景、全云化”能力，如图 6-20 所示。

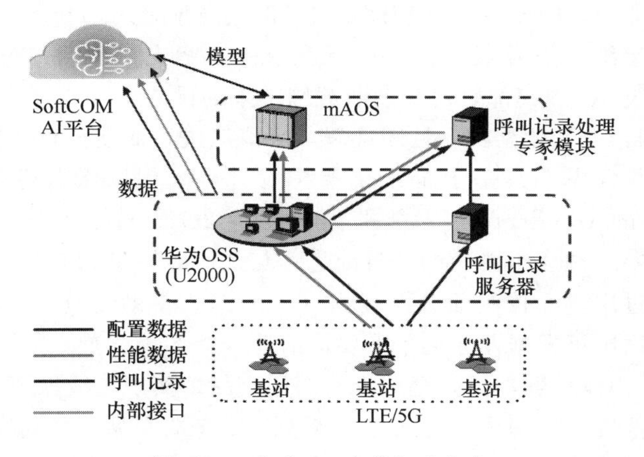

图 6-20　华为 5G 产品解决方案

（1）5G 站点：丰富形态满足全场景部署所需，实现无处不在的 xGbps 用户体验：

华为推出的全系列 5G 产品解决方案，不仅能够涵盖从毫米波到 C 波段到 3G 以下全部频段，也涵盖了塔站、杆站以及小站全部站点形态。

华为推出的 C 波段 64 收发和 32 收发 Massive MIMO AAU 均支持 200MHz 大带宽，且均具有三维立体的波束赋型能力，能在近点或远点，在楼宇覆盖或均匀覆盖等各种场景下，灵活精准地控制小区覆盖，最大化用户体验，实现 20 倍甚至 30 倍网络容量。毫米波产品支持 1GHz 带宽，天线口等效功率（EIRP）可达 65dBm，行业最高。

此外，华为推出的小型化 Massive MIMO 的 5G C 波段或毫米波产品，能够利用街边灯杆部署以实现补盲和热点吸容；5G LampSite 向下兼容 4G，能够利用现有 CAT6A 网线或光纤，通过“线不动”“点不增”的方式，实现室内 4G、5G 共部署。

5G 时代的无线站点将是分布式部署（D-RAN）和集中式部署（C-RAN）混合的组网场景。华为同时推出了应用于分布式站点的 BBU5900 和集中式站点的 CBU5900。BBU5900 是当今业界集成度最高的站点解决方案，能够支持包括 2G、3G、4G、5G 所有制式合一，所有频段合一，并具备 50Gbps 的回传能力，满足 5G 业务长远发展的需要。

而CBU5900将大量的基带单元集中部署实现C-RAN架构，简化远端站点，从而节省大量的空调机房，快捷实现全网卫星时钟同步，减少维护安装的上站次数，大幅降低未来站点扩容站点维护的进展成本。与此同时，集中部署基站还能通过大范围紧密协同，提升整网性能。

（2）5G承载：从有源到无源，从5G微波到IP承载网，全面满足5G超大网络容量要求：

为满足5G超大容量eMBB业务需要，5G网络需要10GE到站以及50GE/100GE光纤到接入环的传输能力，而在基带集中化部署场景下，集中机房和站点间更是需要高达100Gbps的传输能力。

华为也推出了多场景、多媒介、多形态的5G承载产品组合。回传场景的5G微波系列产品，可以基于传统微波频段实现10Gbps的大带宽能力以及25微秒的低时延，50GE/100GE自适应分片路由器，可以支持从10GE到50GE、100GE的平滑演进，实现按需逐步建设；有源FO OTN前传解决方案可以实现多达15路业务接入，支持无损倒换以及多种业务的综合接入能力，Centralized WDM前传解决方案采用创新无色光模块，实现站点的极简交付、极简运维。华为X-Haul 5G承载解决方案支持IP/OTN/微波等多种技术，帮助运营商彻底解决5G规模部署对移动承载网带来的挑战。

（3）5G核心网：全云化架构，按需部署，平滑演进，能使全行业数字化：

华为5G核心网解决方案基于全云化架构设计，采用以微服务为中心的软件架构（Microservice-centric Architecture），能够同时支持2G、3G、4G、5G，并实现从NSA（非独立组网）向SA（独立组网）的平滑演进；与此同时，华为5G全云化核心网灵活的分布式网络架构通过用户面控制面分离技术（CUPS），帮助运营商实现将控制面部署于中心局点，而用户面则可根据业务场景需要灵活地选择部署位置。

（4）5G终端：小体积低功耗，全球唯一商用产品，实现无线家宽类光纤接入体验：

在世界移动通信展上，华为还发布了一系列5G终端产品。华为5G CPE基于3GPP标准及芯片架构实现，体积小、功耗低、便携性强，能够支持C波段或者毫米波，是目前全球最小的5G商用终端。基于华为商用级5G终端，在首尔和加拿大已经诞生了全球首批5G友好商用用户。基于3.5GHz和毫米波，用户可畅享超过2Gbps类光纤体验的无线家庭宽带服务。

要想搭建万物互联的智能世界，网络、芯片、终端一个都不能少，而华为除了产品优势外，最不可忽视的就是其强大的“端到端”能力。

“端到端”，是指华为的5G产品和技术已经实现了从无线接入、网络基础设施、到终端设备的“端到端”。要想打造5G端到端的能力，就必须掌控各个核心环节，不落下一个解决方案。

（二）中兴通讯5G解决方案

中兴通讯提出5G网络架构解决方案采用云感知软网络的分层结构。

在基础设施层（SDI），实现了硬件和软件的分离，包含虚拟资源域和物理资源域两部分，物理资源域由通用化的计算、存储和网络硬件等组成，所有硬件的物理资源都可以虚拟化分配使用。物理资源通过虚拟化资源域供上层使用。

在业务使能层（SDNF），向上层应用提供了网络功能蓝图，提供了两层环境。其中电信云执行环境提供通信、监控、负载均衡、数据库等基本的服务。

在业务应用层（SDNS），向用户提供网络切片业务，按照切片蓝图生成网络切片。

在每一层均提供相应的开放接口，用于网络运维数据和用户数据管理。

中兴通讯 5G 解决方案主要包括统一空口 UAI 和云感知软网络 CAS 两部分。

（1）统一空口 UAI：中信通讯提出的统一空口架构不是技术的简单组合，而是清晰和系统的逻辑架构。该架构分为业务感知层（实现业务感知和智能汇聚）、网络切片层（可按业务分类实现灵活的网络切片和弹性资源分配）、特定物理层（支撑不同场景 KPI 的关键技术）以及抽象物理层（对不同业务和不同频段完全透明）。

Massive MIMO，通过上百根天线的空分复用优势，成倍提升系统容量，是 5G 容量提升的核心优势，并在 pre5G 中成功商用。如图6-21所示。

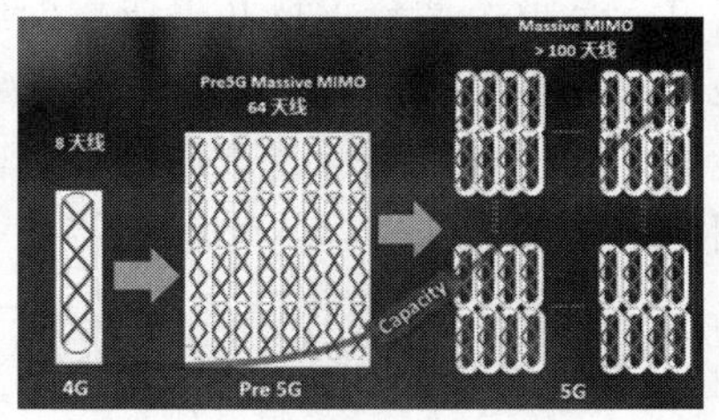

图 6-21　Massive MIMO 技术优势

中兴通讯 Massive MIMO 采用波束导频和自适应码本反馈的创新理念，带来更宽的带宽，更大的通道数，更高的吞吐量，使网络容量得到大幅提升。

MUSA（Multi User Shared Access）技术可以有效提升接入数，是面向大连接场景的关键支撑技术。中兴通讯提出的 MUSA 技术引入短复数域扩展码，是业界唯一一个可以同时实现免调度和高过载的多址接入方案，如图 6-22 所示。

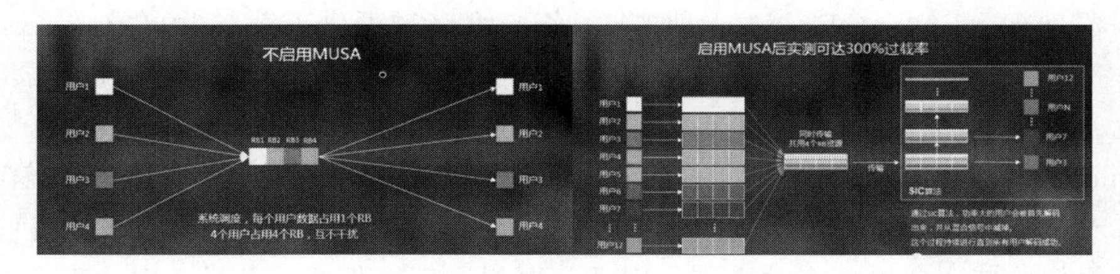

图 6-22　MUSA 技术特点

在 5G 中，由于要处理各种不同特性的业务，子载波宽度可能不一样，从而会导致子载波之间的干扰。中兴通讯采用基于子载波滤波的 FB-OFDM 技术，通过采用多项滤波器对 OFDM 信号进行子载波级滤波，大大降低对邻带的干扰功率，降低对时频同步的需求。

统一帧结构 UFS（Unified-Frame Structure）：中兴通讯针对帧结构进行了优化改进，采用参数可灵活配置的统一帧结构技术 UFS，可以针对不同频段、场景和信道环境，可以选择不同的参数进行配置，适应不同场景的需求；可以通过减少 TTI 长度、降低 CP 长度，增加子载波间隔等方式，适应 URLLC 的需求。

（2）云感知（Cloud Aware Soft-network）软网络的分层结构。

云：体现了资源的灵活部署，统一接入，统一平台，统一管理

感知：实现业务的动态介入和编排。

（三）三星 5G 解决方案

2019 年 6 月，三星电子宣布即将用于最新高端移动设备的 5G 通信解决方案已投入大规模生产。5G 多模式芯片组包含此前推出的 5G 基带芯片 ExynosModem 5100、新款单芯片射频收发器 Exynos RF 5500，以及电源调制解决方案 Exynos SM5800。所有该等组件

图 6-23 ExynosModem 5100

均可支持 5G 新空口（NR）6GHz 以下频段与传统无线电接入技术，为移动设备制造商提供了最佳的 5G 网络通信解决方案，如图6-23所示。

三星的多模式解决方案 Exynos Modem 5100、Exynos RF 5500 和 Exynos SM5800 可共同实现强大且节能的 5G 性能与网络通用性，让用户无论身处何处都能保持连接状态。

作为三星首款 5G 调制解调器解决方案，Exynos Modem 5100 已于 2018 年 8 月完成了商业化准备工作，并成功通过了空中下载（OTA）5G-NR 数据调用测试。该调制解调器可通过单个芯片支持几乎所有网络，其中包括 5G 6GHz 以下和毫米波（mm Wave）频段、2G GSM/CDMA、3GWCDMA、TD-SCDMA、HSPA 和 4G LTE 网络。为了实现性能的可靠性与节能性，该调制解调器还专门配备了射频收发器 Exynos RF 5500 与电源调制解决方案 Exynos SM 5800。

三星 Exynos RF 5500 可在单一芯片中支持传统网络与 5G-NR 6GHz 以下频段网络，使智能手机设计更为灵活，尤其是当今的高端移动设备。作为其中的关键组件，射频收发器让智能手机能够通过蜂窝网络进行数据收发。当智能手机向运营商传输语音或数据时，射频会将调制解调器的基带信号向上转换为高频率范围的蜂窝频率，以便通过连接网络快速发送数据。反之亦然；在接收数据时，射频会将信号向下转换为基带频率，并将其交由调制解调器处理。Exynos RF 5500 拥有 14 条接收路径可供下载，并可支持 4x4 MIMO（多输入多输出）与高阶 256 QAM（正交振幅调制）方案，以实现 5G 网络数据传输速率的最大化。

Exynos SM 5800 是一款适用于 2G 至 5G-NR 6GHz 以下网络的低功耗调制解决方案，而且还可支持高达 100MHz 的包络跟踪（ET）宽带。随着 5G 时代的到来，我们能够以更快的数据传输速率传输更多的内容，因此，要想实现更长的移动设备电池寿命，保持高效率的射频就显得尤为重要。Exynos SM 5800 可根据调制解调器的射频输入信号，动态调节电源电压，从而降低高达 30%的功耗。借助先进的电源优化 ET 解决方案，数据能够在速度惊人的 5G 网络上得以更高效、更可靠的传输。

Exynos RF 5500 和 SM 5800 这两项技术突破均已获得国际固态电路会议（ISSCC）委员会认可，并于去年二月在旧金山举办的 ISSCC 2019 上予以展示。

第五节　虚拟增强现实技术

一、基 本 概 念

（一）虚拟现实技术（VR）

1. 定义

虚拟实境（Virtual Reality），简称 VR 技术，也称灵境技术或人工环境，是利用电脑模拟产生一个三度空间的虚拟世界，提供使用者关于视觉、听觉、触觉等感官的模拟。

虚拟现实技术是一项融合了计算机图形学、数字图像处理、多媒体技术、计算机仿真技术、传感器技术、显示技术以及网络并行处理等分支信息技术的综合性信息技术。利用虚拟现实技术，可以生成模拟的交互式三维动态视景和仿真实体行为，打造出类似客观环境又超越客观时空，能够沉浸其中又能驾驭其上的自然和谐的人机关系。简言之，虚拟现实正是由计算机创造出的让人感觉与真实世界无异的虚拟环境。

2. 基本构成

一个虚拟现实系统的基本构成主要包括：虚拟环境、真实环境、用户感知模块、用户控制模块、控制检测模块。

虚拟环境包括虚拟场景与虚拟实体的三维模型；真实环境在增强现实系统中作为环境的一部分也和用户进行交互；用户感知模块包括多种感知手段的硬件设备，包括用来显示的 LCD 显示器/头盔显示器 HMD/立体投影和用来发出音效的音像设备，以及各种力反馈设施。同时也包括虚拟场景的绘制软件，不仅需要负责显示三维模型和通知其他感知设备响应，而且要依照用户控制指令进行相应的修正；用户控制模块，包括头盔跟踪器、数据手套、肢体衣等硬件设施。控制检测模块则是将用户指令解释为机器语言的软件插件，如图 6-24 所示。

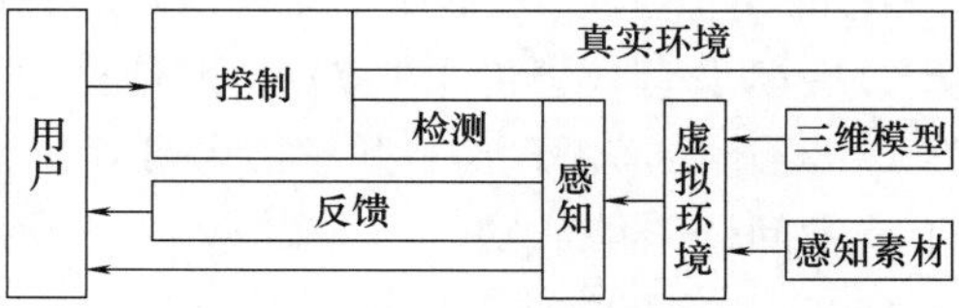

图 6-24　虚拟现实系统组成流程图

3. 虚拟现实系统分类

根据用户参与虚拟现实的不同形式以及沉浸程度的不同，可以把各种类型的虚拟现实系统划分为四类。

（1）沉浸式虚拟现实系统

沉浸式虚拟现实系统设计目的是提供身临其境的完整体验，使参与者有置身于计算机生成虚拟环境中的感觉。它通常利用头盔式显示器或其他设备，把参与者的视觉、听觉和其他感觉进行多通道关联，提供一个完整的虚拟体验空间。同时利用位置跟踪器、数据手套或其他手控输入设备使得参与者能够直接和虚拟世界交互。

（2）增强现实型虚拟现实系统

增强现实型虚拟现实不仅是利用虚拟现实技术来模拟现实世界、仿真现实世界，而且要利用它来增强参与者对真实环境的感受，也就是增强在现实中无法或不方便获得的感受。

（3）分布式虚拟现实系统

分布式虚拟现实系统将分布在不同地理位置的独立虚拟现实系统通过网络进行连接，实现信息共享、多用户在共享虚拟环境内交互独立或协作完成任务。

（4）桌面型虚拟现实系统

桌面型虚拟现实系统利用个人计算机和低级工作站进行仿真，将计算机屏幕作为用户观察虚拟世界的窗口，通过各种输入设备实现与虚拟现实环境的充分交互，这些外部设备包括鼠标、键盘、追踪球、力矩球等。它允许参与者通过计算机屏幕观察 360 度范围内的虚拟境界，并可以使用输入设备与虚拟场景交互并操纵其中的物体。

4. 发展历史

从虚拟现实概念出现，到 2016 年虚拟现实元年开启，虚拟现实发展经历了三个阶段：

第一阶段：萌芽研发期（20 世纪 30 年代—70 年代）

1935 年，小说《皮格马利翁的眼镜（Pygmalion's Spectacles）》中描述了一款虚拟现实的眼镜，被认为是世界上率先提出虚拟现实概念的作品。

图 6-25　第一款头戴式显示器

20 世纪 50 年代中期，摄影师 Morton Heilig 开发了名为 Sensorama 的“6D”虚拟现实设备，它不仅拥有立体声扬声器、立体 3D 显示还拥有嗅觉、摇椅搭配，后被美军应用于军事训练领域。

1968 年，计算机图形学之父、著名计算机科学家 Ivan Sutherland 设计了第一款头戴式显示器达摩克利斯之剑（Sword of Damocles），如图 6-25 所示。

第二阶段：民用探索期（20 世纪 70 年代—2012 年）

1987 年，可视化编程实验室的创始人（VPL）Jaron Lanier，创造了术语“虚拟现实”。他的公司 VPL 也研发出了一系列的虚拟现实设备：头显 EyePhone 1（售价＄9400）；EyePhone HRX（售价＄49，000）以及力反馈手套（售价＄9000）。因价格问题未能推广。

图 6-26　任天堂虚拟男孩

1993 年消费电子展上世嘉推出带耳机的 VR 眼镜原型，然而由于技术问题未能成功。

1995 年任天堂推出虚拟男孩（Virtual Boy/VR-32）3D 游戏机，但由于技术原因，这款游戏机会带来严重的晕眩感，任天堂于 1 年后停止生产此款设备，如图 6-26 所示。

第三阶段：商用发展期（2012 年至今）

2012 年 8 月，一家新成立的公司在众筹网站 Kickstarter 开启了 VR 设备的众筹计划。这个名为 Oculus 计划也可以让消费者以 300 美元的价格购买到大视场角、低延迟的便携式沉浸体验设备。该计划共获得 250 万美元的众筹，这家公司在获得 1600 万美元的首轮融资后，于 2014 年以 20 亿的价格被 Facebook 收购。

从 Oculus 开始，HTC、索尼、三星等厂商也陆续入场。目前 Oculus rift，HTC VIVE，PS VR 被称为三大虚拟现实头显设备；而国内的 VR 头显厂商包括大朋、蚁视、3Glasses、暴风魔镜、小鸟看看等；包括阿里巴巴、腾讯、百度、华为、小米等国内著名互联网巨头；优酷土豆、乐视、爱奇艺等内容平台均已开始布局 VR。2016 年被称为虚拟现实元年，从这一年开始，虚拟现实进入高速发展期，如图 6-27 所示。

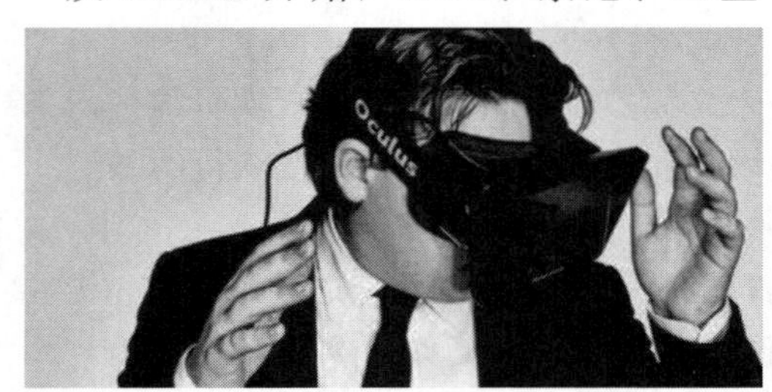

图 6-27　VR 设备

5. 应用领域

（1）医学应用

VR 在医学方面的应用具有十分重要的现实意义。在医学院校，处于虚拟环境中，可以建立虚拟的人体模型，借助于跟踪球、HMD、感觉手套，学生可以很容易了解人体内部各器官结构，进行“尸体”解剖和各种手术练习。如图 6-28 所示。

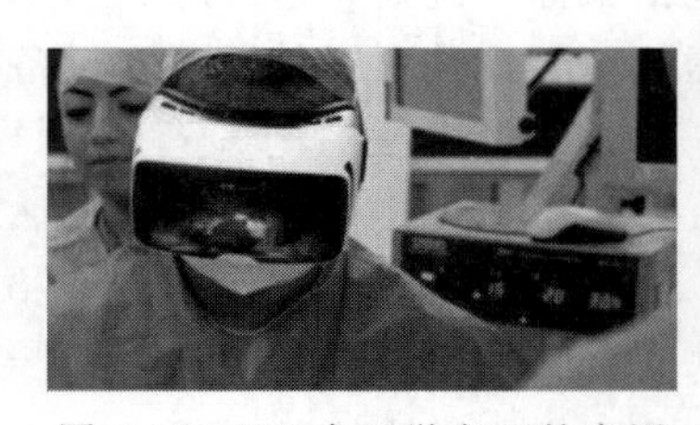

图 6-28　VR 在医学方面的应用

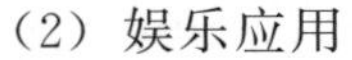

（2）娱乐应用

VR 所具有的临场参与感与交互能力可以将静态的艺术（如油画、雕刻等）转化为动态的。另外，VR 提高了艺术表现能力，如一个虚拟的音乐家可以演奏各种各样的乐器，手足不便的人或远在外地的人可以在他生活的居室中去虚拟的音乐厅欣赏音乐会等，如图 6-29 所示。

（3）军事航天

模拟训练一直是军事与航天工业中的一个重要课题，这为 VR 提供了广阔的应用前景。美国国防部高级研究计划局 DARPA 自 80 年代起一直致力于研究称为 SIMNET 的虚拟战场系统，以提供坦克协同训练，该系统可联结 200 多台模拟器。另外利用 VR 技术，可模拟零重力环境，代替非标准的水下训练宇航员的方法，如图 6-30 所示。

图 6-29　VR 游戏体验

图 6-30　VR 军事模拟

（4）室内设计

虚拟现实不仅仅是一个演示媒体，而且还是一个设计工具。运用虚拟现实技术，设计者可以完全按照自己的构思去构建装饰“虚拟”的房间，并可以任意变换自己在房间中的位置，去观察设计的效果，大大提高了设计和规划的质量与效率，如图 6-31 所示。

图 6-31　VR 室内设计

图 6-32　VR 实景

（5）房产开发

虚拟现实技术是集影视广告、动画、多媒体、网络科技于一身的最新型的房地产营销方式，是当今房地产行业一个综合实力的象征和标志，其最主要的核心是房地产销售。同时在房地产开发中的其他重要环节包括申报、审批、设计、宣传等方面都有着非常迫切的需求。

房地产项目的表现形式可大致分为：实景模式、水晶沙盘两种。如图 6-32 所示。

（6）工业仿真

工业仿真系统不是简单的场景漫游，是真正意义上用于指导生产的仿真系统，它结合用户业务层功能和数据库数据组建一套完全的仿真系统，可组建 B/S、C/S 两种架构的应用，可与企业 ERP、MIS 系统无缝对接，支持 SqlServer、Oracle、MySql 等主流数据库，如图 6-33 所示。

图 6-33　工业仿真系统

图 6-34　VR 应急推演

（7）应急推演

虚拟现实的产生为应急演练提供了一种全新的开展模式，将事故现场模拟到虚拟场景中去，在这里人为地制造各种事故情况，组织参演人员做出正确响应。这样的推演大大降低了投入成本，提高了推演实训时间，从而保证了人们面对事故灾难时的应对技能，并且可以打破空间的限制方便地组织各地人员进行推演，如图 6-34 所示。

（8）文物古迹

利用虚拟现实技术，结合网络技术，可以将文物的展示、保护提高到一个崭新的阶段。通过计算机网络来整合统一大范围内的文物资源，并且通过网络在大范围内来利用虚拟技术更加全面、生动、逼真地展示文物，从而使文物脱离地域限制，实现资源共享，如图 6-35 所示。

图 6-35　VR 文物展览

图 6-36　VR 游戏

（9）游戏应用

尽管存在众多的技术难题，虚拟现实技术在竞争激烈的游戏市场中还是得到了越来越多的重视和应用。从最初的文字 MUD 游戏，到二维游戏、三维游戏，再到网络三维游戏，游戏在保持其实时性和交互性的同时，逼真度和沉浸感正在一步步地提高和加强，如图 6-36 所示。

图 6-37　VR 上课

（10）教育应用

虚拟现实营造了“自主学习”的环境，学习者通过自身与信息环境的相互作用来得到知识、技能的新型学习方式，如图 6-37 所示。

它主要具体应用在科技研究、虚拟实训基地、虚拟仿真校园这几个方面。

（二）增强现实技术（AR）

1. 定义

增强现实（Augmented Reality，简称 AR），是通过计算机系统产生的三维信息增加用户对现实世界感知的技术，将虚拟的信息应用到真实世界，并将计算机生成的虚拟物体、场景或系统提示信息叠加到真实场景中，从而实现对现实的增强。在视觉化的增强现实中，用户利用头盔显示器，把真实世界与电脑图形多重合成在一起，便可以看到真实的世界围绕着它。

2. 发展历程

AR 在历史上的重大突破大概可以分为以下 5 块：

（1）AR 技术的起源可追溯到“VR 之父”Morton Heilig 在二十世纪五、六十年代所发明的 Sensorama Stimulator，如图 6-38 所示。

Sensorama Stimulator 使用图像、声音、风扇、香味和震动，让用户感受在纽约布鲁克林街道上骑着摩托车风驰电掣的场景。尽管这台机器大且笨重，但在当时却非常超前。

图 6-38　Sensorama Stimulator

（2）AR 历史上的下一个重大里程碑是第一台头戴式 AR 设备的发明。1968 年，哈佛副教授 Ivan Sutherland 跟他的学生 Bob Sproull 合作发明了 Sutherland 称之为“终极显示器”的 AR 设备。使用这个设备的用户可以通过一个双目镜看到一个简单三维房间模型，用户还可以使用视觉和头部运动跟踪改变视角。尽管用户交互界面是头戴的，然而系统主体部分却又大又重，不能戴在用户头上，只能悬挂在用户头顶的天花板上。这套系统也因此被命名为“达摩克利斯之剑”。

尽管这些早期的发明属于 AR 的范畴，但实际上，直到 1990 年，波音公司研究员 Tom Caudell 才创造了“AR”这个术语。Caudell 和他的同事设计了一个辅助飞机布线系统，用于代替笨重的示例图版。这个头戴设备将布线图或者装配指南投射到特殊的可再用方板上。这些 AR 投影可以通过计算机快速轻松地更改，机械师再也不需要手工重新改造或者制作示例图版。

（3）大约在 1998 年，AR 第一次出现在大众平台上。当时有电视台在橄榄球赛电视转播上使用 AR 技术将得分线叠加到屏幕中的球场上。此后，AR 技术开始被用于天气预报——天气预报制作者将计算机图像叠加到现实图像和地图上面。从那时起，AR 真正地开始了其爆炸式的发展。

（4）2000 年，Bruce H. Thomas 在澳大利亚南澳大学可穿戴计算机实验室开发了第一款手机室外 AR 游戏——ARQuake。2008 年左右，AR 开始被用于地图等手机应用上。2013 年，谷歌发布了谷歌眼镜，2015 年，微软发布 HoloLens，这是一款能将计算机生成图像（全息图）叠加到用户周围世界中的头戴式 AR 设备，也正是随着这两款产品的出现，更多的人开始了解 AR。

（5）再然后 2016 年 7 月，任天堂的 VR 游戏（Pokemon Go）火爆全球，让更多人认识到了 AR。

3. 应用领域

工业制造与维修领域：通过头戴显示器将多种辅助信息显示给用户，包括虚拟仪表的面板、设备的内部结构、设备零件图等。

医疗领域：医生可以利用增强现实技术，在患者需要进行手术的部位创造虚拟坐标，进行手术部位的精准定位。

军事领域：军队可以利用增强现实技术，创建出虚拟坐标以及所在地点的地理数据，帮助士兵进行方位的识别，获得实时所在地点的地理数据等重要军事数据。

电视转播领域：通过增强现实技术可以在转播体育比赛的时候实时地将辅助信息（比如球员数据）叠加到转播画面中，使得观众可以得到更多的信息。

娱乐、游戏领域：增强现实游戏可以让位于不同地点的玩家，结合 GPS 和陀螺仪，以真实世界为游戏背景，加入虚拟元素，使游戏虚实结合。

教育领域：增强现实技术可以将静态的文字、图片读物立体化，增加阅读的互动性、趣味性。

古迹复原和数字化文化遗产保护：文化古迹的信息以增强现实的方式提供给参观者，用户不仅能获取古迹的文字解说，还能看到遗址上残缺部分的虚拟重构。

旅游、展览领域：人们在浏览、参观的同时，通过增强现实技术将接收到途经建筑的相关资料，观看展品的相关数据资料。

市政建设规划：采用增强现实技术将规划效果加到真实场景中，可直接获得规划的效果。

（三）混合现实技术（MR）

1. 定义

混合现实技术（MR）是虚拟现实技术的进一步发展，该技术通过在现实场景呈现虚拟场景信息，在现实世界、虚拟世界和用户之间搭起一个交互反馈的信息回路，以增强用户体验的真实感。

2. 设备

目前混合现实主要分为两种类型：

（1）头戴显示设备（HUD），是指将一些图像和文字添加到用户的视野中，并且附加在真实世界目标的表面上。主要应用在娱乐、培训与教育、医疗、导航、旅游、购物和大型复杂产品的研发中。

（2）增强现实，是指除将内容和文字显示在显示目标上面之外，还可以通过计算机生产的对象与真实世界目标进行互动和交流。包括 Sphero BB8 玩具的智能手机 APP，以及 HoloLens、Magic Leap 等。

3. 相关技术

（1）虚拟化技术，是指将现实的人和物体虚拟化、数字化，达到让计算机能够将现实的人和物体合成进虚拟空间的技术。比如拍摄电影时，演员身上穿着的捕捉动作用的定向反射材料；通过旋转单镜头摄像头，拍摄一个物体的多角度图像，再通过合成技术生成生物体的 3D 建模等。

（2）感知技术，是指通过感知人体，尤其是手部动作，来传递相应信息给显示设备，让设备响应人们的动作。这些感知动作，可以通过摄像头、红外线、LIDAR、重力加速计以及陀螺仪等设备实现。

(3) 底层处理和传输技术，混合现实的显示需要大量的实时演算来响应感知器传递来的用户的大量动作信息，并且生成图像呈现在眼前。高速的网络传输让图像数据快速传输成为可能，5G 网络的到来更是增强了网络高速传输的实力。

4. 应用领域

MR 技术可以应用到视频游戏、事件直播、视频娱乐、医疗保健、房地产、零售、教育、工程和军事 9 大领域。

(1) 视频游戏

图 6-39　视频游戏

真正的混合现实游戏，是可以把现实与虚拟互动展现在玩家眼前的。MR 技术（混合现实）能让玩家同时保持与真实世界和虚拟世界的联系，并根据自身的需要及所处情境调整操作。类似超次元 MR＝VR＋AR＝真实世界＋虚拟世界＋数字化信息，简单来说就是 AR 技术与 VR 技术的完美融合以及升华，虚拟和现实互动，不再局限于现实，获得前所未有的体验，如图 6-39 所示。

(2) 医疗创变& 教育变革

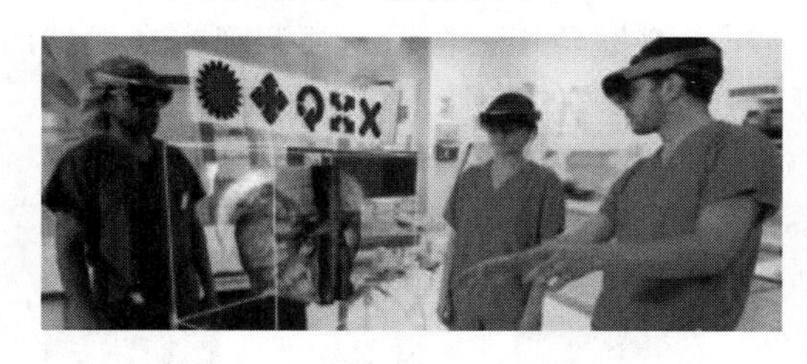

图 6-40　医疗影像呈现

如今，不少教育和医疗机构正利用以 MR、AI 技术为代表的新科技，扬帆起航，整合国内外一线 IT 技术团队、知名教育医疗品牌网络和学校医院的管理团队，以他们的专业视角、敏锐的分析，把握当今最新医疗和教育的科技脉搏，为传统的“医疗影像呈现技术”和“交互式教育环境营造”插上高科技的翅膀，如图 6-40 所示。

(3) 广电制播

提到广电制播，大家一定会联想到各类科幻电影中，为了让影片具备想象力，常常会加入虚拟人物（生物）与人类演员之间的互动特效。过去这类片段，大部分的虚拟人物都是在前期拍摄，再利用 CG 后期渲染叠加形成特效，如图 6-41 所示。

图 6-41　虚拟人物特效

通过 MR 技术，用户能够快速准确地扫描真实场景，并将事先制作的动画和模型精准定位，通过与全息影像互动来延展创作思路，展示 3D 三维效果，尤其是在普通的微电影创作和电视综艺直播中。比如，电影发行方创奇影业使用微软 HoloLens，通过 Actiongram 应用将兽人带到现场，并且与魔兽演员罗伯特·卡辛斯碰拳互动。

（4）汽车设计制造

汽车设计制造是一个流程复杂，周期较长的过程。单就造型设计而言就大致包含：草图、胶带图、CAS、设计评审，到油泥模型、材料的选择等过程。

图 6-42　混合现实汽车设计

MR 技术能让设计师在量产车型的基础上看到真实比例的 3D 设计，帮助工程师和用户了解车辆的复杂信息。或者，在真实的汽车物体上添加新的概念和创意，对车型进行快速迭代和更新，将造车流程加速，如图 6-42 所示。

（5）常见的演示展示及教学

（6）机械制造与检修

（7）远程协助

（8）建筑设计与管理

（四）AR/VR/MR 的区别

虚拟现实（Virtual Reality），是指虚拟世界营造部分现实感觉，让人身临其境，最终达到现实世界。

增强现实（Augmented Reality），是指现实世界叠加部分虚拟内容，丰富现实世界，最终达到虚拟世界。

混合现实（Mixed Reality），是指现实世界和虚拟世界相融合，并强调现实和虚拟的互动，如图 6-43 所示为三者的联系，如表 6-1 所示为三者的区别。

1. 侧重点不同

VR 强调将用户的感官与现实世界绝缘而沉浸在一个完全由计算机所控制的信息空间之中。

AR 强调用户在现实世界的存在性并努力维持其感官效果的不变性。AR 系统致力于将计算机产生的虚拟环境与真实环境融为一体，从而增强用户对真实环境的理解。

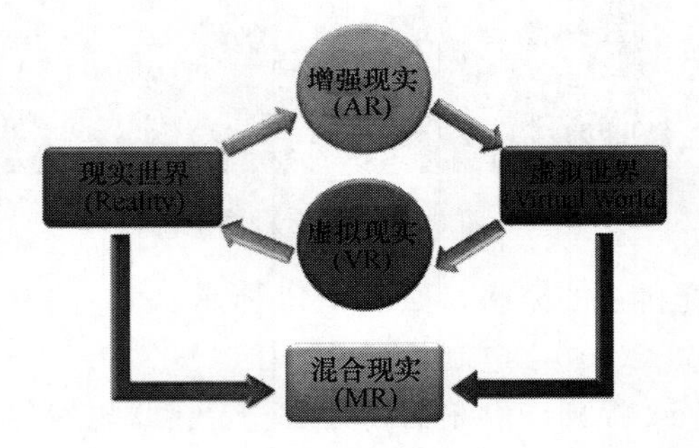

图 6-43　AR/VR/MR 三者联系

2. 技术不同

VR 侧重于创作出一个虚拟场景供人体验。

AR 强调复原人类的视觉的功能，比如自动识别跟踪物体；自动跟踪并且对周围真实场景进行 3D 建模。

表 6-1　AR/VR/MR 三者区别

	VR	移动端 AR	头显 AR	MR
现实可见	否	可	可	可
体验方式	沉浸式	手机屏	投射式	融合式
活动范围	固定或有限	不适用	固定	无限
运算性能	移动-桌面	移动	桌面	移动
适应场景	商场投币娱乐 VR 影片欣赏	小游戏移动应用	专业领域	商业领域
典型人群	大众消费者	大众消费者	专业技术人员	企业工作者

3. 设备不同

VR 通常需要借助能够将用户视觉与现实环境隔离的显示设备，一般采用浸没式头盔显示器。

AR 需要借助能够将虚拟环境与真实环境融合的显示设备。

4. 交互区别

因为 VR 是纯虚拟场景，所以 VR 装备更多的是用于用户与虚拟场景的互动交互，更多的使用是：位置跟踪器、数据手套、动捕系统、数据头盔等。

由于 AR 是现实场景和虚拟场景的结合，所以基本都需要摄像头，在摄像头拍摄的画面基础上，结合虚拟画面进行展示和互动，比如 GoogleGlass，如图 6-44 所示。

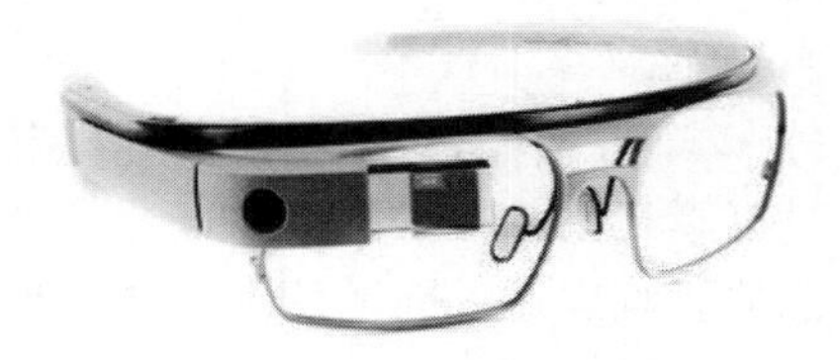

图 6-44　Google Glass

5. 应用区别

虚拟现实强调用户在虚拟环境中的视觉、听觉、触觉等感官的完全浸没，对于人的感官来说，它是真实存在的，而对于所构造的物体来说，它又是不存在的。因此，利用这一技术能模仿许多高成本的、危险的真实环境。因而其主要应用在虚拟教育、数据和模型的可视化、军事仿真训练、工程设计、城市规划、娱乐和艺术等方面。

增强现实并非以虚拟世界代替真实世界，而是利用附加信息去增强使用者对真实世界的感官认识。因而其应用侧重于辅助教学与培训、医疗研究与解剖训练、军事侦察及作战指挥、精密仪器制造和维修、远程机器人控制、娱乐等领域。

二、技 术 原 理

（一）虚拟现实技术

虚拟现实是多种技术的综合，包括实时三维计算机图形技术，广角（宽视野）立体显示技术，对观察者头、眼和手的跟踪技术，以及触觉/力觉反馈、立体声、网络传输、语音输入输出技术等，其技术原理如图 6-45 所示。

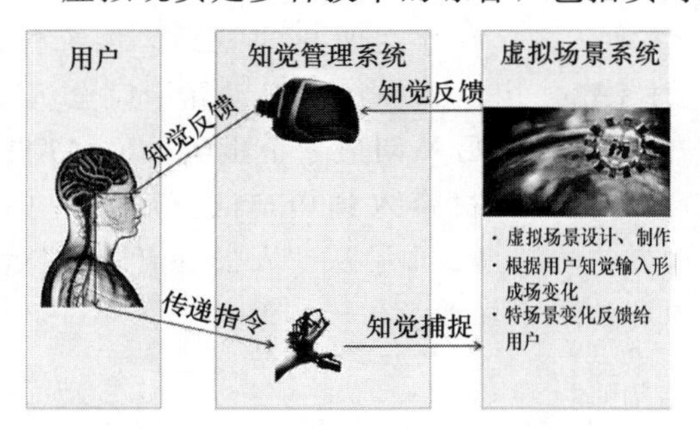

图 6-45　虚拟现实技术原理

1. 实时三维计算机图形

相比较而言，利用计算机模型产生图形图像并不是太难的事情，但是这里的关键是实时。例如在飞行模拟系统中，图像的刷新相当重要，同时对图像质量的要求也很高，再加上非常复杂的虚拟环境，问题就变得相当困难。

2. 显示技术

用户（头、眼）的跟踪：在人造环境中，每个物体相对于系统的坐标系都有一个位置与姿态，而用户也是如此。用户看到的景象是由用户的位置和头（眼）的方向来确定的。

跟踪头部运动的虚拟现实头套：在传统的计算机图形技术中，视场的改变是通过鼠标或键盘来实现的，用户的视觉系统和运动感知系统是分离的，而利用头部跟踪来改变图像的视角，用户的视觉系统和运动感知系统之间就可以联系起来，感觉更逼真。另一个优点是，用户不仅可以通过双目立体视觉去认识环境，而且可以通过头部的运动去观察环境。

3. 声音技术

人能够很好地判定声源的方向。在水平方向上，我们靠声音的相位差及强度的差别来确定声音的方向，因为声音到达两只耳朵的时间或距离有所不同。常见的立体声效果就是靠左右耳听到在不同位置录制的不同声音来实现的，所以会有一种方向感。现实生活里，当头部转动时，听到的声音的方向就会改变。但目前在VR系统中，声音的方向与用户头部的运动无关。

4. 感觉反馈技术

在一个VR系统中，用户可以看到一个虚拟的杯子。你可以设法去抓住它，但是你的手没有真正接触杯子的感觉，并有可能穿过虚拟杯子的"表面"，而这在现实生活中是不可能的。解决这一问题的常用装置是在手套内层安装一些可以振动的触点来模拟触觉。

5. 语音技术

在VR系统中，语音的输入输出也很重要。这就要求虚拟环境能听懂人的语言，并能与人实时交互。而让计算机识别人的语音是相当困难的，因为语音信号和自然语言信号有其"多边性"和复杂性。

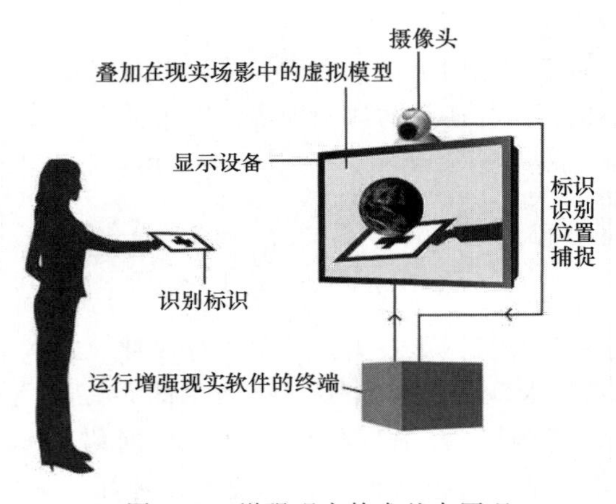

图6-46 增强现实技术基本原理

使用人的自然语言作为计算机输入目前有两个问题，首先是效率问题，为便于计算机理解，输入的语音可能会相当啰唆。其次是正确性问题，计算机理解语音的方法是对比匹配，而没有人的智能。

（二）增强现实技术

一般认为，AR技术的出现源于虚拟现实技术（Virtual Reality，简称VR）的发展，但二者存在明显的差别。传统VR技术给予用户一种在虚拟世界中完全沉浸的效果，是另外创造一个世界；而AR技术则把计算机带入到用户的真实世界中，通过听、看、摸、闻虚拟信息，来增强对现实世界的感知，实现了从"人去适应机器"到技术"以人为本"的转变。增强现实技术基本原理如图6-46所示。

三、解决方案

随着虚拟现实在制造、交通、医疗、教育、文化传播、旅游等领域的应用快速铺开，行业级产品的产能在未来将进一步释放，成为市场增长的主力。以下列举虚拟现实技术在一些行业的解决方案：

1. 工业仿真系统解决方案

工业仿真已经被世界上很多企业广泛地应用到工业的各个环节，对企业提高开发效率，加强数据采集、分析、处理能力，减少决策失误，降低企业风险起到了重要的作用。工业仿真技术的引入，将使工业设计的手段和思想发生质的飞跃，使展销会更体现企业的实力，使传统的平面的维修手册三维电子化、交互化。同时，在培训方面内部员工与外部客户通过生动有趣的实物再现，大大提高学习的积极性及主动性，配以理论和实际相结合，使得理论培训方面的周期和效率得到大大提高。

2. 航天仿真虚拟现实系统解决方案

人—机界面具有三维立体感，人融于系统，人机浑然一体。以座舱仪表布局为例，原则上应把最重要且经常查看的仪表放在仪表板中心区域，次重要的仪表放在中心区域以外的地方，这样能减少航天员的眼动次数，降低负荷，同时也让其注意力落在重要仪表上。但究竟哪块仪表放在哪个精确的位置，以及相对距离是否合适，只有通过实验确定。因此利用 VR 作为工具设计出相应具有立体感、逼真性高的排列组合方案，再逐个进行试验，使被试处于其中，仿佛置身于真实的载人航天器座舱仪表板面前就能得到客观的实验效果。

3. 虚拟实验室解决方案

虚拟实验室是一种基于 Web 技术、虚拟仿真技术构建的开放式网络化的虚拟实验教学系统，是现有各种教学实验室的数字化和虚拟化。虚拟实验室由虚拟实验台、虚拟器材库和开放式实验室管理系统组成。虚拟实验室为开设各种虚拟实验课程提供了全新的教学环境。虚拟实验台与真实实验台类似，可供学生自己动手配置、连接、调节和使用实验仪器设备。教师利用虚拟器材库中的器材自由搭建任意合理的典型实验或实验案例，这一点是虚拟实验室有别于一般实验教学课件的重要特征。

4. 虚拟装配系统解决方案

虚拟装配维修技术改变了传统的产品串行制造模式，实现了产品设计、工艺设计、工装设计的并行工程，因而降低产品研制风险、缩短产品研制周期，减少了开发成本。在产品实际（实物）装配之前，通过装配过程仿真，及时地发现产品设计、工艺设计、工装设计存在的问题，有效地减少装配缺陷和产品的故障率，减少因装配干涉等问题而进行的重新设计和工程更改。因此，保证了产品装配、维修的质量。

5. 物流仿真系统解决方案

物流仿真系统是采用虚拟现实技术所开发的具备物流系统所有功能（物流过程、操作、控制、性能、安装、维护等）的虚拟系统。通过对物流仿真系统，可以预演或再现物流系统的运行规律，对物流系统的规划、设计和运行中的科学管理与决策有重要的支持作用。

案例：数虎图像文物古迹复原的虚拟现实解决方案，如图 6-47 所示。

因为古建筑文化遗产不可再生，而修缮保护方法是多样的，选择最佳的古建筑修缮保护方案显得尤为重要。古建筑修缮保护动画片是对修缮保护历史文化遗产建筑有极大的促进作用。数虎图像在古迹复原文物复原方面，是采用非接触测量技术、三维成像技术，经过实地摄影、数据采集、三维动画合成，虚拟文物建筑影像的三维模型，利用 3D 虚拟现实技术将修缮保护工程方案制作成一套全面、具体、准确、生动的修缮过程互动演示片，对历史文化古建筑的保护、更新、延续具有重要的现实意义。数虎图像的虚拟现实技术结合网络技术，可以将文物的展示、保护提高到一个崭新的阶段，可以推动文博行业更快地进入信息时代，实现文物展示和保护的现代化。

数虎图像可以为古迹复原提供如下解决方案：

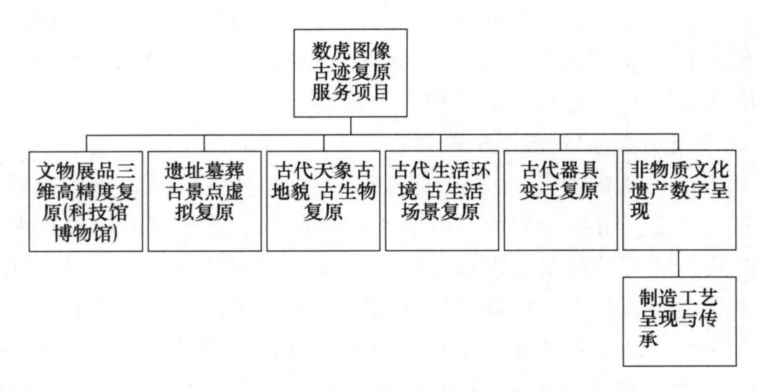

图 6-47 数虎图像古迹复原解决方案

数虎图像利用自己的技术，将文物实体通过影像数据采集手段，建立起实物三维或模型数据库，保存文物原有的各项形式数据和空间关系等重要资源，实现濒危文物资源的科学、高精度和永久的保存，使它可以永久展现，以便以后的人们能更好地学习、更好地传承。

第六节 人工智能技术

一、基本概念

（一）定义

人工智能（Artificial Intelligence），英文缩写为 AI。它是研究、开发用于模拟、延伸和扩展人的智能的理论、方法、技术及应用系统的一门新的技术科学。它企图了解智能的实质，并生产出一种新的能以人类智能相似的方式做出反应的智能机器。研究目的是促使智能机器会听（语音识别、机器翻译等）、会看（图像识别、文字识别等）、会说（语音合成、人机对话等）、会思考（人机对弈、定理证明等）、会学习（机器学习、知识表示等）、会行动（机器人、自动驾驶汽车等），如图 6-48 所示。

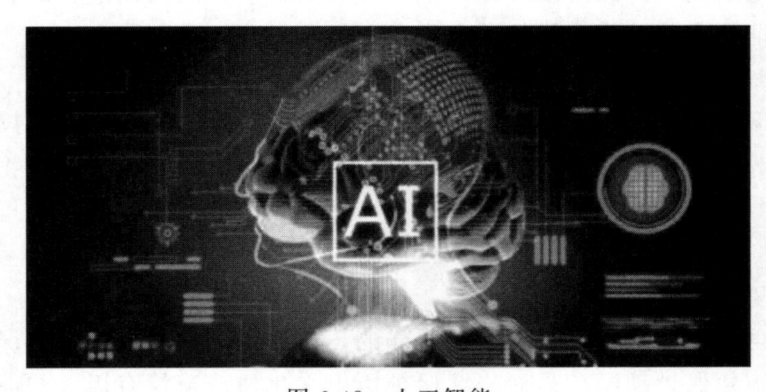

图 6-48 人工智能

人工智能关键在于它必须能够感知外部事物，对事物的本质能进行推断，然后会自动行动做出处理动作，而且还能够根据不断积累的经验进行调整。简单地说，能够做到感知外部事物、具有推断的能力、自动行动、调整优化这四步骤就算是人工智能。

人工智能可分为以下三种类型：

弱人工智能：包含基础的、特定场景下角色型的任务，如 Siri 等聊天机器人和 AlphaGo 等下棋机器人。

通用人工智能：包含人类水平的任务，涉及机器的持续学习。

强人工智能：指比人类更聪明的机器。

（二）发展历程

1956 年夏，麦卡锡、明斯基等科学家在美国达特茅斯学院开会研讨“如何用机器模拟人的智能”，首次提出“人工智能（Artificial Intelligence，简称 AI）”这一概念，标志着人工智能学科的诞生。

人工智能的发展历程大致可划分为以下 6 个阶段：

一是起步发展期：1956 年—20 世纪 60 年代初。人工智能概念提出后，相继取得了一批令人瞩目的研究成果，如机器定理证明、跳棋程序等，掀起人工智能发展的第一个高潮。

二是反思发展期：20 世纪 60 年代—70 年代初。人工智能发展初期的突破性进展大大提升了人们对人工智能的期望，人们开始尝试更具挑战性的任务，并提出了一些不切实际的研发目标。然而，接二连三的失败和预期目标的落空（例如，无法用机器证明两个连续函数之和还是连续函数、机器翻译闹出笑话等），使人工智能的发展走入低谷。

三是应用发展期：20 世纪 70 年代初—80 年代中。20 世纪 70 年代出现的专家系统模拟人类专家的知识和经验解决特定领域的问题，实现了人工智能从理论研究走向实际应用、从一般推理策略探讨转向运用专门知识的重大突破。专家系统在医疗、化学、地质等领域取得成功，推动人工智能走入应用发展的新高潮。

四是低迷发展期：20 世纪 80 年代中—90 年代中。随着人工智能的应用规模不断扩大，专家系统存在的应用领域狭窄、缺乏常识性知识、知识获取困难、推理方法单一、缺乏分布式功能、难以与现有数据库兼容等问题逐渐暴露出来。

五是稳步发展期：20 世纪 90 年代中—2010 年。由于网络技术特别是互联网技术的发展，加速了人工智能的创新研究，促使人工智能技术进一步走向实用化。1997 年国际商业机器公司（简称 IBM）深蓝超级计算机战胜了国际象棋世界冠军卡斯帕罗夫，2008 年 IBM 提出“智慧地球”的概念。

六是蓬勃发展期：2011 年至今。随着大数据、云计算、互联网、物联网等信息技术的发展，泛在感知数据和图形处理器等计算平台推动以深度神经网络为代表的人工智能技术飞速发展，大幅跨越了科学与应用之间的“技术鸿沟”，诸如图像分类、语音识别、知识问答、人机对弈、无人驾驶等人工智能技术实现了从“不能用、不好用”到“可以用”的技术突破，迎来爆发式增长的新高潮。

当前人工智能相关技术处于狂热期，是推动透明化身临其境体验技术发展的主要动力。涉及透明化身临其境体验的人本技术（如智能工作空间、互联家庭、增强现实、虚拟现实、脑机接口）是拉动另外两大趋势的前沿技术。同时，数字平台处于快速上升期，其中的量子计算和区块链将在今后 5～10 年带来变革性影响。

（三）发展特点

经历了 60 多年的发展之后，人工智能已经开始走出实验室，进入到了产业化阶段。具体表现出以下几个方面的特点：

1. 深度学习技术逐渐在各领域开始应用

深度学习能够通过数据挖掘进行海量数据处理，自动学习数据特征，尤其适用于包含少量未标识数据的大数据集；采用层次网络结构进行逐层特征变换，将样本的特征表示变换到一个新的特征空间，从而使分类或预测更加容易。例如：DeepMind的软件控制着数据中心的风扇、制冷系统和窗户等120个变量，使谷歌的用电效率提升了15%，几年内共为谷歌节约电费数亿美元。

2. 新型算法不断探索

在深度学习应用逐步深入的同时，学术界也在继续探索新的算法。一方面，继续深度学习算法的深化和改善研究，如深度强化学习、对抗式生成网络、图网络、迁移学习等。另一方面，一些传统的机器学习算法重新受到重视，如贝叶斯网络、知识图谱等。另外，还有一些新的类脑智能算法提出来，将脑科学与思维科学的一些新的成果结合到神经网络算法之中，形成不同于深度学习的神经网络技术路线，如胶囊网络等。

3. 基础数据集建设已经成为基本共识

自从李飞飞等在2009年成功创建ImageNet数据集以来，该数据集就已经成为了业界图形图像深度学习算法的基础数据集，通过举办比赛等方式极大地促进了算法的进步，使得算法分类精度已经达到了95%以上。这也使得一些大型研究机构和企业逐渐认识到了数据的价值，纷纷开始建立自己的数据集，以便进行数据挖掘和提升深度学习模型的准确率。如美国国家标准研究院的Mugshot、谷歌的SVHN等图像基础数据集，斯坦福大学的SQuAD、卡耐基梅隆大学的Q/A Dataset等自然语言数据集以及2000 HUB5 English、TED-LIUM等语音数据集。

4. 基于网络的群体智能已经萌发

《Science》2016年1月1日发表"群智之力量（The Power of Crowds，Vol. 351，issues6268）"的论文将群智计算按难易程度分为三种类型：实现任务分配的众包模式（Crowd sourcing）、较复杂支持工作流模式的群（Complex work flows）以及最复杂的协同求解问题的生态系统模式（Problem solving ecosystem）。

5. 新型计算基础设施陆续成为产业界发展目标

由于深度学习对算力有较高的需求，因此相继出现了一些专门的计算框架和平台，如微软的CNTK、百度的PaddlePaddle等。产业界同时也从硬件方面探索计算能力的提升方法，最为直接的方法就是采用计算能力更强的GPU替代原有的CPU等。此外，谷歌、IBM等一些大型企业也在探索进行符合自身计算环境的芯片研发，因此产生了TPU等性能更加卓越的新型芯片。此外，人机一体化技术导向混合智能，各种穿戴设备脑控或肌控外骨骼机器人、人机协同手术等实现生物智能系统与机器智能系统的紧密耦合。

6. 人工智能将加速与其他学科领域交叉渗透

人工智能本身是一门综合性的前沿学科和高度交叉的复合型学科，其发展需要与计算机科学、数学、神经科学和社会科学等学科深度融合。随着超分辨率光学成像、透明脑、体细胞克隆等技术的突破，脑与认知科学的发展开启了新时代，能够大规模、更精细解析智力的神经环路基础和机制，人工智能将进入生物启发的智能阶段，依赖于生物学、脑科学、生命科学和心理学等学科的发现，将机理变为可计算的模型，同时人工智能也会促进传统科学的发展。

7. 人工智能的社会学将提上议程

为了确保人工智能的健康可持续发展，使其发展成果造福于民，需要从社会学的角度系统全面地研究人工智能对人类社会的影响，制定完善人工智能法律法规，规避可能的风险。2017年9月，联合国犯罪和司法研究所（UNICRI）决定在海牙成立第一个联合国人工智能和机器人中心，规范人工智能的发展。特斯拉等产业巨头牵头成立OpenAI等机构，旨在“以有利于整个人类的方式促进和发展友好的人工智能”。

二、技术原理

人工智能学科研究的主要内容包括：知识表示、自动推理和搜索方法、机器学习和知识获取、自然语言理解、计算机视觉、智能机器人、自动程序设计等方面。

（一）知识表示

知识表示是指把知识客体中的知识因子与知识关联起来，便于人们识别和理解知识。(即把信息元素之间建立联系的过程)

计算机知识的表示就是对知识的一种描述，或者说是对知识的一组约定，一种计算机可以接受的用于描述知识的数据结构。表示可视为数据结构及其处理机制的综合：表示＝数据结构＋处理机制。如在ES（专家系统）中知识表示是ES中能够完成对专家的知识进行计算机处理的一系列技术手段。在ES中知识是指经过编码改造以某种结构化的方式表示的概念、事件和过程。

（二）自动推理

自动推理早期的工作主要集中在机器定理证明。机器定理证明的中心问题是寻找判定公式是否是有效的（或是不一致的）通用程序。

自动推理的方法：

（1）归结原理。将普通形式逻辑中充分条件的假言联锁推理形式符号化，并向一阶谓词逻辑推广的一种推理法则。

归结原理是一种推理规则。从谓词公式转化为子句集的过程中看出，在子句集中子句之间是合取关系，其中只要有一个子句不可满足，则子句集就不可满足。若一个子句集中包含空子句，则这个子句集一定是不可满足的。归结原理就是基于这一认识提出来的。

（2）自然演绎法。从一般性的前提出发，通过推导即“演绎”，得到具体陈述或个别结论的过程。

（三）机器学习

机器学习是一门多领域交叉学科，涉及概率论、统计学、逼近论、凸分析、算法复杂度理论等多门学科。它是人工智能的核心，是使计算机具有智能的根本途径，如图6-49所示。

表示学习系统的基本结构：环境向系统的学习部分提供某些信息，学习部分利用这些信息修改知识库，执行部分根据知识库完成任务，同时把获得的信息反馈给学习部分。

在具体的应用中，环境、知识库和执行部分决定了具体的工作内容，学习部分所需要解决的问题完全由上述3部分确定。

图6-49　机器学习

一个学习系统总是由学习和环境两部分组成。由环境（如书本或教师）提供信息，学习部分则实现信息转换，学生用能够理解的形式记忆下来，并从中获取有用的信息。学习策略的分类标准就是根据学生实现信息转换所需的推理多少和难易程度来分类的，依从简单到复杂，从少到多的次序分为以下六种基本类型：

（1）机械学习

学习者无需任何推理或其他的知识转换，直接吸取环境所提供的信息。这类学习系统主要考虑的是如何索引存贮的知识并加以利用。

（2）示教学习

学生从环境（教师或其他信息源如教科书等）获取信息，把知识转换成内部可使用的表示形式，并将新的知识和原有知识有机地结合为一体。

（3）演绎学习

所用的推理形式为演绎推理。推理从公理出发，经过逻辑变换推导出结论。这种推理是“保真”变换和特化（specialization）的过程，这种学习方法包含宏操作（macro-operation）学习、知识编辑和组块（Chunking）技术。演绎推理的逆过程是归纳推理。

（4）类比学习

利用两个不同领域（源域、目标域）中的知识相似性，可以通过类比，从源域的知识（包括相似的特征和其他性质）推导出目标域的相应知识，从而实现学习。类比学习需要比上述三种学习方式更多的推理。它一般要求先从知识源（源域）中检索出可用的知识，再将其转换成新的形式，用到新的状况（目标域）中去。

（5）基于解释的学习

学生根据教师提供的目标概念、该概念的一个例子、领域理论及可操作准则，首先构造一个解释来说明为什该例子满足目标概念，然后将解释推广为目标概念的一个满足可操作准则的充分条件。

（6）归纳学习

归纳学习是由教师或环境提供某概念的一些实例或反例，让学生通过归纳推理得出该概念的一般描述。归纳学习是最基本的、发展也较为成熟的学习方法，在人工智能领域中已经得到广泛的研究和应用。

（四）知识获取

知识获取是指从专家或其他专门知识来源汲取知识并向知识型系统转移的过程或技术。知识获取和知识型系统建立是交叉进行的。

计算机可通过以下几种基本途径直接获取知识：

① 借助于知识工程师从专家获取。

② 借助于智能编辑程序从专家获取，MYCIN 系统的知识获取程序 TEIRESIAS 就采用了这种方式。

③ 借助于归纳程序从大量数据中归纳出所需知识。

④ 借助于文本理解程序从教科书或科技资料中提炼出所需知识。

（五）自然语言理解

自然语言处理研究能实现人与计算机之间用自然语言进行有效通信的各种理论和方法。

自然语言理解分为语音理解和书面理解两个方面。语音理解用口语语音输入，使计算机“听懂”语音信号，用文字或语音合成输出应答。书面理解用文字输入，使计算机“看懂”文字符号，也用文字输出应答。

自然语言理解最典型两种应用为搜索引擎和机器翻译。

搜索引擎可以在一定程度上理解人类的自然语言，从自然语言中抽取出关键内容并用于检索，最终达到搜索引擎和自然语言用户之间的良好衔接，可以在两者之间建立起更高效、更深层的信息传递。如图 6-50 和图 6-51 所示。

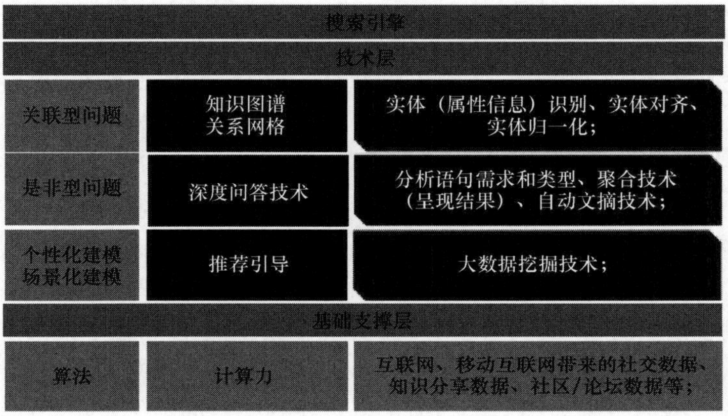

搜索引擎		
技术层		
关联型问题	知识图谱 关系网格	实体（属性信息）识别、实体对齐、实体归一化；
是非型问题	深度问答技术	分析语句需求和类型、聚合技术（呈现结果）、自动文摘技术；
个性化建模 场景化建模	推荐引导	大数据挖掘技术；
基础支撑层		
算法	计算力	互联网、移动互联网带来的社交数据、知识分享数据、社区/论坛数据等；

图 6-50　自然语言理解技术在搜索引擎中的应用

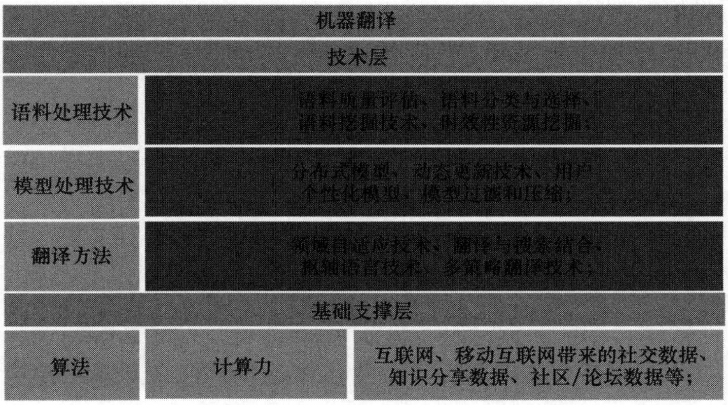

机器翻译		
技术层		
语料处理技术	语料质量评估、语料分类与选择、语料挖掘技术、时效性资源挖掘；	
模型处理技术	分布式模型、动态更新技术、用户个性化模型、模型过滤和压缩；	
翻译方法	领域自适应技术、翻译与搜索结合、枢轴语言技术、多策略翻译技术；	
基础支撑层		
算法	计算力	互联网、移动互联网带来的社交数据、知识分享数据、社区/论坛数据等；

图 6-51　自然语言理解技术在机器翻译中的应用

事实上搜索引擎和机器翻译不分家，互联网、移动互联网为其充实了语料库使得其发展模态发生了质的改变。互联网、移动互联网除了将原先线下的信息（原有语料）进行在线化之外，还衍生出来的新型 UGC 模式：知识分享数据，像维基百科、百度百科等都是人为校准过的词条；社交数据，像微博和微信等展现用户的个性化、主观化、时效性；社区、论坛数据，像果壳、知乎等为搜索引擎提供了问答知识、问答资源等数据源。

另一方面，因为深度学习采用的层次结构从大规模数据中自发学习的黑盒子模式是不可解释的，而以语言为媒介的人与人之间的沟通应该要建立在相互理解的基础上，所以深度学习在搜索引擎和机器翻译上的效用没有语音图像识别领域来得显著。

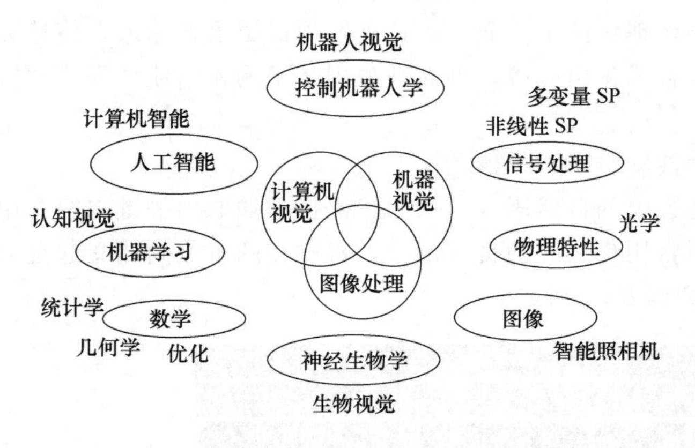

图 6-52　计算机视觉与机器视觉的比较

（六）计算机视觉

计算机视觉是指用摄影机和电脑代替人眼对目标进行识别、跟踪和测量等机器视觉，并进一步做图形处理，用电脑处理成为更适合人眼观察或传送给仪器检测的图像。

计算机视觉的最终研究目标就是使计算机能像人那样通过视觉观察和理解世界，具有自主适应环境的能力，如图 6-52 所示。

计算机视觉识别流程分为两条路线：训练模型和识别图像。

训练模型：样本数据包括正样本（包含待检目标的样本）和负样本（不包含目标的样本），视觉系统利用算法对原始样本进行特征的选择和提取训练出分类器（模型）；此外因为样本数据成千上万、提取出来的特征更是翻番，所以一般为了缩短训练的过程，会人为加入知识库（提前告诉计算机一些规则），或者引入限制条件来缩小搜索空间。

识别图像：会先对图像进行信号变换、降噪等预处理，再来利用分类器对输入图像进行目标检测。一般检测过程为用一个扫描子窗口在待检测的图像中不断的移位滑动，子窗口每到一个位置就会计算出该区域的特征，然后用训练好的分类器对该特征进行筛选，判断该区域是否为目标，如图 6-53 所示。

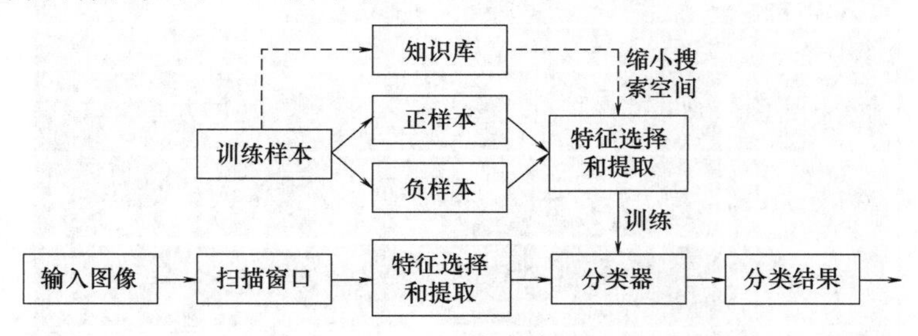

图 6-53　计算机识别的识别流程

三、解 决 方 案

（一）人工智能技术的解决方案

1. 人工智能图像解决方案

人工智能图像解决方案包括通用文字识别、通用图像分析、定制图像分析、人脸识别、定制手势识别、虚拟抓取、定制视频内容分析、目标计数、三维物体分析，如图 6-54、图 6-55 和图 6-56 所示。

2. 人工智能音频解决方案

（1）远场麦克风技术

远场语音识别需要前后端结合去完成，一方面在前端使用麦克风阵列硬件，通过声源定位及自适应波束形成做语音增强，在前端完成远场拾音，并解决噪声、混响、回声等带

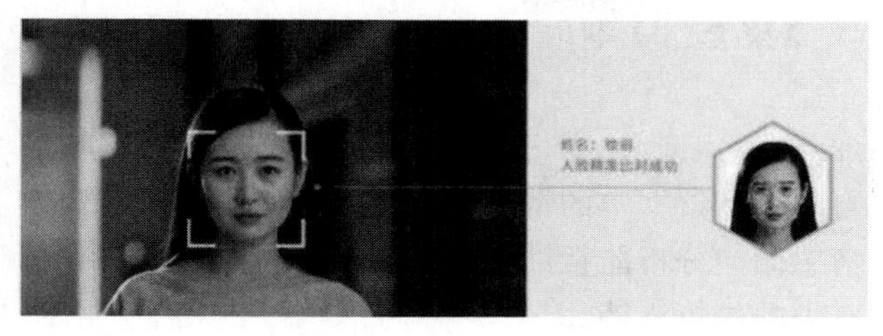

图 6-54　人脸识别

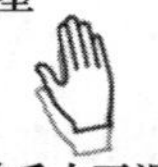

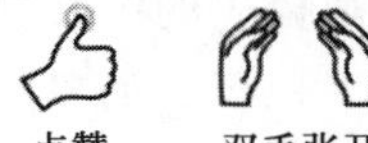

图 6-55　定制手势识别

来的影响，让远场语音实现自然人机交互，让用户远距离即可实现与智能电视或者智能盒子进行“对话”。

（2）定制语音唤醒

语音唤醒是在连续语流中实时检测出说话人特定语音片段，如果检测到特定语音片段，机器将作出相应的应答。

图 6-56　虚拟抓取

（3）音频内容分析

音频内容分析是对音频中的感兴趣的特定内容进行检测，比如对音频中的哭声、笑声、敲门声、音乐声、说话声进行检测。

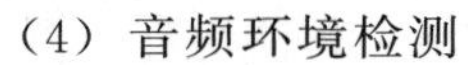

（4）音频环境检测

音频环境检测是通过声音检测机器所属的环境，比如机器人检测其在客厅还是在马路上，还是在会议室等。

（5）音视频情感识别

音视频情感识别是对说话人的语音中表达的情绪，例如愤怒、高兴、悲伤等进行检测，通过对说话人的面部表情和语音进行综合判断。

3. 人工智能文本解决方案

（1）词法分析

词法分析向用户提供分词、词性标注、命名实体识别三大功能。该服务能够识别出文本串中的基本词汇（分词），对这些词汇进行重组、标注组合后词汇的词性，并进一步识别出命名实体。

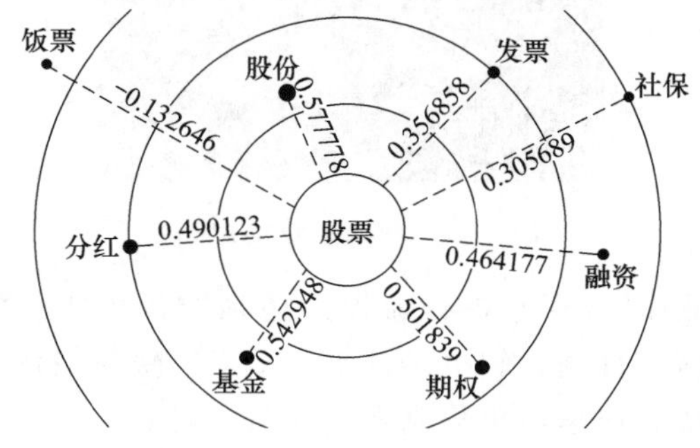

图 6-57　词意相似度

（2）词义相似度

本技术用于计算两个给定词语的语义相似度，基于自然语言中的分布假设，即越是经常共同出现的词之间的相似度越高。词义相似度是自然语言处理中的重要基础技术，是专名挖掘、query 改写、词性标注等常用技术的基础之一，如图 6-57 所示。

（3）依存句法分析

利用句子中词与词之间的依存关系来表示词语的句法结构信息（如主谓、动宾、定中等结构关系）并用树状结构来表示整句的结构（如主谓宾、定状补等）。

（4）文章分类

文章分类服务对文章内容进行深度分析，输出文章的主题一级分类、主题二级分类及对应的置信度，该技术在个性化推荐、文章聚合、文本内容分析等场景具有广泛的应用价值。

（5）文章情感倾向分析

针对带有主观描述的中文文本，可自动判断该文本的情感极性类别并给出相应的置信度。情感极性分为积极、消极、中性。情感倾向分析能帮助企业理解用户消费习惯、分析热点话题和危机舆情监控，为企业提供有力的决策支持。

（6）人机对话

人机对话通俗地讲就是让人可以通过人类的语言（即自然语言）与计算机进行交互。开放域聊天在现有的人机对话系统中，主要起到拉近距离，建立信任关系，情感陪伴，顺滑对话过程（例如在任务类对话无法满足用户需求时）和提高用户黏性的作用。

4. 人工智能数据分析解决方案

数据分析是指用适当的统计分析方法对收集来的大量数据进行分析，提取有用信息和形成结论而对数据加以详细研究和概括总结的过程。这一过程也是质量管理体系的支持过程。在实用中，数据分析可帮助人们作出判断，以便采取适当行动，例如营销数据分析、医疗数据分析、化学数据分析等。

（二）人工智能领域的应用解决方案

主要有：智能制造、智能家居、智能金融、智慧城市、智能交通、智能医疗、智能物流、智能农业、智能健康养老、智能政务、智能环保、智能法庭等领域。列举一些经典应用案例如下：

（1）阿里 ET 城市大脑——应用场景：交通态势评价与信号灯控制优化、城市事件感知与智能处理、公共出行与运营车辆调度、社会治理与公共安全，如图 6-58 所示。

（2）腾讯医疗 AI 影像——对早期食管癌、早期肺癌、早期乳腺癌、糖尿病性视网膜病变等疾病的智能化筛查与识别，辅助医疗临床诊断，如图 6-59 所示。

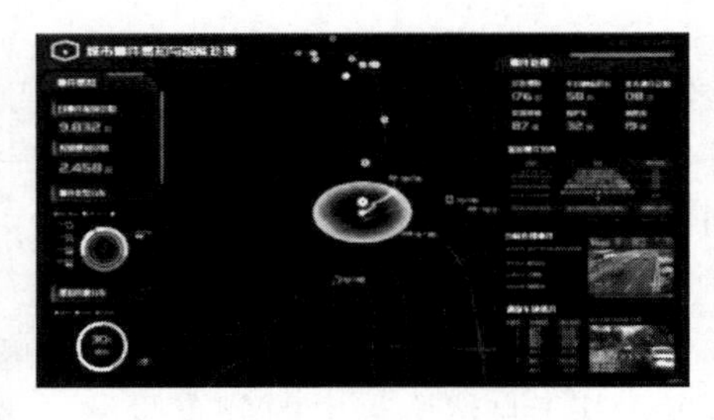

图 6-58　阿里 ET 城市大脑

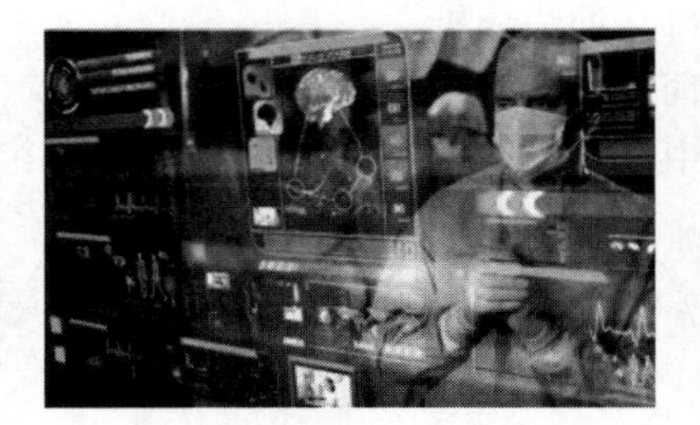

图 6-59　腾讯医疗 AI 影像

（3）华为供应链路径智能系统——自动识别时选择直提物流模式还是选择中转仓模式，自动优化并推荐给用户车辆数。按天输出派车计划，解决多订单、多工厂映射关系下的组合路径优化问题，目标达成月运输成本最优。快速给出物流配车和路径规划。

（4）百度机器翻译——海量翻译知识获取、翻译模型建立、多语种翻译技术等。

（5）小 i 智能客服机器人——自动客服、呼叫中心、各种场景下的智能人机交互，如图 6-60 所示。

（三）智慧银行人脸识别解决方案

智慧银行人脸识别解决方案以用户体验为中心，依托智能动态人脸识别人证核实管理系统、人脸识别酬勤记录系统、尊享身份管理系统、门禁管理系统、视频预警系统等技术支撑，打造更安全、更便捷的智慧金融服务体系。实现柜台实名开户、远程实名开户、实名支付等人证核实，智能门禁，智能考勤，访客记录，贵宾识别，理财信息广告精准推送等系列尊享服务。

图 6-60　小 i 智能客服机器人

1. 方案设计

银行 VIP 客户人脸识别系统是利用人脸生物识别技术，在银行的关键区域设置采集点，通过采集的客户人脸信息特征与已有的 VIP 客户人脸信息特征进行比对，获取成功结果并通知相应人员的智能人脸识别系统。

VIP 银行客户人脸识别系统分采集客户端、网点服务端、人脸识别系统服务器三个部分。构架部署可分为集中式和分布式两种。

集中式部署，是将 VIP 客户的人脸特征数据存储在银行数据中心的认证平台服务器中，网点端抓取到的客户人脸特征数据发送到认证平台服务器，在认证平台服务器上统一进行比对。该方式数据统一管理，硬件投入成本低，适用于网点相对较少、VIP 客户数据量小的客户使用。

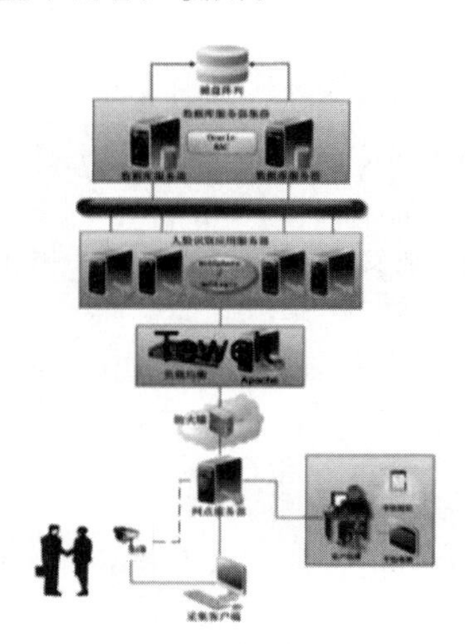

图 6-61　银行 VIP 客户人脸识别系统

分布式部署，VIP 客户的人脸特征数据存储在银行数据中心的认证平台服务器中，支持在每天的同一时间段自动同步到各网点服务器或地市一级的认证服务器中，网点终端抓取到的客户人脸特征数据直接在网点服务器或地市一级的认证服务器上进行比对，将比对结果发送到认证平台服务器进行记录保存，并发送银行的消息通知平台。该方式的数据存储分散，硬件投入成本高，适用于网点多、VIP 客户数据量大的客户使用，如图 6-61 所示。

2. 方案特点

高准确度，离线工作：世界领先的算法，彻底解决跨年龄问题、小图片识别问题，无需连接公安访问证件大图，也可以 100％识别证件真伪、是否本人。

黑名单预警，门禁控制：首创黑名单预警、白名单自动识别开门，有效保障客户人身财产安全。

分级管理，人脸查询：由于采集数据小，存储没有压力，采用前端、终端、平台三级存储，方便事后快速查询、数据备份。二次业务办理时，可快速识别。

快速识别，语音提示：独创的人脸识别算法，最快 0.2 秒判定是否本人，组合多种识别模式满足不同场景使用需求。可配合额外的语音播报，让识别者易操作、快速通过。

可见光线，多人识别：基于深度学习的可见光人脸识别技术，对环境要求不高，满足各种有光线条件使用，符合人眼习惯，同时可以识别 10 人以上。

系统组网，数据分析：成熟产品系统级应用解决方案，让每一个识别设备都是数据采集终端，为大数据分析、事件预警、事故预防提供有效数据。

参 考 文 献

［1］ 艾媒报告《2018年中国云计算行业发展报告》https：//www. iimedia. cn/.

［2］ 艾媒报告《2019-2025全球5G产业发展趋势与商业应用模式研究报告》https：//www. iimedia. cn/.

［3］ 艾媒报告《2019中国人工智能发展风险预警白皮书》https：//www. iimedia. cn/.

［4］ 谭铁牛. 人工智能的历史、现状和未来［J］. 智慧中国，2019（Z1）：87-91.

［5］ 殷润民. 虚拟现实技术综述［A］. 中国体视学学会. 第十一届中国体视学与图像分析学术会议论文集［C］. 中国体视学学会，2006：11.

［6］ http：//bizsoft. yesky. com/266/33973266. shtmlGartner，2015年大数据将创造440万IT岗位.

［7］ 易观智库：《盘点2013大数据成为互联网第四种商业模式》，http：//www. enfodesk. com/SMinisite/maininfo/articledetail-id-396135. html.

［8］ http：//www. idc. com. cn/about/press. jsp? id＝Nz I3，最新IDC《大数据技术及服务预测报告》表明，2016年全球大数据市场规模有望达到238亿美元.

［9］ 陆绮雯. 我所知道的大数据［J］. 青年记者，2013，19：13-14.

［10］ 张建梁. 基于云计算的语义搜索引擎研究［D］. 复旦大学，2009.

［11］ 分布式计算的基本原理：http：//www. 360doc. com/content/14/0511/01/7853380 _ 376549703. shtml.

［12］ 分布式计算：https：//baike. so. com/doc/6591953-6805732. html.

［13］ 云计算：https：//baike. so. com/doc/580575-614558. html.

［14］ 读《大数据时代》：http：//bbs. pinggu. org/bigdata/

［15］ 周娜. 物联网技术在智能家居中的应用综述［J］. 网络安全技术与应用，2015，05：126＋128.

［16］ 浅析大数据时代的挑战与需求：http：//roll. sohu. com/20130528/n377295403. shtml.

［17］ 赛迪智库人工智能产业形势分析课题组. 2019年中国人工智能产业发展形势展望［N］. 中国计算机报，2019-01-28（008）.

第七章　新媒体营销

第一节　新媒体营销概述

一、新媒体的概念

科技的发展与数字技术的进步，推动了人类信息传播技术的发展同时改变了传统的传播形态。信息技术的创新给人类政治、经济、文化和社会带来不可估量的影响。如何定义“新媒体”，业界和学界给出了不同的定义。

新媒体一词最早出现在1967年美国哥伦比亚广播公司技术研究所所长P·戈尔德马克的一份商品开始计划中。在此之后，1969年美国传播政策总统特别委员会主席E·罗斯托在向尼克松总统提交的报告书中，也多处使用“new media”一词。由此，新媒体一词开始在美国流行并很快传播至全世界。

联合国教科文组织对新媒体下过一个定义：“新媒体就是网络媒体”。不过，这个定义没有对新媒体与传统媒体的本质区别做进一步阐述，没有揭示媒体传播模式和内容生产方面的变化。

《新媒体百科全书》的主编斯蒂夫·琼斯认为：“新媒体是一个相对的概念，相对于图书，报纸是新媒体；相对于广播，电视是新媒体；新是相对于旧而言的。新媒体是一个时间概念，在一定的时间段内，新媒体应该有一个稳定的内涵。新媒体同时又是一个发展的概念，科学技术的发展不会终结，人类的需求不会终结，新媒体也不会停留在任何一个现存的平台。”

由此可见，新媒体的内涵是动态发展的，会随着信息技术的进步而发生变化，所以要准确地界定新媒体必须以历史、技术和社会为基础综合理解。以下介绍的新媒体是建立在数字技术和互联网基础之上的媒体形式，较以往的媒体具有全新的传受关系性质和全新的技术手段。

二、新媒体营销的特点

随着信息技术的发展进步，特别是Web2.0技术的应用使人们在获取信息上进一步摆脱了时间和空间的限制。智能终端和可穿戴设备的发展可以通过抬一下手腕即可获得所需要的信息，分享和发布自己的观点和信息也变得更加便利。生活场景的变化使得企业的营销思维也随之发生改变，企业变得更加注重消费者的体验和与消费者的沟通。

市场营销是在创造、沟通、传播和交换产品中，为顾客、客户、合作伙伴以及整个社会带来经济价值的活动、过程和体系。随着信息技术的发展和人们生活场景的变化，营销的观念也逐渐发生了变化，已经由以制造方和市场需求为主导的4P理论，转换为以顾客为中心的4C理论，再到由4C理论延伸到4S、4R、4N、4V等以顾客的个性化需求为中心的各种理论，各种理论的演变说明了消费者在营销中从单纯的购买者角色逐渐参与到了营销的过程中。

新媒体营销就是利用新媒体渠道所开展的营销活动，它具有以下特点。

1. 成本低廉

新媒体营销是数字技术发展的产物。相对于传统媒体的购买成本，新媒体成本要低廉很多。比如微博，企业只需要完成微博的注册、认证、信息发布和回复等功能，就可以进行营销信息的传播。并且营销信息的传播无须经过相关行政部门的审批，这大大简化了工作程序，不仅节约了经济成本，也节约了时间成本。

2. 精准定位

数字技术和通信技术的发展，为营销的精准定位提供了很好的技术支持，基于大数据分析，都可以进行更精准的定位，满足客户的个性化需求，譬如，网友在网上谈论购买化妆品的事情，那么系统就会认定网友有购买化妆品的需求。基于这种判断，系统会向网友推送化妆品的宣传，依托新媒体的强大数据库成为这些记录和分析工作的基础，大数据的营销价值被充分肯定，被认为是精准营销的根基所在。

3. 更易形成病毒式传播

媒体传播由传统的单向传播演变为双向甚至多向传播，使得每一个信息接收者都有可能变为信息源，同时，新媒体的多元、便利，以及传播渠道和平台的开放性、易得性，都使得发散效应颇为显著的病毒式传播在新媒体条件下会有更大范围出现的可能。

第二节　营销形式及分析

一、网络广告营销

（一）网络广告的形式

最初的网络广告就是电子邮件广告和展示型广告，尤以展示型广告为代表，其具体形式包括文字链接广告、横幅广告、弹出广告、视窗广告、焦点图广告、跟随式广告、全屏广告、按钮广告等。

伴随着互联网的出现与发展，Email 营销是最初的网络营销。

1. Email 营销

Email 营销是一个广义的概念，既包括企业自行开展建立邮件列表开展的 Email 营销活动，也包括通过专业服务商投放电子邮件广告。Email 营销的起源还得追溯到 1994 年 4 月 12 日，一对从事移民业务的夫妇坎特和西格尔，把一封“绿卡抽奖”的广告信发到他们可以发现的 6500 个新闻组，在当时引起疯狂的下载与转发。通过互联网发布广告信息，只花了不到 20 美元的上网通信费用就吸引来了 25000 个潜在客户，其中有 1000 转化为新客户，从中赚到了 10 万美元。后来这两位律师在 1996 年还合作编写了一本书《How to make a fortune on the internet super highway》。他们认为通过互联网进行 Email 营销是前所未有的几乎无需任何成本的营销方式。

随着搜索引擎的更新迭代，出现了基于搜索引擎的竞价排名和关键词广告。

2. 竞价排名

竞价排名也称赞助搜索广告、位置付费广告、关键词拍卖广告，是指搜索引擎通过拍卖的方式向广告主分配有限的广告位，优先显示竞价成功的广告主信息，从而显著提高该信息被关注形成点击的推广模式。竞价排名最早于2000年被美国搜索引擎Overture（该公司于2003年被雅虎收购）采用，并申请了专利。时至今日，该技术已发展成为一种流行且成熟的网络营销方式。

3. 关键词广告

伴随着互联网技术的迅速发展和普及，网页信息海量增加，搜索引擎的作用显得越来越重要。关键词广告可以帮助企业借助搜索引擎的功能和作用，寻找潜在客户，推广和销售企业的产品，为企业带来利润。许多企业都将关键词广告视为一种重要的电子商务营销方式，关键词广告也逐渐成为搜索引擎营销的重要形式之一。

百度是目前最大的中文搜索引擎，根据第三方权威数据，在中国，百度PC端和移动端市场份额总量达73.5%，覆盖了中国97.5%的网民，拥有6亿用户，日均响应搜索60亿次。百度关键字广告的价值如图7-1所示。

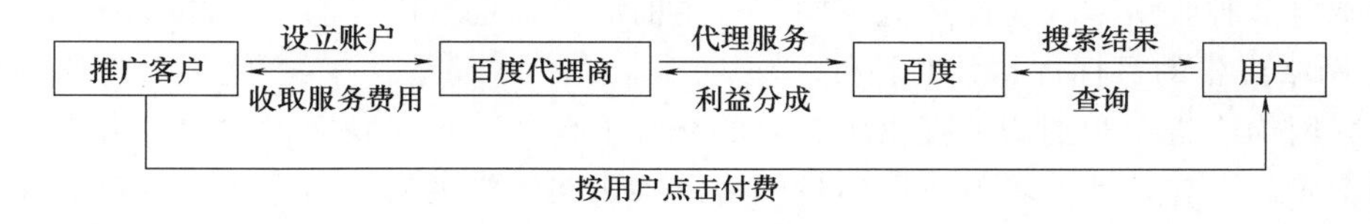

图7-1　百度关键字广告模式

4. 阿里妈妈广告交易平台

阿里妈妈（Alimama）创立于2007年，是国内领先的大数据营销平台，拥有阿里巴巴集团的核心商业数据。每天有超过50亿推广流量完成超过3亿件商品推广展现，覆盖高达98%的网民。

阿里妈妈则是个广告位供需双方的沟通平台。网站们把自己的广告位列出来，广告主来选择看到合适的就买下来。这里是把广告位作为一种商品来销售了，明码标价，各取所需。如果你拥有一个网站或者博客，并且有管理的权限，你就可以注册阿里妈妈出卖的广告位。如果你是一个广告主，你也可以在阿里妈妈挑选适合您的广告位，来投放广告。具体的交易模式如图7-2所示。

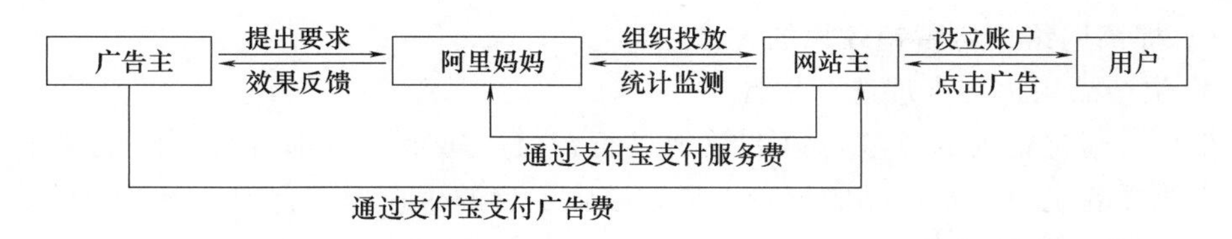

图7-2　阿里妈妈广告交易平台模式

（二）网络广告的特点

与传统媒体相比，网络媒体糅合了大众传播、群体传播、组织传播，人际传播和人内传播的特点，极大地满足了各类信息传播的需求，如今，网络媒体已经成为最具影响力和发展潜力的复合型媒体。与其他广告形式相比，网络广告有着许多先天的优势。

1. 网络广告的互动性

互联网为广告主和消费者提供了有效的交流平台，一旦消费者对广告内容产生兴趣，消费者可以通过链接访问广告主的公司主页，主动了解并且掌握所需的信息。而消费者反馈给广告主的信息如果可以善加利用，广告主可以通过收集和分析这些信息，了解消费者的兴趣、爱好和购买行为，从而改进产品或服务，甚至可以实现个性化服务，最大限度地实现沟通。

2. 消除时间以及空间的限制

超级链接的出现使网络广告打破了版面、时段对广告的限制，在理论上通过超级链接可以无限扩展网络广告内容，不受时间和地域的限制，能将文字、图像和声音有机地组合在一起传递多感官的信息，实现了视听效果的完美结合。

3. 网络广告更具经济性

在传统媒体上发布广告费用高昂，而且发布后很难更改，即使能更改也要付出经济代价，网络媒体不但收费远远低于传统媒体，而且可按需要随时变更内容，使广告传播成本大大降低。与传统媒体相比网络营销的费用低廉且形式灵活，展示计费、按行动计费及按销售计费等多种收费方式，能适应不同广告主的需求，也可以提高广告的效率。

4. 网络广告的目标性、针对性强

互联网为广告主和消费者提供了有效的交流平台，一旦互联网提供的网络广告真正引起了消费者的兴趣，消费者就可以通过网络链接访问广告主的公司主页，主动了解企业和产品信息，获取他们认为有用的信息，主动掌握信息，而消费者反馈给广告主的宝贵信息也可以被广告主善加利用，广告主可以对这些信息进行收集、追踪分析和细化，以了解受众的兴趣、爱好和购买行为，改进产品或服务，甚至可以实现个性化服务，对消费者实施信息回馈，最大限度地实现沟通。

5. 网络广告效果的可测评性

在网络空间里，网民可以根据其爱好和兴趣划分为一个个细分用户群。广告主可以将特定的商品广告投放到有相应消费者的站点上去，以增强营销的针对性，而且，网络媒体可以很方便地统计一个网站各网页被浏览的总次数、各个网页分别被浏览访问的次数及每个广告被点击的次数，甚至还可以详细、具体地统计出每个访问者的访问时间和IP地址。这些详细的数据，对广告和广告代理商了解某个网站媒体的传播影响范围，以及了解具体某一条广告的效果和有效程度，具有非常重要的意义，有助于进一步优化广告投放策略。

（三）提高网络广告营销效果的方法

1. 定位产品用户，合理选择平台

网络广告通过精准的投放可以有效地进行营销，每个平台都有自己固定的用户群画像，广告主需要定位自身产品的消费人群，结合平台的用户画像合理选择平台投放广告。

2. 广告内容简洁有力

网络广告的内容必须简洁、直击主题，并且通过图、文案引起消费者的好奇和兴趣，可以是召唤性的，如“点击这里”，也可以是时间性的，如“最后机会”，也可以合理使用动画的表现形式，可以使得同样内容变得更加有吸引力。这样才能激起消费者的兴趣，引发点击的行为。而对展示型广告而言，则需要时常更换图片，保持新鲜感，增加再次点击率。

3. 广告位置醒目

同样内容的广告，面积越大越好。通常网络广告的标准大小有468×60，150×68和88×31三种常用规格。一个大的广告图形更容易吸引用户的注意。因而不同大小的横幅价格也会不同。网页上方比下方效果好，统计表明，放在网页上方的广告点击率通常可达到3.5%至4%。同时每个网站都会发布自身新闻的位置，这往往是一个网站中最吸引人的部分，因此广告如果放在这个位置附近会吸引更多人的注意。

二、视频营销分析

（一）视频营销及其特点

视频营销有两种含义：一是指视频网站如何营销自己；二是指具有营销需求的各类企业、组织机构或个人如何在网络上进行视频形式的营销。以下的内容指的是后一种含义，营销的主体为具有营销需求的各类企业、组织机构或个人，营销所借助的载体是网络视频，包括在线视频网站、门户网站及社交媒体等各类网站上出现的视频，而不仅限于视频网站上的视频，视频营销的目的一般是推广产品、机构或个人，树立良好形象，加深目标对象与推广标的物之间的感情。

当前视频营销的影响力正在不断扩大，视频广告的收入也是狂飙猛涨，视频已经渗透到网民的生活中，以其独特的魅力吸引着人们。视频营销归根到底是营销活动，因此成功的视频营销不仅仅要有高水准的视频制作，更要发掘营销内容的亮点。网络视频具有用户自主选择的特征，用户可以很容易地自主选择观看一个视频，可能很快地选择放弃观看这个视频，因此，视频营销的成功必定离不开高水准的内容。

1. 趣味性与隐藏性并存

视频要想达到理想的营销状态，视频内容必须能引起顾客的兴趣，因为趣味性强的视频能带给人很多欢乐，并能促使观众自主转发、分享、传播视频。另一方面，视频内容应该围绕企业文化，产品价值或品牌形象来展开，不过，有些营销者因为担心带有营销目的的视频难以让目标受众感兴趣，就故意设置一个吸引眼球的标题以求得用户点击。视频中一定要有诙谐、有趣的情节或其他能够让消费者感兴趣的内容，利用用户最想看到的因素，或者用有趣的内容讲述品牌故事，这就决定了视频内容具有隐藏性的一面，即隐藏其广告属性的一面，简而言之，视频内容生产要做到趣味性与隐藏性并存，这样才可能从头到尾抓住观众的眼球，并实现营销目的。

2. 专业性与草根性并存

目前，互联网视频网站内容生成模式可以分为两类，即用户生成内容（UGC）模式和专业制作内容（PGC）模式，PGC的代表是由NBC环球、迪士尼和新闻集团共同注册成立的Hulu，强调版权内容和专业制作。在中国，爱奇艺、酷6剧场、CNTV都在努力地发展国内PGC模式的视频网站。

由于较长时间以来，互联网上的视频普遍显得“业余”，选题精到、贴近草根的UGC内容更具有优势。与主流媒体不同，UGC内容取材不受外在约束。2013年，视频网站发起内容营销联盟，视频自制内容的营销价值一直成为在线视频行业讨论的热门话题，大量专业的影视业者进入视频网站的生产领域，在选题内容和视听效果等诸多方面都有了明显的起色乃至呈现出诸多的亮点。

3. 聚焦性与情感性并存

借用热点新闻吸引大家的眼球，借用热门新闻冲击人性最深层的东西，借用视频的热度来谋求关注获得经济效益，继纪录片《舌尖上的中国》红遍大江南北，借助美食撬动了市场。宝洁公司旗下佳洁士品牌的营销方式令人眼前一亮，佳洁士启动了中国首档大型互动美食真人秀节目《吃货掌门人》，并在这个活动中找到了与自身天然契合之处，除了会吃，一个优秀的美食达人还应该能吃，拥有一口好牙，将自身吃的文化、吃的体验融合在了一起。

（二）视频营销的特点

“视频”与“互联网”的结合，让这种创新营销形式具备了两者的优点：它既具有电视短片的种种特征，例如感染力强、形式内容多样、肆意创意等，又具有互联网营销的优势，例如互动性、主动传播性、传播速度快、成本低廉等。可以说，网络视频营销，是将电视广告与互联网营销两者优点集于一身的营销。具体可从以下几方面来讲。

1. 成本相对低廉

网络视频营销投入的成本与传统的广告价格相比，非常便宜。一个电视广告，投入几十万、上百万是很正常的事情，而花费几千元就可以制作一个网络视频短片，网络视频营销相比直接投入电视广告拍摄或者冠名一个活动、节目等方式，成本低很多，因为网络视频营销方式多种多样，一个小小的贴片广告都可以取得一定的营销效果。

2. 传播快、覆盖广

视频不受时间和空间的限制，可以自由进行传播，并且传输速度是传统媒体无法比拟的。网络视频营销可借助互联网的超链接特性快捷迅速地将信息传播开去，不仅网络发布信息快，网民分享、转发网络视频，也让网络实况传播的速度更加迅速，有效地实现了营销。比如北京大学艺术学院宣传片微电影《女生日记》，在网络上公开播放后，在很短的时间内视频点击量就突破 50 万，微博转发率极高，使得这一宣传片在网络上走红。

好的视频靠魅力俘获大量网友并使之成为免费传播的中转站，以病毒扩散的方式蔓延，用户既是受众群体又是传播渠道，很好地把媒体传播和人际传播有机结合起来，并通过网状联系传播出去，放大传播效应。

3. 互动强、效果好

网络视频营销不仅可以实现即时互动，而且具有更高的效率。与传统营销或者传统视频营销相比，网络视频营销表现出来的优势是明显的。跟直播的电视不同，网络视频的互动渠道更为便捷。几乎所有的网络视频网站都开通了评论功能，可以在观看网络视频之后及时发布自己的感想和反馈。反馈的及时和互动的便捷在一定程度上可以提升营销的效率。企业和组织机构可根据受众的反应进行评估营销，进而及时进行调整。观众也可以把他们认为有趣的节目转贴在博客论坛上，或者分享到微博上，或者复制给好友，让网络视频大范围传播出去，网络视频具有病毒传播的特质，好的视频能够不依赖媒介推广即可在受众之间横向传播，以病毒扩散方式蔓延。

4. 助力精准营销

用户持续访问宣传页面，播放喜欢的视频，并将视频分享给朋友，形成爱好兴趣相近的群体，这样的网络视频营销活动因为用户的广泛参与而精彩，用户的积极参与使得他们对于营销活动承载的品牌或产品的认知度大大增强，从而能够实现精准营销。如 PPS 汽车影院的成功，是建立在充分重视和了解年轻一代消费者使用网络的习惯、方式以及频率的基础上的。PPS 汽车影院的创意正是效仿北美文化尊重年轻人好奇、尝鲜的性格特征，再搭配优势影视内容，打造出业内独一无二的视频营销案例。

（三）视频营销方法

1. 网红营销法

随着各类新媒体的崛起，营销的门槛一再降低，个人也可以通过自己的才识和特长推广自己，因此也就产生了不少网红。网红可以理解为草根 KOL，是自带流量且在其擅长的领域有一定话语权，且个人标签很明显的人。企业可以通过找到自己产品所在领域相关的网红进行推广，比如口红可以找美妆网红，美食可以找美食网红，这些具有影响力和流量的网红可以迅速将流量转换为购买量，快速起到营销的效果。当然就算不与产品领域契合的网红也不是不可以，当下也非常流行跨界，有时候跨界还能起到意想不到的效果，但这就需要企业比较大胆地尝试了。

2. Vlog 营销法

Vlog 是当下非常火的一种视频方式之一，简而言之，Vlog 就是通过拍摄进行记录，多用于记录视频，这类视频真实性强，没有过多的剪辑，不花哨。Vlog 同样可以作为企业营销的手段之一，比如盗月社就曾经拍过一条关于新浪总部参观的 Vlog，看似简简单单的游记，其实有效地帮助外界认识新浪的真实工作情况，提升自己的企业形象。企业通过 Vlog 营销可以带领外界真实地接触到自己企业、产品，而且现在的消费者更加希望能看到真实的情况。

3. 垂直领域营销法

这一点有些类似于传统的电视营销等，短视频领域也存在很多专注于垂直领域的媒体，比如飞碟一分钟、一条视频等，这些媒体往往在垂直扎根于某个领域，有很强的公信力，但又保持中立可观的态度，容易让消费者所信服。企业通过在这些垂直领域的媒体投放自己的营销视频，直接能将营销信息传递到专属客户的眼中。

视频营销，除了以上三种借助他人的手法以外，还可以自建渠道等。在这个短视频爆发的年代，其红利颇为可观，企业可以牢牢抓紧短视频的风向标，顺势扩大自己的营销矩阵，提升营销实力。

三、微博营销

（一）微博的传播特征

微博作为一种新型的网络媒介形态，2018 年微博活跃用户继续保持稳步增长，微博月活跃人数已达到 4.13 亿。同时微博在具备网络传播特征的同时，又具有自己特色鲜明的传播模式与特征。微博用户只需注册一个账号，就可以通过手机随时随地传送和接收微博信息，缩短了从信息源发布到信息传播的路径和时间。和社交型网站强调双向互动的紧密人际关系不同，微博可以是单向的关注模式。

微博作为新媒体的代表，一开始虽然仅能发送 140 个字的信息，但是微博传播有其独特的模式，表现为：

1. 传播主体：平民化、个性化

微博的广泛影响首先体现在对社会话语空间的释放，微博极大降低了普通人发布信息的门槛，不像网站需要编辑审核，不像博客需要长篇大论，随时随地随手都可以发布看到的信息、当下的生活状况、个人的感悟。微博时代，真正做到了每个人都可以生产、传播、接收信息。

微博消除了传播者和接收者的界限，激发了平民大众的创作和发表欲望。这让大众从“旁观者”转变成为“当事人”，每个人都可以拥有自己的“微媒体”，以前显得很神秘的媒体变成了个人的传播工具，形成了“人人即媒体”的传播格局。

2. 传播内容：碎片化、去中心化

早期微博因为传播容量的限制，微博的内容和信息量受到了限制而呈现出“碎片化”的特点。这种信息传播特点，限制了某些复杂度有要求的内容的传播，但这也恰恰显示了微博的独特性和分众性，它一方面契合了现代社会信息化、快节奏的生活方式，大大节约了时间成本，另一方面又在影响现代人关注信息的方式和习惯、整个社会的生活方式和人际交往模式的潮流。与传统的大众传媒严肃、权威的面孔不同，微博因去中心化而颇具亲和力。

3. 传播方式：交互化、病毒化

在现代生活节奏加快、信息爆炸性增长的情况下，人际交往变得表面化和快捷化，人们普遍需要有传递信息、表达情绪、分享感受的机会。微博的交互功能自然受到人们的关注。在微博上分享信息、进行社会交往、表达个人感受，往往都能够得到其他微博网友迅速、及时的反馈。微博传播过程使每个人都可以生产信息、传播信息、接收信息。任何微博用户在转发、关注、发布信息的同时，也可以变成微博信息的二次加工者。此时，关注者就变成了信息的接收者，然后又可以把接收到的信息通过转发传播给自己的粉丝，所以微博用户随时可以在接收者和传播者的双重身份间互换。

（二）微博营销的优势

微博营销是指企业或非营利组织利用微博这种新兴社会化媒体影响其受众，通过在微博上进行信息的快速传播、分享、反馈、互动，从而实现市场调研、产品推介、客户关系管理、品牌传播、危机公关等功能的营销行为。微博营销可从营销主体、营销方式和营销功能这三个维度来定义。如图所示，2018 年微博广告收入已经达到 23.9 亿元，更多的企业选择微博发布新消息，与消费者互动。

1. 即时营销

即时营销是基于微博的即时、有效、精准的特点开展直接销售，这是微博的最基本的功能，戴尔的成功案例有力地印证了微博营销的这一价值。

2. 品牌宣传

品牌宣传是一个企业长存的基石，是企业的核心竞争力，越来越多的企业意识到在网络上开展品牌传播的重要性。品牌包括知名度、美誉度和可信度，品牌宣传是一个长期的过程，微博的即时性、互动性、低成本等特点使其成为企业开展品牌推广的首选。

3. 客户管理

客户管理就是管理好用户的心和口，让他们为企业产生价值。利用微博开展客户管理可以及时有效地消除企业危机，倾听用户的声音，建立用户的忠诚度，对于增加企业的盈利和长期良性循环很有帮助。目前客户管理主要是处理咨询、投诉和建议，开展用户行为调查，开展用户二次营销，提高回购率。中国移动、中国电信、招商银行等企业已经专门开通微博客服账号，在客户管理工作中取得了很好的效果。

4. 市场调研

现在有这样一种观点——跟踪观察一个人的微博三个月，基本可以了解清楚这个人的个性、喜好、行为方式及收入水平等信息，如果再加以互动性了解，那么信息将更加详实、准确。但是，作为一个企业，不可能逐个去研究每一个微博用户，因此，需要通过一些搜索、分析等软件的帮助，来过滤、分类与分析微博用户，把这些分散的，甚至是抽象的碎片化信息转化为可供商业活动参考的数据，以此获取最为及时与准确的市场信息。利用得当，再辅以一些软件程序，微博完全可以作为一种全新且高效的市场调研工具使用。

5. 危机公关

任何一个关于企业的负面信息都有可能在短时间内广泛传播，如果不能及时出面解释，阻止负面信息的进一步传播，则有可能会引发企业的危机。微博的即时性、便捷性让企业能通过良好的舆论监控第一时间发现危机，并迅速做出回应，给予解决方案，制止危机的发生与扩大。

（三）微博营销策略

1. 建立微博矩阵

微博矩阵是一个企业有多个微博账号，每个账号都带有品牌的名字，页面装修还有头像都是统一的，这样可以很好地展现品牌的文化和内涵。不过在做之前一定要先规划好每个账号未来运营的方向和内容，否则可能无法为主微博带来什么好处，还有可能影响主微博的内容打造。例如 Adidas 集团的微博账号矩阵涉及多个重要的账号，其中包括@阿迪达斯训练、@阿迪达斯篮球、@阿迪达斯足球、@阿迪达斯跑步、@adidas _ NEO _ LABEL 等账号，它们分别起到了关键节点的作用，这种传播恰好类似于多重中心辐射式。

2. 合理设定标签

标签设好了可以帮你找来你想找的人。当然不同时间需要用不同的标签，让搜索结果一直能处在第一页，这样才有机会被你想要的用户关注。

3. 善用大众热门话题

每小时热门话题排行以及每日热门话题排行都是很有用的，因为这些话题适合微博的每个人，并且善加策划进我们的营销内容，可以增加被用户搜索到的几率。一般在热门关键词前后加井号如：＃服装设计大赛＃。

4. 主动搜索相关话题

把所在的行业百度知道中用户常问的问题总结整理出来，提取重要关键词如：知名服装设计师、服装设计师招聘、服装设计作品……随时关注微博用户讨论内容，主动搜索，主动去与用户互动。

5. 制定有规律的更新频率

每日发 6～20 条，一小时发 1～2 条，频率和节奏把握不好，会让粉丝流失。

6. 让内容有“连载”

比如每天推荐一个好作品或热门资讯，每周发布一次活动结果，连载会让粉丝的活跃度增高。

7. 规划好发帖时间

微博有几个高峰时段，上班、午休、下午 4 点后、晚上 8 点左右，要抓住这些高峰时间发帖，才可能产生高阅读率和高转发率。

8. 善用关注

在你微博推广的前期，关注能够让你迅速聚集粉丝。对新浪来说每天最多只能关注 500 个人，关注的上限人数为 2000 人。

9．定期举办活动

一定要定期举办活动，活动能带来快速的粉丝成长，并且增加忠诚度以及建立与竞争对手的区隔。

10．注重与客户的互动

创造有意义的 experiences（体验）和 interactions（互动）。只有做到这两点，客户和潜在客户才会与你交流，才会分享你的内容。

经典案例：江小白的微博营销

江小白于 2011 年在重庆成立，主打高粱酒产品。按照其官网的说法，这是一家“致力于传统高粱酒的老味新生，进行面对新生代人群的白酒利口化和时尚化实践”的综合酒业集团。

此外，江小白在 2016 年就已经开始挖掘嘻哈音乐市场，聚集了包括 GAI 在内的多名原创嘻哈歌手，并在中国四城举办了首届“江小白 YOLO 音乐现场”。近两年来，@江小白多次在微博上对 YOLO 音乐现场进行推广与品牌宣传。

江小白微博营销招数一：借势热点事件

借势热点事件进行品牌推广是@江小白常用的套路之一。比如某两条微博，分别借助股市大跌和国足参加十二强赛进行了品牌推广。除了借势热点事件，@江小白还会在纪念日和节日进行品牌植入。比如在 2016 年的“世界地球日”，@江小白顺势推广了其简单生活的理念。

江小白微博营销招数二：视频、漫画花样多

除了图片形式，@江小白也在微博上通过视频、漫画等方式进行品牌推广。2015 年父亲节，@江小白发布视频向父亲节致敬，这也是@江小白的第一条视频微博。该视频通过一对父子端午节团圆饭的故事，强化了其产品消费场景和品牌情感链接功能。这条微博也获得了 328 次转发，经新浪微舆情旗下工具@微分析分析显示，“推荐”“感人”“好看”成为该微博主要转发提及词汇。

江小白微博营销招数三：用心与爱

2015 年和 2017 年，@江小白都通过微博表达了对 LBGT 群体的支持，这两条微博也收获不少网友的点赞和转发。

江小白微博营销招数四：互动抽奖

作为微博品牌推广最有效的手段之一，互动抽奖也多次被@江小白使用。从今年微博平台江小白的十大热门转发微博可以看出，这十条微博几乎都为互动抽奖微博。

从上述分析可以看出，江小白的关注人群以 80 后、90 后男性网友为主，凭借用心的策划和走心的内容，@江小白的营销微博收获不少网友的点赞和支持。

四、微信营销

（一）微信营销及其特点

2011 年 1 月 21 日，腾讯推出即时通讯应用“微信”，支持发送语音短信、视频、图片和文字，可以群聊。2019 年初公布的 2018 年微信数据报告中活跃用户达 10.82 亿，包括各个年龄层。而微信营销是伴随着微信的发展而兴起的一种网络营销方式。是网络经济时代企业或个人营销模式的一种。用户注册微信后可以按照自己的需求关注不同的公众号，商家经营公众号提供给用户需要的信息，从而推广自己的产品，实现点对点的营销。微信营销具有以下特点：

1. 主动接受，精准度高

微信的公众账号一般都是主动添加的，这就表明用户对该话题、该产品有兴趣，公众账号的粉丝就是目标客户，因此微信营销在更大程度上是精准营销。

2. 移动终端，方便灵活

因为微信营销主要通过手机或者平板电脑等移动终端进行交流，而移动终端的便利性加强了微信营销的高效性。智能手机携带方便，用户获取信息不受时间、地点的限制，极大地方便了商家的营销。

3. 私密对话，满足个性需求

微信是一种纯粹的沟通工具，商家、媒体与用户之间的对话是私密性的，亲密度明显更高，有助于做一些可以真正满足用户需求的个性化内容推送。企业利用微信进行营销更容易获得用户的支持，达到让人们购买产品、宣传品牌或者提升企业价值的目的。

（二）微信营销模式

1. 微信公众号平台营销

随着微信公众平台的推出，出现了各类公众账号。公众账号向关注该账号的用户推送信息，并与用户进行“一对一”的交流，成为商家营销的主要阵地。

以微信账号是不是企业品牌的官方公众账号，公众平台营销可以分为两种方式：

（1）企业微信公众账号

在企业微信账号的营销中，主要有两种方式。

① 推送式营销。推送式营销通过主动推送活动、游戏、文章等方式与用户建立亲密且深入的互动关系，维护及提升品牌形象。星巴克在微信公众账号的营销中探索较早。2012 年，当星巴克夏季冰摇沁爽系列创新饮品即将上市时，为了让消费者感受到全身被激发和唤醒的感觉，星巴克选择了用音乐来与消费者沟通。而在选择沟通媒介上，微信平台能提供与消费者“一对一”的互动，较为私密个性。以消费者个体为单位，向他们推送量身定制的能激发个体共鸣的音乐非常适合该媒介平台。

② 客服式营销。客服式营销是指将微信与自身的客户服务系统相结合，满足用户在售前、售后的各类服务需求，将微信打造成为客服平台。例如中国联通微厅通过微信公众号发布信息，并且通过下方的服务导航栏可以办理一般的业务和查询福利，如图 7-3 所示。许多公众账号两种营销形式兼顾，但也有侧重点。

图 7-3　中国联通微厅截图（微信官网）

（2）非企业微信公众账号

微信公众账号种类繁多，有一些草根账号，通过各种方式将粉丝积累到一定程度，然后发广告赢利。或是自媒体账号，将微信当作自媒体运营，发送相关的内容，赢取粉丝后，亦可发送广告获取盈利，自媒体微信账号一般垃圾广告较少，质量较高。此类营销方式多见于提供本地服务信息的微信公众号，针对地域细分受众，向其提供本地及附近地区吃喝玩乐、衣食住行的建议，并在其中嵌入广告商家的信息。

2. 通过“朋友圈”进行营销

微信“朋友圈”营销的方式是指商家把自己的广告信息让用户分享到“朋友圈”，利用用户和其朋友之间的强关系售卖产品。“朋友圈”营销最主要的形式是消费者在自己的“朋友圈”分享店家商品信息，便可获取折扣优惠。商家期望以一个消费者为基点，利用该消费者与其朋友之间的强关系将商品信息向该消费者的亲朋好友渗透，以取得滚雪球式的营销效果。例如，聚美优品通过微信公众平台打造了首个美妆试用平台，粉丝将活动分享到“朋友圈”，便有机会获得免费试用的机会。

3. 通过微信小程序营销

微信小程序，简称小程序，是一种不用下载就能使用的应用，小程序应用数量超过了一百万，覆盖 200 多个细分的行业，日活用户达到两个亿，小程序还在许多城市实现了支持地铁、公交服务，社会效应不断提升，如图 7-4 所示为美团小程序。

图 7-4　美团小程序截图（来自微信）

4. 通过 LBS 定位功能进行营销

LBS 指基于位置的服务，通过移动网络或外部定位方式获取移动终端的位置信息。微信的 LBS 功能最初是为了方便用户寻找添加好友，而在用其做营销时，用该功能找寻目标消费者成为营销的一大课题。LBS 定位功能精准地给出了以位置为准的目标消费者。通过查找“附近的人”，店家附近有哪些潜在消费者一目了然，投放广告促销信息后，由于位置上的便利，更能直接地促进消费者入店消费。这种方式为许多无法支付大规模广告宣传的小店家提供了有效的营销渠道。

一家名叫“饿的神”的快餐店便利用微信的 LBS 定位功能，在午餐时间向附近的人打招呼，以宣传自己的快餐生意，用户只要在微信上购餐，便可送货上门，十分方便。

K5 便利店在新店开张时，也是利用微信“附近的人”和“打招呼”这两项功能，将开业酬宾信息推送给附近的潜在顾客。

5. 通过漂流瓶进行营销

QQ 漂流瓶移植到微信上后，有两个简单的功能：“扔一个”，用户可以选择文字或者语音投入“大海”；“捡一个”每个用户每天有 20 次捡漂流瓶的机会。合作商可以通过微信官方更改漂流瓶的参数，在某一时间段内增加扔出漂流瓶的数量。

招商银行在 2011 年发起了一个微信“爱心漂流瓶的活动”：微信用户用“漂流瓶”功能捡到招商银行漂流瓶，回复之后招商银行便会通过“小积分，微慈善”平台为自闭症儿童提供帮助。

6. 通过扫描二维码功能进行营销

二维码是一种以图形为识别对象的识别技术，它是用某种特定的几何图形按一定规律在平面上（二维方向上）分布的黑白相间的图形记录数据符号信息的条码。二维码在微信营销当中的应用主要也是用来连接线上与线下，通过“扫一扫”商家的二维码，用户可以成为商家的微信会员，获取产品、促销信息或直接获得打折优惠。二维码以一种更精准的方式，打通了商家线上和线下的关键入口。现在许多大小商家店铺的营销活动中，都可以看到二维码的身影。

（三）微信营销策略

1. “意见领袖型”营销策略

企业家、企业的高层管理人员大都是意见领袖，他们的观点具有相当强的辐射力和渗透力，对大众言辞有着重大的影响作用，潜移默化地改变人们的消费观念，影响人们的消费行为。微信营销可以有效地综合运用意见领袖型的影响力，和微信自身强大的影响力刺激需求，激发购买欲望。

2. “病毒式”营销策略

微信即时性和互动性强、可见度、影响力以及无边界传播等特质特别适合病毒式营销策略的应用。微信平台的群发功能可以有效地将企业拍的视频，制作的图片，或是宣传的文字群发到微信好友。企业更是可以利用二维码的形式发送优惠信息，这是一个既经济又实惠，且更有效的促销好模式。使顾客主动为企业做宣传，激发口碑效应，将产品和服务信息传播到互联网还有生活中的每个角落。

3. “视频、图片”营销策略

运用“视频、图片”营销策略开展微信营销，首先要在与微友的互动和对话中寻找市场，发现市场。为潜在客户提供个性化、差异化服务；其次，善于借助各种技术，将企业产品、服务的信息传送到潜在客户的大脑中，为企业赢得竞争的优势，打造出优质的品牌服务。让我们的微信营销更加“可口化、可乐化、软性化”，更加地吸引消费者的眼球。

五、APP 营销

（一）APP 营销及其特点

APP 营销指的是应用程序营销，这里的 APP 就是应用程序 Application 的意思。指智能手机的第三方应用程序。APP 营销是通过手机、社区、SNS 等平台上运行的应用程序来开展营销活动。

APP 的快速发展是建立在移动互联网运用普及的基础上的。在市场营销中，APP 被认为是“藏在客户口袋中的销售员”。APP 营销有其独特的特点：

1. 企业形象的充分显示

移动应用可以提高企业的品牌形象，让用户了解品牌，进而提升品牌实力，形成竞争优势。良好的品牌实力是企业的无形资产，为企业形成竞争优势。能够刺激用户的购买欲望，移动应用能够全面地展现产品的信息，让用户在没有购买产品之前就已经感受到了产品的魅力，降低了对产品的抵抗情绪，通过 APP 对产品信息的了解，刺激用户的购买欲望。

2. 精准的用户定位、增强用户使用黏性

借助网络通讯技术，数据库技术及大数据分析等手段及与顾客的长期个性化沟通，使营销达到可度量、可调控等精准要求。企业通过和客户的密切互动沟通，及时了解客户需求，不断满足客户个性需求，建立稳定的企业忠实顾客群，增加客户对使用的黏性。

3. 更好的互动性

提供了比以往的媒介更丰富多彩的表现形式。大部分的 APP 都有位置定位功能，因此厂商对每一个顾客的了解都可以精准到生活习惯、行为踪迹。这在以前的传统营销模式中，是不可能实现的。还有一个优势就是消费者能够随时随地携带，同时可以向消费者及时推送优惠信息、新品介绍等，消费者也能通过 APP 将对产品的意见反馈给厂商。好的厂商便根据用户需求，及时修改产品或服务。

4. 营销投入成本低

APP 营销的模式，费用相对于电视、报纸、甚至是网络都要低很多，只要开发一个适合于本品牌的应用就可以了，可能还会有一点的推广费用，但这种营销模式的营销效果比传统媒体更加好。

（二）营销方式

1. 广告植入模式

广告植入模式也叫内置广告，企业以植入的形式，借助第三方平台进行营销，通常是企业将自身品牌、广告或其他营销信息植入第三方平台中，当用户点击广告栏便自动连接到企业网站。这种模式是一种最基本、最常见的营销模式。

内置广告的计费方式通常为 CPC（Cost Per Click），即按点击量付费，也有部分采用 CPA（Cost Per Action），即按行动付费。不管采取哪种方式，吸引足够多的用户关注和参与是营销成功的关键。因此，企业选择热门的、与自身产品和顾客高度关联的营销平台。

2. 企业自有模式

除了借助第三方平台进行广告植入外，企业开发出自己的平台，通过自己专属的平台进行营销也是一种很有效的方式。而且，这种方式不需拘泥于第三方的特定内容、形式和要求，完全可以根据企业自身需求做出富有个性的 APP，因此，这种方式对企业来说可能是非常有吸引力的一种方式，可以给企业的营销带来无尽的创意空间。互联网时代的飞速发展，让企业拥有一款 APP 不再是一件困难的事情。不需要复杂的编程技术，许多网站提供平台，免费地让任何人都可以立即做出可交互、可管理、可以在 Android 或 iOS 系统上运行的 APP。企业把适合自己定位的 APP 发布至商店供用户下载，用户可以全方位了解产品和企业的信息，强化对品牌的认知、认同甚至是归属感。

UNO 新品男士洗面奶上市之际，推出了一款品牌。考虑到用户的年龄层为 20～35 岁的年轻男士，其娱乐活动丰富，因此推出一款集娱乐、交友、品牌元素于一身的 APP，除了优惠信息外，还开发了摇骰子、交换名片两种功能，让用户迅速成为宴会达人，广结好友。

3. “企业自有十线下互动”模式

作为营销工具，其价值不仅在于帮助企业获取直接的经济收益，还在于能成为企业加强消费者互动、提高企业服务质量的一种创新方式。加强互动的方式可以是线上互动，也可以是“线上＋线下”的互动。企业在自有 APP 的基础上，利用 LBS、AR 技术（增强现实技术）或 QR 二维码等技术，实现线上互动和线下互动的整合。这种线上线下相结合的方式能大大拓展营销的形式设计和创意空间，让消费者的体验更立体多元，更容易产生意想不到的传播效果。

星巴克在 2012 年 9 月，推出了一款别具匠心的闹铃，用户在设定的起床时间闹钟响起后，只需按提示点击起床按钮，就可得到一颗星，如果能够在一小时内走进任一星巴克店里，就能买到一杯打折咖啡。这款，对于星巴克来说，担纲着品牌推广与产品营销的双重重任。清晨的一杯折扣咖啡，反映的正是星巴克多年来积极与用户建立对话渠道的缩影，以提醒他们从睁开眼睛的那刻便与这个品牌发生关联，同时还兼具了促销的功能。指点传媒表示，这款 APP 运用的是星巴克众多案例中的实现线上线下完美结合的案例。

（三）营销策略

1. 有趣是前提

APP 营销可以说是当下非常时髦有效的新媒体营销方式之一，但首先需要吸引用户下载，这是进行营销的第一步。而要促成消费者的主动下载，就必须让消费者感受到它能为自己带来的切实好处和作用。毕竟，下载是一件既费流量又要费点时间的事情。

2. 互动是核心

在信息碎片化的时代，企业已经很难全方位长时间地与消费者保持联系，消费者在下载以后，若没有值得关注的内容作为主要的吸引，消费者的关注度很快就会降低，用户黏度会越来越低。不同于传统的媒体形式，这种新载体赋予了消费者更大的主动权和决定权。想要吸引消费者，还是应当从满足其需求及行为习惯出发。在大数据时代，企业可以通过大数据信息分析整合来挖掘消费者的兴趣点与需求，从而有针对性地进行开发。

3. 创意是关键

在营销中加入足够的创意，是营销成功的关键。创意可以从内容方面着手，也可以从技术手段方面切入。

像法航 Music In the Sky 让用户用手机到天空中去搜寻随机播放的音乐，Butterfly 将优惠券变成蝴蝶让用户去捕捉，都可谓是天马行空的创意；麦当劳通过一个手机便让顾客把自己拍摄的视频融入企业的广告片中，即前半段 UGC（用户自制内容）、后半段企业广告，是在调动顾客参与性和营销个性化方面所做的有益尝试。

4. 整合是助力

成功的营销，除了需要从自身产品特点和消费者需求出发，具备好的创意技术手段之外，整合运用其他媒体终端和营销手段，相互配合、自成体系，也非常重要。通过线上线下多种营销方式和工具，实现服务、平台的整合，增强单个产品的吸引力、影响力，使消费者多角度、全方位地感受到企业营销活动的刺激，增强营销效果。例如，在整个整合营销体系运作的前期，可以动用各种营销手段来促进企业声望的提升，带动相关的下载量；在整合营销体系运作的后期，则充分利用营销的体验来进一步提高用户体验度和黏度，实现营销效果最大化。

第三节　新媒体营销的技术应用前景

随着数字技术和通信技术的不断发展，新媒体不仅打破了传媒业和通信业、信息技术的界限，也打破了有线网、无线网、通信网、电视网的界限，所以新媒体兼容、融合各种媒体形态，改变了整个媒体产业结构，也改变了受众的信息接触和传播方式，带来终端革命。作为营销者，必须重新建构其营销内容体系。

海量数据库和共创共享性的传播平台，是构建新媒体营销体系的两大基石。根据两大基石，企业应该根据消费者的兴趣与需求建立消费者数据库，依据新媒体属性构建信息平台，结合消费者、新媒体特性及企业发展目标制订营销战略，利用大数据进行效果评估，以提升营销的精准性和营销效率。

1. 建立以消费者为核心的数据体系

新媒体的数字化，使通过新媒体所开展的营销能轻而易举地获取消费者的大量信息，这些信息对于企业来说正是决定其营销成败的关键性数据信息。在交互性的新媒体世界里，品牌不是被企业单独塑造出来的，品牌地位和能量是被广大网友联合塑造出来的。随着社会化媒体的兴起，互动成为营销关键，企业迫切希望与消费者产生良性互动。互动的过程既包括企业与消费者的互动，也包括消费者与消费者的互动。在信息互动的过程中，企业不仅事半功倍地树立正面品牌形象，还可以根据互动数据信息，了解消费者真正的喜好与内在需求，准确理解消费者，进而洞察消费者，有效引导消费者。因此，在新媒体营销内容体系中，企业要根据营销目标和市场定位，建立以消费者为核心的数据体系，该数据体系以消费者数据库为核心，还包括各级经销商数据库和企业员工数据库，后两者是以服务前者为目的的。因为用户洞察是新媒体营销制胜的关键，谁最了解用户，谁就能赢得用户。

2. 构建信息传播生态系统

新媒体的融媒体性，决定了数字化信息承载与表达媒体的多样性。新媒体的社交化，造就了人人都是自媒体、人人都是麦克风的时代。每个人都是一个营销传播渠道，消费者互相分享信息，传播信息，像病毒般扩散。在这种环境下，企业应该关注影响信息传播效果的每一类主体，积极构建全方位的新媒体信息平台，打造企业独有的信息传播生态系统，这一系统除了囊括企业的目标消费者和企业自身的营销人员外，还包含了媒体达人、意见领袖、草根网民、社交平台等其他环境因素。作为系统的建构者，企业需随时关注本品牌及竞争对手和整个行业的发展动向，关注网上的舆论走向和消费需求趋势，使这一系统能真正实现及时搜集相关信息、快速做出反应、保持与消费者和网民的沟通渠道畅通，维系客户关系等营销目的。

案例：小米，有自己的专属社区，在小米社区里，小米用户不仅可以看到产品的最新信息，发表自己对产品的着法，分享消费体验，更为重要的是使用户有种归属感，人是群体性动物，一旦形成归属感，就会与品牌之间建立信任关系，成为品牌的忠实用户和拥护者。

3. 打造全平台内容营销生态闭环

新体为营销者提供了完全不同于传统媒体时代的各种营销平台和营销方式，门户网站、搜索引擎、视频、微博、微信，均蕴藏着巨大的营销机会；手机、PC、平板电脑、IPTV，都是营销者可资利用的营销舞台；文字、图片，视频、地图，语音，均成为营销信息传递的工具和介质；网络大咖、草根网民，企业官网官微，都是营销的重要参与者和影响者，在新媒体时代，想成就自己的品牌，就应充分利用各种传播媒体和营销工具，打造全平台内容营销生态闭环。具体来讲，就是以多种手段真正引发消费者的积极性，不断激励消费者，做好内容营销，形成口碑效应，实现企业资源利用的最优化和企业效益的最大化。

4. 利用大数据进行效果评估

新媒体时代，企业较以前更容易掌握大量的消费者数据，但同时也面临庞大数据如何运用的困惑以及一些核心数据难于获取等问题，因此，在营销的过程中，企业需要不断收集相关数据，构建基于大数据的效果评价新体系，帮助企业客观评估营销效果，改进营销方法和策略。

具体来讲，企业可以从以下方面着手：第一，充分发挥数字媒体特点，利用搜索引擎口碑营销与舆情监控评估工具，评估品牌广告和营销的效果。第二，合理构建效果评估体系，综合评估，判断绩效。通过基于大数据的效果评估数据，更好地指导企业开展新媒体营销活动，提高企业营销活动的效果与效率。

利用大数据技术进行店铺评级的方式在电商领域得到了广泛运用。用户和店铺之间发生的各种行为，如购物、网页点击、售后服务等数据，都被用作反映店铺管理和营销效果的重要指标，让双方信息变得透明。消费者可以清晰地了解到各个店铺在服务、商品和时效各方面的表现和水平高低，为购物决策提供了高效客观的数据。商家可以根据评级结果找出自身的优势和不足，从而改善运营现状，提升运营水平。

第四节　新媒体管理

媒体系统是一个技术结构复杂，涉及学科门类众多，技术与艺术高度结合，具有明显特征的行业，要使这个系统正常运行和持续发展，必须强化科学管理。对媒体事业实施正确、合理、科学、有效的管理，需要建立符合媒体自身规律的媒体管理基本概念。

所谓媒体管理是指管理者遵循媒体传播的特点和规律，依据国家的法规政策，运用传播学、新闻学、经济学、技术学、社会学、心理学、艺术学和管理学等学科原理，在一定的环境或条件下，充分利用各种资源，科学地组织媒体传播活动，不断优化传播模式，最大限度地发挥媒体的传播功效，取得最佳社会效益和经济效益，达到预期目标的过程。

媒体事业是中国共产党所领导的整个社会主义事业的有机组成部分，是党、政府和人民的喉舌，因而它必须具有社会主义的意识形态特征。各类广播电视节目都不可能脱离政治，脱离各个阶级、阶层、集团的利益。在西方资本主义私有制基础上的媒体属性，决定了资本主义私有制度下的媒体节目必然会成为资产阶级的舆论工具，维护资本主义国家的政治经济利益，为资本主义国家的内外政策服务。中国的媒体同样也要为社会主义服务，积极、准确、生动地宣传中国共产党在各个历史时期的纲领、路线、方针和政策，组织、引导观众自觉地参与社会主义建设事业。

中国媒体的根本性质决定了中国媒体管理的指导思想，即在中国共产党领导下，依据国家相关法规政策，充分利用媒体资源和传播优势，遵照媒体节目的创作、制作规律；用多种多样的节目形式、类型和风格，宣传党的基本路线和方针，努力为社会主义服务，满足人民群众的精神文化需要；以科学的理论武装人，以正确的舆论引导人，以高尚的精神塑造人，以优秀的作品鼓舞人，培养有理想、有道德、有文化、有纪律的社会主义公民，提高全民族的思想道德素质和科学文化素质，团结和动员各族人民把我国建设成为富强、民主、文明的社会主义现代化国家。

新媒体的发展在给我们的生活带来便利的同时，其负面影响也逐渐显现出来，面对新媒体所产生的新问题，对其的监管成为了各国政府考虑的重点问题，如何对新媒体进行有效的监管，又不会为它的持续发展造成阻碍，成为管理者们需要面对的一大难题。在西方国家，由于新媒体的发展历史时间较长，发展较为成熟，新媒体的普及率也较高，而且他们对新媒体技术握有绝对的主导权，因而西方国家对新媒体的监管已经比较成熟，基本上形成了一套适合于本国国情的新媒体监管体系。我国近年也在积极探索新媒体的监管之路，但是由于我国特殊的国情，加之新媒体的发展历史较短，我国的新媒体监管体系还处在探索的阶段，在积极借鉴国外先进的管理经验与模式，希望能结合我国的实际，形成我们自己所独有的新媒体监管体系。

新媒体监管的必要性有以下几点：

首先，加强新媒体监管，有利于促进新媒体的发展。新媒体在其发展过程中逐渐暴露出来的各种问题，使人们对新媒体产生了质疑，对新媒体的态度也随之谨慎起来。但是我们说，任何新事物的发展都离不开大众的支持，如果对新媒体在发展过程中所暴露出来的问题不加以规范或制止的话，新媒体的发展势必会受到严重的阻碍。

其次，加强新媒体监管，有利于维护传媒生态环境。与传统媒体相比，新媒体的信息传播速度更快，信息传播范围更广，且市场准入门槛比传统媒体要低得多，只要拥有一台可以上网的电脑或手机，就可以轻松接入互联网且自由地接收与发送信息，而正是由于新媒体信息的海量性，导致在这些信息中掺杂着许多虚假信息和不良信息，这些虚假和不良信息给我们的传媒生态环境造成了污染。为此，针对新媒体虚假和不良信息泛滥这一严重情况，国家相关部门必须出台更为严厉的法律法规，对这些信息给予沉重地打击，净化新媒体的生态环境，为广大新媒体用户营造健康有序的网络环境。

最后，加强新媒体监管，有利于改变传统的媒体监管理念。在我们固有的媒体监管理念中，监管部门仅仅把媒体当作一个宣传工具，而疏忽了它作为社会公器的特征，在出现某些大的事件时，有关部门只是利用媒体一味地去“堵”而不是“疏”。但是新媒体不同于传统媒体，新媒体的出现打破了传统媒体一统天下的格局，其使用的便捷性，功能的简单易学，使得信息的发布不再是由专业的新闻媒体所垄断，可以说，新媒体的出现使我们的社会逐步进入了一个“自媒体”的时代，人人都可以是信息的制作者和发布者，这样一来，以前的监管模式早已不能适用于新媒体，且监管难度加大，面对这样的情况，监管部门要及时改变对媒体监管的理念，调整监管思路，这样不仅能对新媒体形成有效的监管，同时也为传统媒体的监管注入新的活力。

一、国外新媒体的管理

由于各国的政治、经济、文化传统都存在着很大的差异，在互联网的监管上也有着各自鲜明的特征，但有一点却是共同的，即对互联网的监管都是在对传统媒体监管的基础上，针对互联网的特点适当地加以调整，必要的时候颁布新的互联网管理法律或制定新的政策，以适应互联网的发展。

1. 美国对新媒体的监管

选取美国为代表，一是因为美国是互联网的发源地，其技术的开发和使用都走在世界的前列，二是美国也是最早开始探索互联网管理的国家，“美国从 20 世纪 50 年代就开始制定信息政策，是最早制定国家信息政策的国家。”随后，美国所颁布的一系列的法律、制定的政策都是在此基础上逐步成熟与完善起来的。美国是行业自律监管模式的典型代表，这种行业自律模式并不是说政府完全放任自流，而是政府制定大的方向或是总的政策，行业自律组织根据这些政策，结合互联网自身的特点及其发展规律，自行制定细节方面的规定，这种行业自律是在政府指导下的行业自律，或者说是以行业自律为主，以政府管理为辅的一种模式。

2. 德国对新媒体的监管

德国是政府主导型监管模式的典型代表国家，同时也是整个欧洲信息技术最为先进的国家，因为德国采取的是政府主导型监管模式，在监管上就更加注法律和政府对互联网的管理。

德国在 1997 年 6 月就通过了《信息与通讯服务法》(《新媒体法》)，并于 8 月开始执行，这是全球首部关于互联网传播的法律，该法所涉及的内容涵盖了互联网发展的各个方面，包括网络犯罪、保护未成年人、互联网信息安全、保护个人隐私等等方面。《新媒体法》最鲜明的特征就在于它不是以传统媒体的种类来区别管理的，而是以新媒体的服务类型进行管理。根据该法的有关规定，互联网内容提供商要对它所提供的内容负责，并保证这些内容都是合法的；而互联网服务提供商是“提供网络空间以供第三人发布内容之用的业者”，服务提供商只有在明知内容合法且可以采取措施加以制止，但却任其传播的情况下，才和内容提供商共同负法律责任；接入系统提供商主要负责互联网的接入工作，无需对网络内容负责。德国除了颁布《新媒体法》以外，还对原有的媒体监管的法律做了补充和修改，增加了关于互联网监管的内容，形成了比较完整的互联网监管法律体系。

3. 韩国对新媒体的监管

韩国是世界上互联网普及率最高的国家之一，同时也是世界上第一个强制性推行网络实名制的国家。网络实名制，就是“社会管理者对虚拟网络中个体的现实身份对应的认证制度。”在韩国，互联网的普及给韩国公民的工作和生活带来了便利的同时，其负面影响也给韩国社会带来了不小的麻烦，网络犯罪案件连年居高不下，基于种种原因，韩国政府决定实行网络实名制，以此来保障公民的权益，维护网络的安全。

在国外，目前主要的有代表性的网络舆论管理模式有 4 种：政府立法管理，技术手段控制，网络行业、用户等自律，市场规律的自行调节。一般来说，法律控制是最有效的管理手段。但法律在有力地保护各种关系的同时，其硬性的规定也在一定程度上妨碍了各方的自主权，这也是西方媒体大喊自律，唯恐政府插手管理的主要原因之一。网络舆论控制最常见的技术手段是对网络舆论进行分级与过滤。目前网络舆论管理中喊得最响的就是各方面的自律。

前面我们对西方国家新媒体的监管方式做了介绍，在对西方国家新媒体监管方式的介绍中，可以总结出以下特点，并从这些特点中找到对我国新媒体监管的启示：

第一，西方国家新媒体监管更注重法制。面对新媒体的这种强劲发展势头，为了规范新媒体的发展，同时也为了促进新媒体健康有序的发展，西方国家在不断完善现有法律法规的同时，也针对其存在问题比较多的方面，及时出台新的法律法规，以保障对新媒体的监管做到有法可依。对我国来说，这些国家的做法是值得我们借鉴的，因为无论我国对新媒体采用怎样的监管模式，法律必须是最基本的保障，只有有法可依的监管，我们对新媒体的监管才会有实效。

第二，监管手段多样化。新媒体不同于传统媒体，新媒体更多的是以技术手段为基础，它所暴露出来的问题更加复杂，新媒体本身的特点就决定了其监管难度也要比任何传统媒体困难得多，仅仅依靠一种手段很难实现对新媒体的监管。因此，在西方国家中，政府对新媒体的监管都是多种手段共同使用，形成对新媒体的全面监管。根据我国目前的情况来看，我们必须将法律、行政和技术这三种手段结合起来，才能实现对新媒体的有效监管。

第三，与本国国情紧密结合。每个国家对新媒体的监管都有自己独特的方式和特点，采取什么样的监管方式也是由这个国家的文化传统、社会经济的发展水平以及新媒体技术的发展水平决定的，相较于传统媒体来说，对于新媒体的监管，各个国家都采取了较为严格的监管手段，但是其程度却大不相同，因此，我们对新媒体的监管不能完全照搬别国的模式，我们有我们自己的特殊国情，有属于我们自己的独特的文化传统，必须摸索出一套属于我们自己的新媒体监管模式，但是在这之前，国家管理部门必须要做的是完善现有的法律法规，并出台一些新的法律法规，在有了法律的支持之后，再配合以技术和行政手段对新媒体进行监管，这样才能形成对新媒体有效并有序的监管，而不会出现管理混乱、无法可依的局面。

二、我国新媒体的管理

（一）我国新媒体监管的特点

由于我国的新媒体事业起步较晚，虽然发展速度很快，但是在技术方面与西方国家相比还是有很大的差距，对于新媒体的监管也处在逐步摸索的阶段，在了解目前我国新媒体监管的现状之前，首先来了解一下我国新媒体监管的特点。我国新媒体监管重视政府干预，较少行业自律，这是我国新媒体监管最显著的特征。其主要原因在于，我国的社会发展水平、文化发展程度都偏低，公民的自我道德约束力较差，且新媒体技术发展水平与发达国家相比还有相当大的差距，这些因素决定了我国不适用于重视行业自律、政府较少干预的监管模式，另一个重要的原因就在于，我国现在针对新媒体监管的法律还不健全，在法律手段尚处空白的阶段，行政手段对新媒体的监管便成为了最有效的监管手段。因此在目前的情况下，我们只能采用政府干预的手段来对新媒体进行监管。

（二）我国新媒体监管存在的问题

我国也在下大力气整治新媒体带来的种种问题，下面就从立法、行政、行业自律三个方面一一进行分析。

1. 立法层面

（1）“法”少“规”多，立法主体多，层次低，缺乏权威性。

就目前我国网络立法的情况来看，除了《电子商务法》属于真正意义上的法律以外，其余全部属于法规和部门规章，这种低层级的法规对于我国新媒体的监管力度就大打折扣了，许多运营商或是相关企业并不把这些法规或部门规章放在眼里，从而造成了在新媒体的法律监管方面的困境。

（2）新媒体法制建设不完善，立法存在空白。

虽然我国是世界上关于互联网立法最多的国家之一，但这些法规和规章多数集中在维护国家信息安全和维护国家安全等方面，并没有涵盖互联网发展的其他方面，比如说目前在社会上讨论很激烈的关于侵犯网络隐私权的问题，在这方面，我国的立法完全是一个空白，甚至在现实世界中，我国都没有一部关于隐私权保护的专门法律。

（3）立法存在严重滞后性。

虽然我们互联网事业的起步较晚，但是其发展速度可以说是跨越式的发展，暴露出来的问题有的已经在社会上争论了好多年，却仍旧不见相关部门有所行动，因此而导致了我国依旧存在许多管理盲区的局面。

（4）立法缺乏民主参与。

这一问题不仅仅存在于互联网监管的立法领域中，其他方面的法律制定也都存在这个问题。现在我国许多的网络立法都没有经过实地的调研和科学的论证，也没有广泛听取民众的意见，基本都是相关部门在“闭门造车”，由相关部门自己进行行政立法，这样给我们的互联网监管带来了一系列的问题，毕竟行政机关不熟悉网络发展的规律与趋势，这样盲目颁布的行政规章往往缺乏专业性与可操作性，从而导致有些网络立法成为了一纸空文。

2. 行政层面

权责不明，效率低下。随着我国互联网事业的不断深入发展，参与到互联网监管中的人也越来越多，到目前为止，我国几乎所有的中央直属部门都涉及了对互联网的监管，甚至卫生部都参与到了对互联网的管理中，这样一方面容易造成管理权的分散，部门职能交叉严重，起不到权力制衡的作用，这些部门工作角度不同，职能不同，他们会从各自不同的职能角度出发，制定不同的部门规章，直接导致了部门与部门之间的利益争斗和执法责任不明确的问题。

3. 行业自律层面

行业自律层面组织自身权力有限，自律效果不佳。我国的互联网监管模式是政府主导型的，即政府较多地干预对互联网的监管，对于行业自律组织来说，他们只是政府政策的执行者，不能自行制定符合互联网发展规律的行业性规章，且自律组织的成员自身做不到很好的自律，有时甚至带头违反相关规定，自律效果欠佳。

参考文献

［1］ 钟瑛，刘瑛著. 中国互联网管理与体制创新［M］. 广州：南方U报出版社，2006.

［2］ 姜进章著. 新媒体管理.［M］. 上海：上海交通大学出版社，2012.

［3］ 田智辉著. 新媒体传播——基于用户制作内容的研究［M］. 北京，中国传媒大学出版社，2008年.

［4］ 匡文波著. 网络媒体传播技术［M］. 北京：高等教育出版社，2003年.

［5］ 熊澄宇、廖文毅. 新媒体——伊拉克战争中的达摩克利斯之剑，《中国记者》［J］. 2003年第5期.

［6］ 喻国明. 解读新媒体的几个关键词，广告大观（媒介版）［J］. 2006年第5期.

［7］ 赵水中. 世界各国互联网管理一览，中国电子与网络出版［J］. 2002年第10期.

［8］ 龙洪波. 我国互联网信息管理研究［D］. 华中科技大学硕士论文，中国优秀硕士论文数据库，2005年.

［9］ 王静静. 从美国政府的互联网管理看其对中国的借鉴［D］. 华中科技大学硕士论文，中国优秀硕

士论文数据库，2006 年.
[10] 钱伟刚．网络媒体的发展与规制［D］．浙江大学硕士论文，中国优秀硕士论文数据库，2004 年.
[11] 温静．德国保护青少年的网络媒体法制［D］．上海交通大学硕士论文，中国优秀硕士论文数据库，2010 年.
[12] 周珊珊．我国网络实名制发展状况研究［D］．华中科技大学硕士论文，中国优秀硕士论文数据库，2011 年.
[13] 李文洁．论“翻墙”现象与中国的网络监管［D］．中国社会科学院硕士论文，中国优秀硕士论文数据库，2011 年.
[14] 邸妍铭．新媒体监管方式研究［D］．内蒙古大学，2013.
[15] 中华人民共和国计算机信息系统安全保护条例第四条.
[16] 计算机信息网络国际互联网安全保护管理办法第一章第七条.
[17] 互联网著作权保护条例第五条.
[18] 唐绪军．中国新媒体发展报告，北京：社会科学文献出版社，2014 年版.
[19] 石磊．新媒体概论，北京：中国传媒大学出版社，2014 年版.
[20] 唐绪军．中国新媒体发展报告，北京：社会科学文献出版社，2013 年版.
[21] 胡正荣．新媒体前沿发展报告，北京：社会科学文献出版社，2014 年版.
[22] 林刚．新媒体概论，北京：中国传媒大学出版社，2014 年版.
[23] 匡文波．新媒体概论，北京：中国人民大学出版社，2015 年版.
[24] 匡文波．新媒体理论与技术，北京：中国人民大学出版社，2014 年版.
[25] 周丽玲，刘明秀．新媒体营销［M］．重庆：西南师范大学出版社，2018 年版.
[26] （美）斯蒂夫·琼斯．新媒体百科全书［M］．熊澄宇，范红译．北京：清华大学出版社，2007 年版.
[27] 百度百科营销 https：//baike. baidu. com/item/%E8%90%A5%E9%94%80/10052490? fr=aladdin.
[28] 北大艺术学院宣传片《女生日记》网上走红［EB/O1］腾讯，http：//news. qcom/a20120202/0015. html，2012.
[29] 视频营销方法 https：//baijiahao. baidu. com/s? id=1628423213601771034&wfr=spider&for=pc.
[30] 江小白营销案例 http：//www. 1558. cn/yingxiao/show-7414. aspx.
[31] https：//www. jz08. com/article/4014. html.